国家职业教育工业机器人技术专业
教学资源库配套教材

iCVE 智慧职教 高等职业教育电类课程
新形态一体化教材

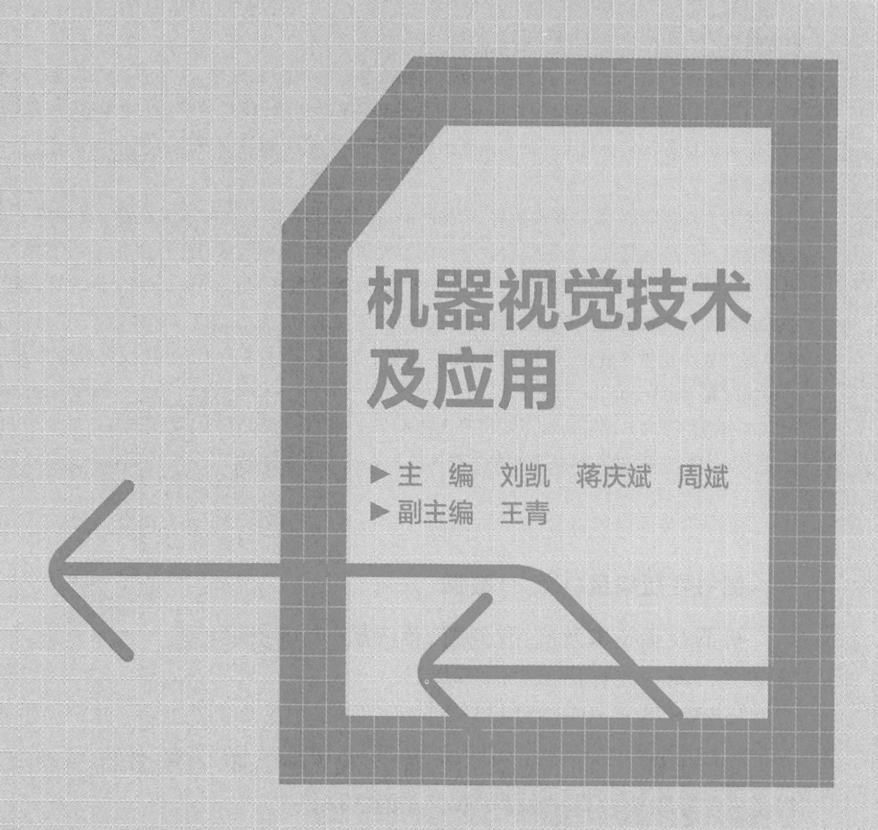

机器视觉技术及应用

▶主 编 刘凯 蒋庆斌 周斌
▶副主编 王青

高等教育出版社·北京

内容提要

本书是国家职业教育工业机器人技术专业教学资源库配套教材，以任务驱动教学法安排6个学习项目，依次为机器视觉硬件系统、图像处理、视觉定位、视觉检测、尺寸测量、视觉识别。全书的典型任务均从企业工程师的角度出发，系统地完成实际机器视觉项目的实施，贴近岗位实际应用。

本书为双色印刷，版面精美友好，结构清晰，在介绍核心知识点与技能点的位置提供了对应的配套学习资源标签或二维码链接。全书配套提供微课、延伸阅读、图片、拓展学习等资源，除用书中二维码访问以外，也可访问"智慧职教"在线教学服务平台（www. icve. com. cn），通过本书配套数字化课程来观看和使用，具体方法详见"智慧职教"服务指南。此外，本书还提供了其他丰富的数字化教学资源，包括PPT课件、素材、习题答案、源程序代码等，授课教师可发邮件至编辑邮箱 gzgk@ pub. hep. cn 索取。

本书适用于高等职业院校工业机器人技术专业、机电一体化专业，以及装备制造大类、电子信息大类相关专业，也可供从事相关工作的技术人员学习和参考。

图书在版编目（CIP）数据

机器视觉技术及应用/刘凯，蒋庆斌，周斌主编
.--北京：高等教育出版社，2021.11
ISBN 978-7-04-055433-5

Ⅰ. ①机… Ⅱ. ①刘… ②蒋… ③周… Ⅲ. ①计算机视觉-高等职业教育-教材 Ⅳ. ①TP302.7

中国版本图书馆CIP数据核字(2021)第023466号

机器视觉技术及应用
Jiqi Shijue Jishu ji Yingyong

策划编辑 郭 晶　　责任编辑 郭 晶　　封面设计 赵 阳　　版式设计 童 丹
责任校对 王 雨　　责任印制 朱 琦

出版发行 高等教育出版社
社 址 北京市西城区德外大街4号
邮政编码 100120
印 刷 保定市中画美凯印刷有限公司
开 本 850mm×1168mm 1/16
印 张 13.5
字 数 340千字
购书热线 010-58581118
咨询电话 400-810-0598
网 址 http://www.hep.edu.cn
http://www.hep.com.cn
网上订购 http://www.hepmall.com.cn
http://www.hepmall.com
http://www.hepmall.cn
版 次 2021年11月第1版
印 次 2021年11月第1次印刷
定 价 39.80元

物 料 号 55433-00

“智慧职教”服务指南

“智慧职教”是由高等教育出版社建设和运营的职业教育数字教学资源共建共享平台和在线课程教学服务平台，包括职业教育数字化学习中心平台（www.icve.com.cn）、职教云平台（zjy2.icve.com.cn）和云课堂智慧职教App。用户在以下任一平台注册账号，均可登录并使用各个平台。

- **职业教育数字化学习中心平台（www.icve.com.cn）：为学习者提供本教材配套课程及资源的浏览服务。**

登录中心平台，在首页搜索框中搜索“机器视觉技术及应用”，找到对应作者主持的课程，加入课程参加学习，即可浏览课程资源。

- **职教云（zjy2.icve.com.cn）：帮助任课教师对本教材配套课程进行引用、修改，再发布为个性化课程（SPOC）。**

1. 登录职教云，在首页单击“申请教材配套课程服务”按钮，在弹出的申请页面填写相关真实信息，申请开通教材配套课程的调用权限。
2. 开通权限后，单击“新增课程”按钮，根据提示设置要构建的个性化课程的基本信息。
3. 进入个性化课程编辑页面，在“课程设计”中“导入”教材配套课程，并根据教学需要进行修改，再发布为个性化课程。

- **云课堂智慧职教App：帮助任课教师和学生基于新构建的个性化课程开展线上线下混合式、智能化教与学。**

1. 在安卓或苹果应用市场，搜索“云课堂智慧职教”App，下载安装。
2. 登录App，任课教师指导学生加入个性化课程，并利用App提供的各类功能，开展课前、课中、课后的教学互动，构建智慧课堂。

“智慧职教”使用帮助及常见问题解答请访问 help.icve.com.cn。

国家职业教育工业机器人技术专业教学资源库
配套教材编审委员会

序

《中国制造2025》明确提出，重点发展“高档数控机床和机器人等十大产业”。预计到2025年，我国工业机器人应用技术人才需求将达到30万人。工业机器人技术专业面向工业机器人本体制造企业、工业机器人系统集成企业、工业机器人应用企业需要，培养工业机器人系统安装、调试、集成、运行、维护等工业机器人应用技术技能型人才。

国家职业教育工业机器人技术专业教学资源库项目建设工作于2014年正式启动。项目主持单位常州机电职业技术学院，联合成都航空职业技术学院、湖南铁道职业技术学院、南宁职业技术学院、宁波职业技术学院、青岛职业技术学院、长沙民政职业技术学院、安徽职业技术学院、金华职业技术学院、柳州职业技术学院、温州职业技术学院、浙江机电职业技术学院、安徽机电职业技术学院、广东交通职业技术学院、黄冈职业技术学院、秦皇岛职业技术学院、常州纺织服装职业技术学院、常州轻工职业技术学院、广州工程技术职业学院、湖南汽车工程职业学院、苏州工业职业技术学院、四川信息职业技术学院等21所国内知名院校和上海ABB工程有限公司等16家行业企业共同开展建设工作。

工业机器人技术专业教学资源库项目组按照教育部“一体化设计、结构化课程、颗粒化资源”的资源库建设理念，系统规划专业知识技能树，设计每个知识技能点的教学资源，开展资源库的建设工作。项目启动以来，项目组广泛调研了行业动态、人才培养、专业建设、课程改革、校企合作等方面的情况，多次开展全国各地院校参与的研讨工作，反复论证并制订工业机器人技术专业建设整体方案，不断优化资源库结构，持续投入项目建设。资源建设工作历时两年，建成了以一个平台（图1）、三层资源（图2）、五个模块（图3）为核心内容的工业机器人技术专业教学资源库。

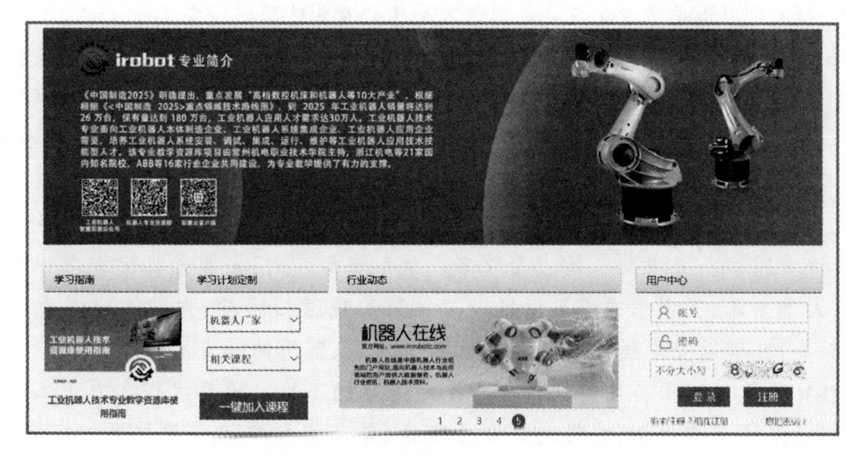

图1 工业机器人技术专业教学资源库首页

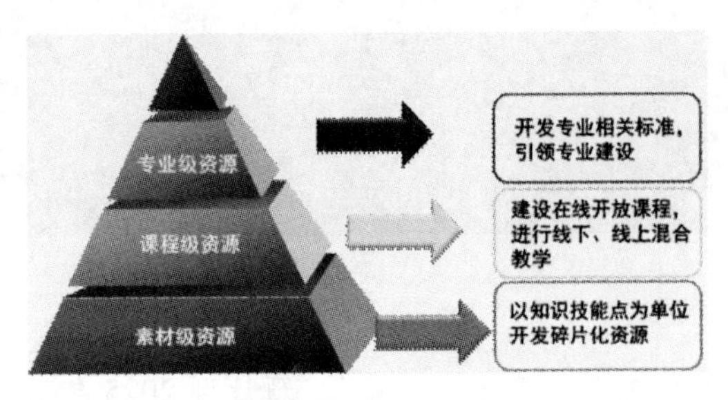

图 2 资源库三层资源

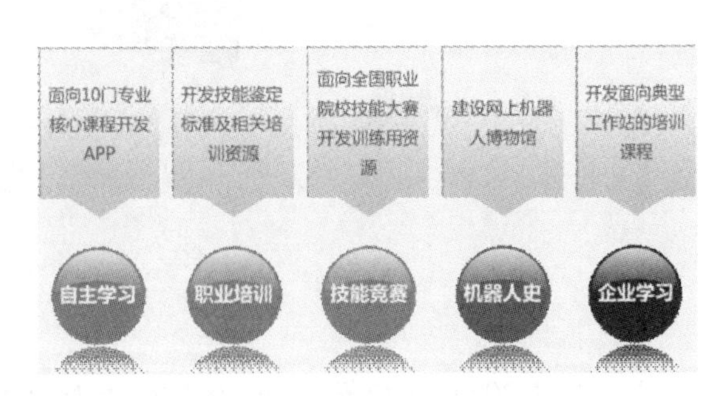

图 3 资源库五个模块

本套教材是资源库项目建设重要成果之一。为贯彻《国务院关于加快发展现代职业教育的决定》，在“互联网+”时代背景下，以线上线下混合教学模式推动信息技术与教育教学深度融合，助力专业人才培养目标的实现，项目主持院校与联合建设院校深入调研企业人才需求，研究专业课程体系，梳理知识技能点，充分结合资源库数字化内容，编写了这套新形态一体化教材，形成了以下鲜明特色。

第一，从工业机器人应用相关核心岗位出发，根据典型技术构建专业教材体系。项目组根据专业建设核心需求，选取了 10 门专业课程进行建设，同时建设了 4 门拓展课程。与工业机器人载体密切相关的课程，针对不同工业机器人品牌分别建设课程内容。例如，“工业机器人现场编程”课程分别以 ABB、安川电机、发那科、库卡、川崎等品牌工业机器人的应用为内容，同时开发多门课程的资源。与课程教学内容配套的教材内容，符合最新专业标准，紧密贴合行业先进技术和发展趋势。

第二，从各门课程的核心能力培养目标出发，设计先进的编排结构。在梳理出教材的各级知识技能点，系统地构建知识技能树后，充分发挥“学生主体，任务载体”的教学理念，将知识技能点融入相应的教学任务，符合学生的认知规律，实现以兴趣激发学生，以任务驱动教学。

第三，配套丰富的课程级、单元级、知识点级数字化学习资源，以资源与相应二维码链接来配合知识技能点讲解，展开教材内容，将现代信息技术充分运用到教材中。围绕不同知识技能点配套开发的素材类型包括微课、动画、实训录像、教学课件、虚拟实训、讲解练习、高清图片、技术资料等。配套资源不仅类型丰富，而且数量高，覆盖面广，可以满足本专业与装备制造大类相关专业的教学需要。

第四，本套教材以“数字课程+纸质教材”的方式，借助资源库从建设内容、共享平台等多方面实施的系统化设计，将教材的运用融入整个教学过程，充分满足学习者自学、教师实施翻转课堂、校内课堂学习等不同读者及场合的使用需求。教材配套的数字课程基于资源库共享平台（“智慧职教”，http://www.icve.com.cn/irobot）。

第五，本套教材版式设计先进，并采用双色印刷，包含大量精美插图。版式设计方面突出书中的核心知识技能点，方便读者阅读。书中配备的大量数字化学习资源，分门别类地标记在书中相应知识技能点处的侧边栏内，大量微课、实训录像等可以借助二维码实现随扫随学，弥补传统课堂形式对授课时间和教学环境的制约，并辅以要点提示、笔记栏等，具有新颖、实用的特点。

专业课程建设和教材建设是一项需要持续投入和不断完善的工作。项目组将致力于工业机器人技术专业教学资源库的持续优化和更新，力促先进专业方案、精品资源和优秀教材早入校园，更好地服务于现代职教体系建设，更好地服务于青年成才。

工业机器人技术专业教学资源库项目组

前言

一、起因

随着人工智能、模式识别的发展,机器视觉已成为许多机器和生产线的一部分,广泛应用于各行各业,特别是在定位、检测、测量、识别等技术领域。此外,2019年教育部发布的高等职业院校工业机器人技术专业标准中,新增“机器视觉技术及应用”作为专业核心课程。

本书编写团队在总结教学经验和借鉴企业工程实践经验的基础上,编写了这本新形态一体化教材,使读者能够了解和掌握机器视觉基础知识和应用实例,为后续学习和工作打下坚实的基础。

二、本书的编排结构

本书内容经过广泛调研,引入企业专家和工程师经验,设计了符合高等职业院校学生认知规律、知识结构的教学内容。以企业实例为依托,本书共分为两个模块,总计6个项目,如下图所示。模块一为机器视觉基础知识,包括机器视觉硬件系统和图像处理;模块二为机器视觉典型应用,包括视觉定位、视觉检测、尺寸测量、视觉识别。

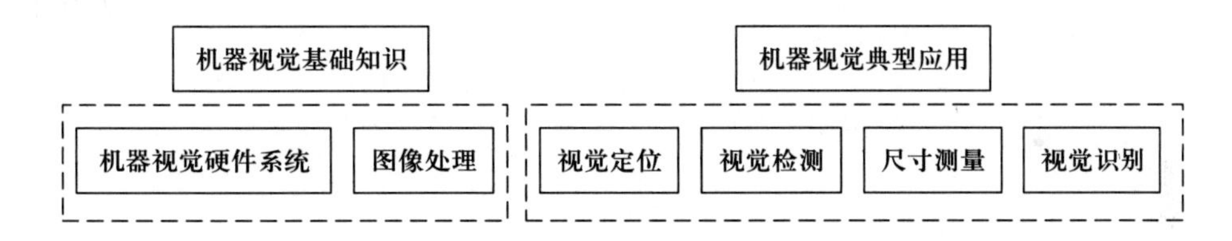

三、内容特点

1. 内容新颖、技术先进

机器视觉是一项综合技术,其中涉及图像处理、机械工程、控制、电光源照明、光学成像、传感器、模拟与数字视频、计算机软硬件。本书以X-SIGHT软件为载体,从实际应用中常见的定位、检测、测量、识别出发,由易到难,展现了机器视觉在多个领域的应用。

2. 内容组织符合认知规律

在教学内容组织上,本书充分考虑学生的认知规律,内容循序渐进。对于难以理解的知识点和技能点,配备微课、工程师讲解视频等,方便学生理解,有利于提高学习兴趣。此外,书中典型实例均以企业工程师的视角,系统介绍实际机器视觉项目实施的方法,实操性强。

3. 主题鲜明、内容全面

通过本书,可以学习:机器视觉硬件知识,包括相机、镜头和光源;图像处理知识,包括图像表达及其性质、图像预处理、图像运算与操作、图像分割、图像形态学处理;视觉定位知识,包括X-SIGHT软件入门、几何基元定位、多尺度圆定位、模板匹配、检测瓶盖密封性;视觉检测知识,包括金属垫片缺陷检测、零件分类、保险丝缺陷检测、金属零件缺陷检测;尺寸测量知识,包括几何测量、硬币距离测量、安装孔距离测量、垫圈孔中心测量;视觉识别知识,包括颜色识别、读码识别;3D视觉和深度学习。

4. 新形态一体化设计

本书采用新形态一体化教材的建设模式，线上线下内容相结合，方便教与学。

四、配套的数字化教学资源

本书得益于现代信息技术的飞速发展，在使用双色印刷的同时，配备了大量的微课、课件、图片、文本资料等数字化学习资源，并全书配套提供习题答案。

读者在学习过程中可登录本书配套数字化课程所在网站（http://www.icve.com.cn，国家职业教育专业教学资源库网站“智慧职教”）学习课程内容，具体登录方法见本书“智慧职教”服务指南；对于微课等数字化学习资源，可以通过扫描书中相应的二维码链接来使用。

五、教学建议

教师可以通过本书和课程网站上丰富的资源来组织教学，学生也能通过本书和配套资源进行自主学习。一般情况下，教师可用48课时或32课时进行本书的讲解。

六、致谢

本书由刘凯、蒋庆斌、周斌主编，项目1~3由刘凯编写，项目4由蒋庆斌编写，项目5由周斌编写，项目6由王青编写。全书由无锡信捷电气股份有限公司李新审阅，并提出许多宝贵意见，本书编写工作得到了无锡信捷电气股份有限公司覃高鄂、王正堂、施潇梅、李奔的支持，在此一并表示感谢。

限于编者水平，对于书中不足之处，恳请专家和读者指正。

编　者

2021年5月

目 录

模块一　机器视觉基础知识

项目1　机器视觉硬件系统 …… 3
任务1　初识机器视觉系统 …… 5
任务分析 …… 5
相关知识 …… 5
1.1.1　机器视觉系统结构 …… 5
1.1.2　X-SIGHT软件简介 …… 7
任务2　相机的选择 …… 7
任务分析 …… 7
相关知识 …… 8
1.2.1　CCD和CMOS …… 8
1.2.2　智能相机 …… 9
1.2.3　相机基本参数 …… 10
1.2.4　全局曝光与卷帘曝光 …… 10
任务实施 …… 11
1.2.5　相机选型 …… 11
任务3　镜头的选择 …… 13
任务分析 …… 13
相关知识 …… 13
1.3.1　镜头的类型 …… 13
1.3.2　镜头基本参数 …… 14
任务实施 …… 17
1.3.3　镜头选型 …… 17
任务4　光源的选择 …… 18
任务分析 …… 18
相关知识 …… 18
1.4.1　光源的类型 …… 18
1.4.2　光源基本参数 …… 22
1.4.3　照射方式 …… 24
1.4.4　常见的辅助光学器件 …… 27
1.4.5　互补色 …… 28
任务实施 …… 28
1.4.6　光源选型 …… 28
总结 …… 31
习题 …… 32
项目2　图像处理 …… 34
任务1　图像表达及其性质 …… 36
任务分析 …… 36
相关知识 …… 36
2.1.1　像素与灰度 …… 36
2.1.2　图像 …… 38
2.1.3　色彩空间 …… 40
2.1.4　图像存储 …… 42
任务2　图像预处理 …… 43
任务分析 …… 43
相关知识 …… 43
2.2.1　像素亮度 …… 43
2.2.2　图像二值化 …… 43
2.2.3　图像滤波 …… 44
任务3　图像操作与运算 …… 45
任务分析 …… 45
相关知识 …… 45
2.3.1　数字图像的度量与拓扑性质 …… 45
2.3.2　图像四则运算 …… 48
2.3.3　几何变换 …… 49
2.3.4　灰度变换 …… 50
2.3.5　直方图 …… 53

2.3.6 图像空域与频域变换 …… 55
任务实施 …… 56
2.3.7 灰度图像匹配 …… 56
2.3.8 图像运算典型应用 …… 56
任务4 图像分割 …… 57
任务分析 …… 57
相关知识 …… 57
2.4.1 阈值分割 …… 57
2.4.2 边缘检测 …… 59
2.4.3 区域分割 …… 61
任务实施 …… 63
2.4.4 图像分割典型应用 …… 63
2.4.5 图像分割技术发展趋势 …… 64
任务5 图像形态学处理 …… 65
任务分析 …… 65
相关知识 …… 65
2.5.1 形态学基本运算 …… 65
任务实施 …… 67
2.5.2 形态学的应用 …… 67
总结 …… 70
习题 …… 70

模块二 机器视觉典型应用

项目3 视觉定位 …… 75
任务1 X-SIGHT 软件入门 …… 77
任务分析 …… 77
相关知识 …… 77
3.1.1 软件界面 …… 77
3.1.2 常用工具与控件 …… 78
任务实施 …… 79
3.1.3 采集并显示图像 …… 79
任务2 几何基元定位 …… 81
任务分析 …… 81
相关知识 …… 82
3.2.1 点定位 …… 82
3.2.2 线定位 …… 86
3.2.3 圆定位 …… 89
任务实施 …… 89
3.2.4 软件点、线、圆定位 …… 89
任务3 多尺度圆定位 …… 93
任务分析 …… 93
相关知识 …… 94
3.3.1 阈值提取 …… 94
3.3.2 区域特征 …… 97
3.3.3 基础数据 …… 101
3.3.4 数组 …… 101
任务实施 …… 103
3.3.5 定位并获取各圆重心 …… 103
任务4 模板匹配 …… 104
任务分析 …… 104
相关知识 …… 105
3.4.1 模板匹配 …… 105
3.4.2 提取边缘区域 …… 107
任务实施 …… 109
3.4.3 单目标定位回形针 …… 109
3.4.4 多目标定位回形针 …… 110
任务5 瓶盖密封性检测 …… 111
任务分析 …… 111
相关知识 …… 111
3.5.1 创建坐标系 …… 111
3.5.2 流程结构 …… 112
3.5.3 硬件选型 …… 113
3.5.4 硬件平台搭建 …… 114
任务实施 …… 115
3.5.5 软件检测瓶盖 …… 115
总结 …… 119
习题 …… 119
项目4 视觉检测 …… 120
任务1 检测金属垫片缺陷 …… 122
任务分析 …… 122
相关知识 …… 122

4.1.1 获取像素 …… 122
4.1.2 获取区域像素 …… 124
4.1.3 像素值之和 …… 125
4.1.4 像素强度 …… 126
任务实施 …… 128
4.1.5 检测工件有无 …… 128
4.1.6 金属垫片缺陷判断 …… 129
任务2 零件分类 …… 130
任务分析 …… 130
相关知识 …… 130
4.2.1 区域数组处理 …… 130
任务实施 …… 133
4.2.2 金属零件的分类 …… 133
任务3 熔断器缺陷检测 …… 135
任务分析 …… 135
任务实施 …… 135
4.3.1 硬件选型 …… 135
4.3.2 硬件平台搭建 …… 136
4.3.3 软件检测熔断器 …… 137
任务4 金属零件缺陷检测 …… 140
任务分析 …… 140
相关知识 …… 141
4.4.1 形态学处理 …… 141
任务实施 …… 145
4.4.2 硬件选型 …… 145
4.4.3 硬件平台搭建 …… 146
4.4.4 软件检测金属零件 …… 147
总结 …… 152
习题 …… 152
项目5 尺寸测量 …… 153
任务1 几何测量 …… 155
任务分析 …… 155
相关知识 …… 155
5.1.1 点到圆弧距离 …… 155
5.1.2 点到圆距离 …… 157
5.1.3 点到点距离 …… 157
5.1.4 点到线段距离 …… 158
5.1.5 直线夹角 …… 158
任务实施 …… 158
5.1.6 利用软件进行几何测量 …… 158
任务2 硬币距离测量 …… 162
任务分析 …… 162
相关知识 …… 162
5.2.1 相机标定 …… 162
5.2.2 算术运算 …… 163
任务实施 …… 163
5.2.3 像素距离与实际距离转换 …… 163
任务拓展 …… 164
5.2.4 手眼标定 …… 164
任务3 安装孔距离测量 …… 164
任务分析 …… 164
相关知识 …… 165
5.3.1 创建形状 …… 165
5.3.2 创建几何区域 …… 168
任务实施 …… 170
5.3.3 硬件选型 …… 170
5.3.4 硬件平台搭建 …… 170
5.3.5 软件测量安装孔距离 …… 171
任务4 垫圈孔中心测量 …… 174
任务分析 …… 174
任务实施 …… 174
5.4.1 硬件选型 …… 174
5.4.2 硬件平台搭建 …… 175
5.4.3 软件测量垫圈孔中心 …… 176
总结 …… 179
习题 …… 179
项目6 视觉识别 …… 180
任务1 颜色识别 …… 182
任务分析 …… 182
相关知识 …… 182
6.1.1 分离通道 …… 182
6.1.2 颜色空间转换 …… 182
任务实施 …… 184
6.1.3 硬件选型 …… 184
6.1.4 硬件平台搭建 …… 185
6.1.5 灰度识别颜色 …… 186

任务 2　读码识别 …… 189
任务分析 …… 189
相关知识 …… 189
6.2.1　条形码 …… 189
6.2.2　二维码 …… 191
6.2.3　Data Matrix …… 192
任务实施 …… 193
6.2.4　硬件选型 …… 193
6.2.5　硬件平台搭建 …… 194
6.2.6　软件识别条形码 …… 195
任务拓展 …… 197
6.2.7　OCR 文字识别技术 …… 197
总结 …… 198
习题 …… 198

附录 …… 199
附 1　拓展学习资料 …… 199
附 2　3D 视觉简介 …… 199
附 3　深度学习简介 …… 200

参考文献 …… 201

模块一

机器视觉基础知识

项目 1

机器视觉硬件系统

在现代化生产中，视觉检测往往是不可缺少的环节。例如，汽车零件的外观、药品包装的正误、IC 字符印刷质量、电路板焊接质量高，都需要众多的检测。工人通过肉眼或结合显微镜进行观测和检验，不仅降低工厂效率，而且带来不可靠因素，直接影响产品质量与成本。另外，许多检测的工序不仅仅要求外观的检测，同时需要准确获取检测数据，如零件的宽度、圆孔的直径、基准点的坐标，这类检测工作很难靠人眼快速完成。

什么是机器视觉系统？机器视觉系统是指通过机器视觉产品(图像采集装置)获取图像，然后将获得的图像传送至处理单元，通过数字化图像处理进行目标尺寸、形状、颜色等的判别，进而根据判别的结果控制现场设备。机器视觉系统从原理上主要分为三部分：图像的获取、处理和分析、输出和显示。机器视觉硬件主要由三部分组成：镜头、相机、光源。但这只是狭义的机器视觉硬件结构，广义上讲，机器视觉硬件系统还包括外围运动控制部分。本项目将重点阐述相机、镜头、光源。

知识目标

（1）掌握机器视觉系统的结构。

（2）了解 CCD 与 CMOS 的区别，了解智能相机的优势，掌握相机选型的方法。

（3）掌握镜头的分类，了解镜头成像原理，掌握镜头的基本参数。

（4）掌握光源的分类，了解光源的基本参数。

（5）掌握不同角度的照射方式对图像的影响，了解常见的辅助光学器材，掌握光源选型的方法。

☑ 技能目标

（1）归纳机器视觉系统的结构。

（2）区别 CCD 与 CMOS，描述智能相机的优势，根据实际要求选择合适的相机。

（3）区别不同镜头的使用方法，能根据实际要求和参数选择合适的镜头。

（4）掌握光源的分类，能根据实际要求设计不同的照射方式。

（5）能够根据实际工况选择光源、照射方式、辅助光学器件，满足实际要求。

技能树

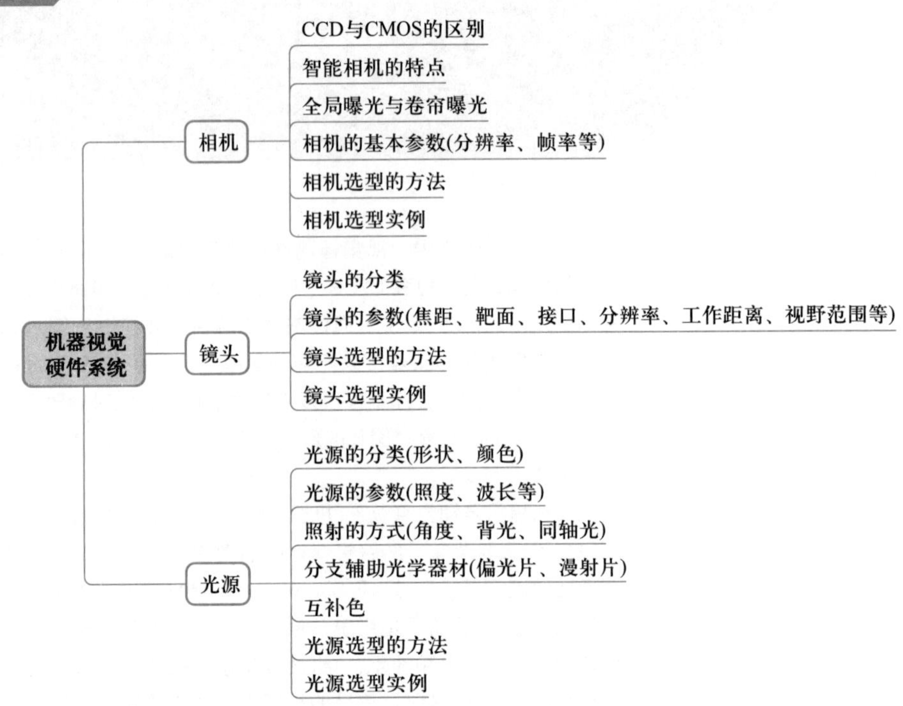

任务1　初识机器视觉系统

课件
初识机器视觉系统

微课
初识机器视觉系统

任务分析

通过完成此任务，能描述机器视觉系统的应用场合；阐述机器视觉系统的结构，并描述各组成部分的作用。

相关知识

1.1.1　机器视觉系统结构

一个典型的机器视觉系统涉及多个技术领域，包括光源照明、光学成像、传感器、数字图像处理、模拟与数字视频、机械工程、控制、计算机软硬件、人机接口等。

机器视觉系统由负责获取和处理图像信息的图像测量子系统与负责决策分类或跟踪对象的控制子系统两部分组成。图像测量子系统又可分为图像获取和图像处理两大部分。图像测量子系统包括相机、摄像系统、光源设备等，例如观测微小细胞的显微图像摄像系统、考察地球表面的卫星多光谱扫描成像系统、工业生产流水线上的工业机器人监控视觉系统、医学层析成像系统（CT）等。图像测量子系统使用的光的波段可以涵盖可见光、红外线、X射线、微波、超声波、γ射线等。从图像测量子系统中获取的图像可以是静止图像，如文字、照片，也可以是运动图像，如视频图像；可以是二维图像，也可以是三维图像。图像处理就是利用数字计算机或其他高速、大规模集成数字硬件设备，对获取的信息进行数字运算和处理，进而获得人们所要求的效果。决策分类或跟踪对象的控制子系统主要由对象驱动和执行机构组成，它根据对图像信息处理的结果实施决策控制。如在线视觉测控系统对瑕疵品判定分类的去向控制，自动跟踪目标动态视觉测量系统的实时跟踪控制，机器人视觉的模识控制等。

目前市场上的机器视觉系统可以按结构分为两大类：基于个人计算机（PC）的机器视觉系统和嵌入式机器视觉系统。基于PC的机器视觉系统是传统的结构类型，硬件包括相机、视觉采集卡、PC等，目前对工业环境的适应性较弱。嵌入式机器视觉系统将需要的大部分硬件如CCD\CMOS、内存、处理器以及通信接口等压缩在一个"黑箱"式的模块里，又称为智能相机，其优点是结构紧凑，性价比高，使用方便，对环境的适应性强，它是机器视觉系统的发展趋势。

典型机器视觉系统硬件结构如图1-1所示。

嵌入式机器视觉系统目前已广泛应用，其硬件结构如图1-2所示。它与典型的机器视觉系统硬件结构最大的差别在于"黑箱"，即智能相机。

在机器视觉系统中，光源与照明方案的质量往往是整个系统成败的关键。光源与照明方案的配合应尽可能地突出物体特征参量，在增加图像对比度的同时，应保证足够的整体亮度；物体位置的变化不应该影响成像的质量。光源的选择必须符合所需的几何形状、照明亮度、均匀度、发光的光谱特性等，同时还要考虑光源的发光效率和使

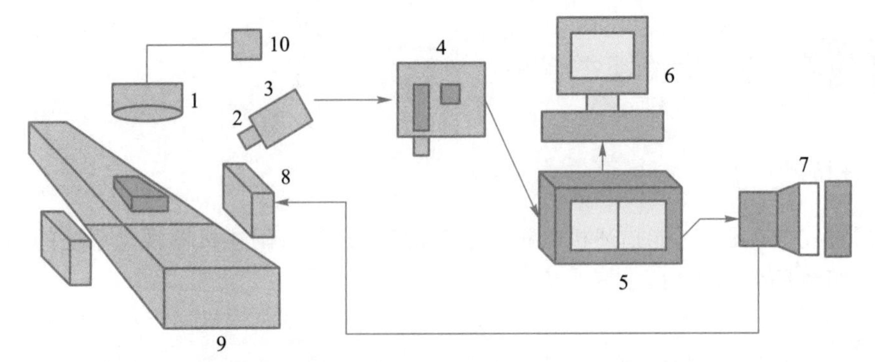

1—光源，分为前光源和背光源等；2—光学镜头，完成光学聚焦或放大功能；
3—摄像机，分为模拟摄像机和数字摄像机；4—图像采集卡，完成帧格式图像采集及数字化；
5—图像处理系统，PC或嵌入式计算机；6—显示设备，显示检测过程与结果；
7—驱动单元，控制执行机构的动作方式；8—执行机构，执行目标分拣等动作；
9—测试台与被测对象；10—光源控制器

图 1-1 典型机器视觉系统硬件结构

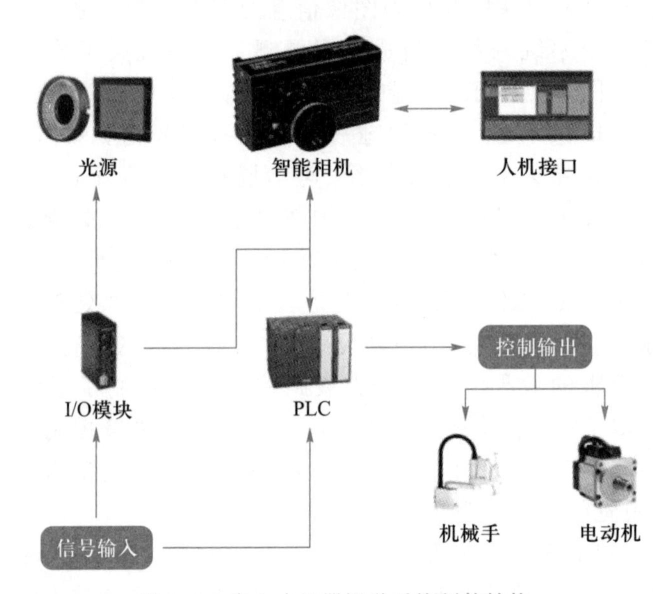

图 1-2 嵌入式机器视觉系统硬件结构

用寿命。照明方案应充分考虑光源和光学镜头的相对位置、物体表面的纹理、物体的几何形状以及背景等要素。

摄像机和图像采集卡共同完成对目标图像的采集与数字化，是整个系统成功与否的又一个关键因素。高质量的图像信息是系统正确判断和决策的基本依据。图像处理系统是机器视觉系统的核心，它决定了怎么对图像进行处理和运算，是开发机器视觉系统的重点和难点。随着计算机技术和大规模集成电路技术的快速发展，为了提高系统的实时性，可以借助数字信号处理（DSP）、专用图像信号处理卡等硬件完成一些成熟的图像处理算法，而软件则主要完成那些复杂的、尚需不断探索和改进的算法。

机器视觉软件作为机器视觉系统的重要组成部分，通过对图像的分析和处理，实现对待测目标特定参数的检测和识别。机器视觉软件主要完成图像增强、图像分割、特征抽取、模式识别、图像压缩与传输等算法内容，有些还具有数据存储和网络通信功能。机器视觉系统可以根据图像处理结果和一定的判决条件，方便地实现产品自动化检测与管理。

根据软件的规模和功能，现有的机器视觉系统软件可以分为单任务的专用软件和集成式通用软件两大类。专用软件是专门针对某一测试任务研制开发的，其待测目标已知，测量算法不具有通用性，如投影电视会聚特性检测调整系统和电子枪扭弯曲度智能检测系统。集成式通用软件则将众多通用的图像处理与模式识别算法编制成函数库，并向用户提供一个开放的通用平台。用户可以在这种平台上选择组合自己需要的函数，快速灵活地通过组态实现一个具体的视觉检测任务。

1.1.2 X-SIGHT 软件简介

随着机器视觉技术的发展及其在各个领域越来越广泛的应用，各种机器视觉软件竞相出现。

国内对集成式机器视觉软件的开发起步较晚，市场上难以见到成熟的机器视觉软件产品，基本属于定制型专用软件。X-SIGHT 软件具备相机采集、图像处理、区域分析、检测定位等功能。其主要优点如下。

① 可视化自由编程。几百种指令，通过自由的拖动组合操作，快捷高效地构建专项视觉解决方案。

② 广泛的硬件支持。支持国内外主流工业相机、PLC、机械臂，支持串口、网络等各式主流标准协议。

③ 强大的人机交互。不需要编程，设计员可以专注于界面设计，摆脱纷繁复杂的界面，从容设计。

④ 高超的执行效率。灵活高效的数据传送模块，算子 GPU 加速，强大的底层研发能力。

课件
相机的选择

任务2 相机的选择

任务分析

相机是机器视觉系统中的一个关键组件，其最本质的功能是将光信号转变成有序的电信号。选择合适的相机是机器视觉系统设计中的重要环节，相机的选择不仅直接决定采集到的图像分辨率、图像质量等，同时也与整个系统的运行模式直接相关。

通过完成此学习任务，能区分 CCD 和 CMOS 的优缺点，了解智能相机的结构与特点，掌握相机的选型原则，了解相机的传输方式及触发方式，能够根据实际要求选择合适的相机。

相关知识

1.2.1 CCD和CMOS

1. 工作原理

微课
CCD和CMOS、智能相机

电荷耦合器(charge coupled device,CCD)是一种特殊的半导体图像传感器,又称为成像器。CCD图像传感器为电流驱动型装置。它由大量独立的光敏元件组成,这些光敏元件通常是按矩阵排列的。光线透过镜头照射到CCD图像传感器上,并被转换成电荷,每个元件上的电荷量取决于它所受到的光照强度。当按动相机快门时,CCD将各个元件的信息传送到模/数转换器上,模拟电信号经过模/数转换器处理后变成数字信号,以一定格式压缩后存入缓存,就生成了一张数码照片。然后可以根据不同的需要,以数字信号或视频信号的方式输出图像数据。

CMOS图像传感器是一种互补金属氧化物半导体成像器件。CMOS和CCD一样,都是可用来感受光线变化的半导体。CMOS主要是利用硅和锗这两种元素所做成的,通过带负电和带正电的晶体管来实现基本的功能。两种晶体管的互补效应所产生的电流即可被处理芯片记录和解读成影像数据。

CMOS图像传感器为电压驱动型装置。在CCD工作时,上百万个像素感光后会生成各自的电荷,所有的电荷全部经过一个"放大器"进行电压转变,形成电子信号。因此,这个"放大器"就成为制约图像处理速度的一个"瓶颈",所有电荷由单一通道输出,就像"千军万马过独木桥",当数据量大时就会发生信号"拥堵"。而CMOS则不同,每个像素点都有一个单独的放大器转换输出,因此CMOS没有CCD的上述"瓶颈"问题,能够在短时间内处理大量数据,输出高清影像,因此能满足拍摄高清影像的需求。

2. 两者之间的比较

CCD与CMOS图像传感器的主要区别见表1-1。

表1-1 CCD与CMOS图像传感器的主要区别

项目	CCD	CMOS
图像	图像质量高、灵敏度高、对比度高,存在Blooming(光晕)现象	图像质量一般,灵敏度差,但是没有Blooming现象
结构	低噪声	存在固定模式噪声
	集成度较低	集成度高
	串行处理	并行处理,可直接访问单个像素
	功耗较高	功耗低
	电路结构简单	电路结构复杂

机器视觉技术的关键参数是速度和噪声。CMOS和CCD图像传感器的主要差别是信号从信号电荷转换至模拟信号并最终转换至数字信号的方式不同。在CMOS面阵和线阵成像器中,数据通路的前端是大规模并行的。这样,每个放大器都拥有低带宽。当信号到达数据通路瓶颈,通常是成像器和芯片外电路系统之间的接口时,CMOS

数据已经是数字量。相比之下,高速 CCD 尽管也有很多并行高速输出通道,但数量规模却不及高速 CMOS 成像器。

在多数可见光成像应用中,CMOS 面阵和线阵成像器优于 CCD 成像器。然而,在高速低照明应用中,CCD 时间延迟积分成像器优于 CMOS 时间延迟积分成像器。在近红外成像方面,CCD 面阵和线阵成像器是更好的选择。在紫外成像中,考虑到全局快照要求,能否实施背面减薄表面处理是关键。另外,低噪声要求也是一个因素。在这一方面,因为拥有高读出速度,CMOS 的优势比 CCD 更明显。总而言之,价格和性能之间的权衡都会影响对 CCD 或 CMOS 的评定,具体取决于杠杆、规模和供应安全性。

1.2.2 智能相机

智能相机(smart camera)并不是一台简单的相机,而是一种高度集成化的微小型机器视觉系统。它将图像的采集、处理与通信功能集成于单一相机内,从而提供多功能、模块化、高可靠性、易于实现的机器视觉解决方案。同时,由于应用了新的 DSP、FPGA(现场可编程门阵列)及大容量存储技术,其智能化程度不断提高,可满足多种机器视觉的应用需求。

1. 智能相机的结构

智能相机一般由图像采集单元、图像处理单元、图像处理软件、网络通信装置等构成,各部分的功能如下。

(1) 图像采集单元

在智能相机中,图像采集单元相当于普遍意义上的 CCD/CMOS 相机和图像采集卡。它将光学图像转换为模拟/数字图像,并输出至图像处理单元。

(2) 图像处理单元

图像处理单元类似于图像采集/处理卡。它可对图像采集单元的图像数据进行实时的存储,并在图像处理软件的支持下进行图像处理。

(3) 图像处理软件

图像处理软件在图像处理单元硬件环境的支持下,完成图像处理功能,如几何边缘的提取、Blob、灰度直方图、OCV/OVR、简单的定位和搜索等。在智能相机中,以上算法都封装成固定的模块,用户可直接应用而不需要编程。

(4) 网络通信装置

网络通信装置是智能相机的重要组成部分,主要完成控制信息、图像数据的通信任务。智能相机一般均内置以太网通信装置,并支持多种标准网络,从而可以使多台智能相机构成更大的机器视觉系统。

2. 智能相机的特点

① 结构紧凑,集成度高,性能稳定,故障率低,运算能力强。

② 工作过程可完全脱离计算机,与生产线上其他设备连接方便。

③ 能直接在显示器上输出 SVGA 或 SXGA 格式视频,以及图像。

④ 提供开源的图像处理库,能进行源码级的二次开发。

⑤ 增益可调,可控电子快门,全局曝光,快门时间可用软件设置。

⑥ 可对曝光时长以及曝光时刻进行准确同步控制。

⑦ 支持外触发和外部闪光灯接口。

⑧ 自带多路数字 I/O、1 GB 以太网、RS-232 接口。

微课
相机基本参数、全局曝光与卷帘曝光

1.2.3 相机基本参数

1. 相机分辨率

面阵摄像机的成像面以像素为最小单位。例如,某 CMOS 摄像芯片的像素间距为 5.2 μm。摄像机拍摄时,将连续的图像进行离散化处理,到成像面上每一个像素点只代表其附近的颜色。两个像素之间有 5.2 μm 的距离,在宏观上可以视为连在一起。但是在微观上,它们之间还有无限的更小的结构存在,称为“亚像素”。“亚像素”是存在的,只是在硬件方面缺乏细微的传感器来检测,于是可以通过软件近似地计算出来。

相机像素精度一定要高于系统所要求的精度,才能有实际的测量意义。亚像素的精度提升在实际测量中并没有太大影响,不能从根本上解决精度不足的问题。一般来说,如果条件允许,会要求将相机的分辨率或像素精度提高一个数量级。

2. 相机帧率

相机的帧率决定着设备的测量效率。例如,相机的帧率是 30 f/s 时,则每秒最多拍摄 30 次;而相机的帧率是 120 f/s 时,如果算法够快,那么每秒最多就可以拍摄 120 次。通常来说,相机的分辨率越高,帧率越低。分辨率一定时,帧率有最大值。所以,要求相机的分辨率高,又要求相机的帧率高,就需要带宽更大的总线。

3. 相机曝光时间

相机的最短曝光时间,可以决定目标的最高运动速度。或者反过来说,目标的最高运动速度,对相机的最短曝光时间提出了要求。通常来说,物体运动引起的模糊应该比要求的测量精度小一个数量级,这样可以减少其对系统的影响,工业相机最短曝光时间一般可以达到几十微秒。如此短的曝光时间,要求光能量比较大,因此需要选择合适的光源与光源控制器。

1.2.4 全局曝光与卷帘曝光

全局曝光和卷帘曝光是常见的曝光方式。一般来说,CCD 工业相机采用全局曝光,而 CMOS 工业相机采用全局曝光或卷帘曝光。全局曝光和卷帘曝光的区别如下。

1. 全局曝光

工业相机全局曝光很容易理解,是指光圈打开后,整个芯片像元同时曝光。感光元件令所有像素点同时收集光线,同时曝光。即在曝光开始时,感光元件开始收集光线;在曝光结束时,光线收集电路被切断。然后感光元件将值读出,即得到一幅照片。因此,曝光时间与机械的开关速度有关。既然与机械运动相关,全局曝光即存在理论上的非常小的曝光时间。

2. 卷帘曝光

卷帘曝光时,CMOS 感光元件按照第一行、第二行、第三行这样的顺序进行光线感测,直到整片感光组件从上到下每一行都曝光完成,也就是不同行像元的曝光时间不同。这种曝光方式是在光圈打开后，由具有一定间隔的卷帘来控制传感器的曝光时间。如图 1-3 所示，卷帘的运动方向是从左到右的，在运动过程中由卷帘开口处的传感器来接受光。因此，曝光时间的长短完全取决于卷帘的开口尺寸与卷帘的运动速度。也就是说，卷帘运动得越快，卷帘的开口尺寸越小，其传感器的曝光时间就越短。因此，卷帘曝光方式具有更短的局部曝光时间，但整体图像曝光时间更长。另外，在拍照时，假如工业相机有晃动，或者拍摄快速移动的物体，就会看到因画面上下曝光时间不同而导致的"果冻现象"。

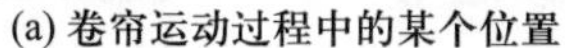

(a) 卷帘运动过程中的某个位置

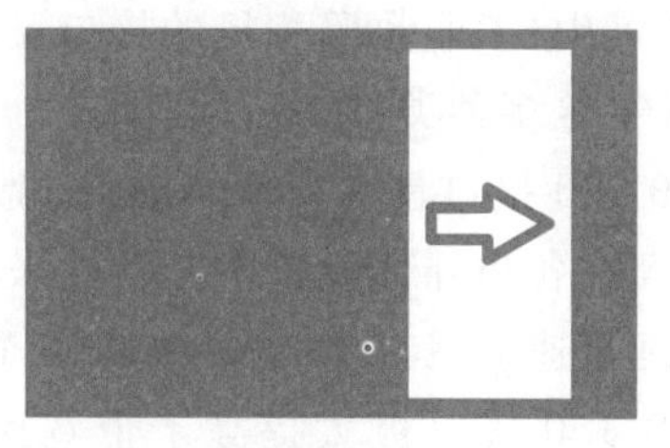

(b) 卷帘运动过程中的后一个位置

图 1-3　卷帘运动过程

如果被拍摄物体相对于相机高速运动，用全局曝光方式拍摄，曝光时间过长，照片就会产生像糊现象。像糊现象出现与否取决于曝光时间的长短，假如曝光时间很短，类似于运动物体在瞬间被冻结了，就不太会出现像糊现象。而用卷帘曝光方式拍摄时，由于逐行扫描速度不够，拍摄结果就可能出现"倾斜""摇摆不定""部分曝光"等任意一种情况。这种采用卷帘曝光方式拍摄时出现的现象，就定义为"果冻现象"。

3. 两者的优缺点

工业相机全局曝光的优点是所有的像素点同时曝光。全局曝光总时间更短，这样不仅能提升效率，也能根除影像果冻现象的问题。其缺点是曝光时间存在较大局限。

工业相机卷帘曝光的优点是具有更短的局部曝光时间。其缺点是由于不同的行是在不同时间进行曝光取像，如果图像是运动的，则存在明显的拖影。因此，卷帘曝光不适合拍摄高速运动的物体。

任务实施

1.2.5　相机选型

1. 明确要求

相机的选取是设计机器视觉系统关键的一步，首先需要明确系统的要求。

① 要确定检测产品的精度要求。

② 要确定相机拍摄的视野大小。

③ 要确定检测物体的运动速度。

④ 要确定是动态检测还是静态检测。

微课

相机选型

2. 确定硬件类型

（1）相机像素数大小的确定

市场的软件的精度基本上没有误差，但硬件的误差是不可避免的，所以市场上的机器视觉系统一般都保证误差为一个像素，可得到如下计算公式。

$$精度=视野(长或宽)\div相机像素(长或宽)\times n$$

式中，n 为精度余量。有了以上公式又有了明确任务要求，就不难确定相机的像素数大小了。假设视野为 $10\times10\ mm^2$，精度要求为 0.02 mm($n=1$)，那么相机的像素为 $10\div0.02=500$ 像素，那么只需要 30 万(640×480)像素的相机就可以了。

提示
常用的工业相机有 30 万像素(640×480)、100 万像素(1 200×840)、130 万像素(1 440×960)、160 万像素(1 440×1 088)、200 万像素(1 600×1 200)等。

(2) 相机传输方式的确定

因为没有一个标准的命名，所以工业相机按信号种类又分为工业模拟相机和工业数字相机。其中，工业数码相机的接口又分为 GigE 千兆网、USB 2.0、USB 3.0、Camera Link、1394a/b 等多种类型，各有利弊。

① USB 2.0 接口具有支持热插拔、携带方便、标准统一以及可连接多个设备的特点，目前已经在各类外部设备中广泛被采用，并且可以向下兼容 USB 1.1，但是其传输速率较低，理论速率只有 480 Mbit/s(60 MB/s)，而且不稳定。

② USB 3.0 接口极大提高了带宽速率，可高达 5 Gbit/s，实现了更好的电源管理，能够使主机为设备提供更多的功率输出，且使主机更快地识别器件，新的协议使得数据处理的效率更高。USB 3.0 接口传输快但距离短，超过3 m就要用质量很高的线。

③ 1394a/1394b 接口俗称火线接口，现主要用于视频采集，数据传输速率可高达 400 Mbit/s(1394a)和 800 Mbit/s(1394b)。其利用等时性传输来保证实时性，便于安装，采用总线结构，支持热插拔，即插即用。这种接口的普及率不高，已逐渐被市场淘汰。

④ GigE 是一种基于千兆以太网通信协议开发的相机接口标准，其特点是较高的数据传输速率以及最远可达 100 m 的传输距离。在工业机器视觉产品的应用中，GigE 允许用户在很长距离上用标准线缆进行快速图像传输。它还能在不同厂商的软、硬件之间轻松实现互操作。

⑤ Camera Link 是在 Channel Link 技术基础上增加了一些传输控制信号，并定义了一些相关传输标准，可抗干扰，且传输速率高达 5.4 Gbit/s，是目前的工业相机中传输速率最高的一种总线类型，但其需要单独的 Camera Link 接口，不便携，成本过高，实际应用比较少，一般用于高分辨率高速面阵相机和线阵相机上。

(3) 相机的触发模式选择

相机的常见触发模式有连续采集模式、软件触发模式和硬件触发模式三类。对于静态检测和产品连续运动而不能给触发信号的情况，通常选择连续采集模式；对于动态检测和产品连续运动而能给触发信号的情况，通常选择软件触发模式；对于高速动态检测和产品连续高速运动而能给触发信号的情况，通常选择硬件触发模式。

图 1-4 被测量零件

下面以实例进行相机选型的讲解。

有零件如图 1-4 所示，现需要测量其尺寸，产品大小为 18 mm×10 mm，精度要求为 0.1 mm，流水线作业要求检测速度为 10 件/s，根据此要求选择合适的相机。

因为流水线作业速度较快，因此选用全局曝光相机。视野大小可以设定为20 mm×15 mm（考虑每次机械定位的误差，让视野比物体稍大），取精度余量 $n=2$，那么需要的相机像素数如下。

宽度　　20÷(0.1÷2)=400

高度　　15÷(0.1÷2)=300

因此，相机的像素数至少需要 400×300 像素，帧率为 10 f/s，故选择 640×480 像素，帧率在 10f/s 以上的相机即可。

提示

一般计算相机精度时需要注意精度余量。如果是背光，一般 $n=1$；如果是正光，一般 $n=2$。不过 n 的取值也需要根据实际情况决定，如算法定位精度。

任务 3 镜头的选择

任务分析

镜头是机器视觉系统中必不可少的部件，直接影响成像质量的优劣，影响算法的实现和效果。

课件
镜头的选择

通过完成此学习任务，能区分各种镜头的适用场合，了解镜头的基本参数；能够根据实际要求，选择合适的镜头。

相关知识

1.3.1 镜头的类型

1. 百万像素低畸变镜头

百万像素低畸变镜头在工业镜头里最普通，种类最齐全，图像畸变较小，价格比较低，应用也最广泛，几乎适用于任何工业场合。镜头外观如图 1-5 所示。

2. 微距镜头

微课
镜头分类

微距镜头一般是指成像比例为 1∶4～2∶1 范围内的特殊设计的镜头，外观如图 1-6 所示。在对图像质量要求不是很高的情况下，一般可在镜头和摄像机之间加近摄接圈，或在镜头前加近拍镜，达到放大成像的效果。

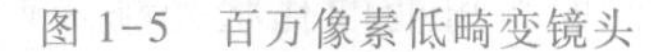

图 1-5　百万像素低畸变镜头

图 1-6　微距镜头

3. 广角镜头

广角镜头焦距很短，视角较宽，而景深却很深，图形有畸变，介于鱼眼镜头与普通镜头之间，外观如图 1-7 所示。它主要用于对检测视角要求较宽，对图形畸变控制要求较低的检测场合。

4. 鱼眼镜头

鱼眼镜头的焦距范围是 6~16 mm(标准镜头是 50 mm)。鱼眼镜头有着跟鱼眼相似的形状和作用,视场角大于或等于 180°,有的甚至可达 230°,图像有桶形畸变,画面景深特别大,可用于管道或容器的内部检测。鱼眼镜头外观如图 1-8 所示。

5. 远心镜头

远心镜头主要是为纠正传统镜头的视差而特殊设计的镜头,外观如图 1-9 所示。它可以在一定的物距范围内,使得到的图像放大倍率不会随物距的变化而变化,在被测物不在同一物面上的情况下有着非常重要的应用。

6. 显微镜头

显微镜头一般是成像比例大于 10∶1 的拍摄系统所用的镜头,但由于现在的摄像机的像元尺寸已经做到 3 μm 以内,所以成像比例大于 2∶1 时也有选用显微镜头的例子。显微镜头外观如图 1-10 所示。

图 1-7 广角镜头

图 1-8 鱼眼镜头

图 1-9 远心镜头

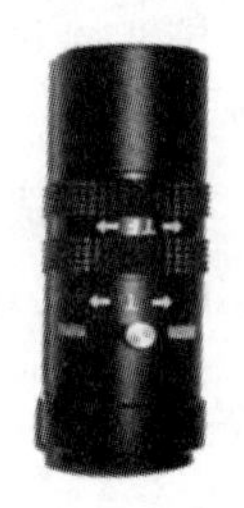

图 1-10 显微镜头

1.3.2 镜头基本参数

1. 成像面

成像面是指被测物及其背景通过镜头投影到二维图像传感器上的平面,一般是长宽比为 4∶3 的矩形。

镜头基本参数

2. 焦距

焦距用 f 表示,是从镜头的中心点到焦平面上所形成的清晰影像之间的距离。焦距的大小决定视角的大小,焦距数值小则视角大,观察范围也大;焦距数值大则视角小,观察范围也小。根据焦距能否调节,可将镜头分为定焦镜头和变焦镜头两大类。

3. 光圈

如图 1-11 所示,光圈是一个用来控制光线透过镜头,进入机身内感光面的光量的装置,它通常位于镜头内。对于已经制造好的镜头,不可能随意改变镜头的直径,但是可以通过在镜头内部加入多边形或者圆形,并且面积可变的孔状光栅来控制镜头通光量,这个装置就称为光圈。

光圈是镜头焦距 f 和通光孔径 D 的比值,又称为 F 值。每个镜头上都标有最大 F 值,例如 8 mm/F1.4 代表最大孔径为 5.7 mm。F 值越小,光圈越大;F 值越大,光圈越小。

图 1-11 光圈示意图

光圈 F 值=镜头的焦距÷镜头口径的直径

从以上的公式可知,要达到相同的光圈 F 值,长焦距镜头的口径要比短焦距镜头的口径大。

完整的光圈 F 值系列:F1,F1.4,F2,F2.8,F4,F5.6,F8,F11,F16,F22,F32,F44,F64。光圈 F 值越小,在同一单位时间内的进光量就越大,而且上一级的进光量刚好是下一级的两倍。例如,光圈从 F8 调整到 F5.6,进光量便多一倍,也可以说光圈开大了一级。

4. 传感器尺寸

传感器尺寸(靶面)指的是镜头成像直径可覆盖的最大芯片尺寸,主要有 1/2 in、2/3 in、1 in和 1 in 以上。需要注意的是,这里的 1 in 对应的芯片对角线长度约为 16 mm而非 25.4 mm,如图 1-12 所示。

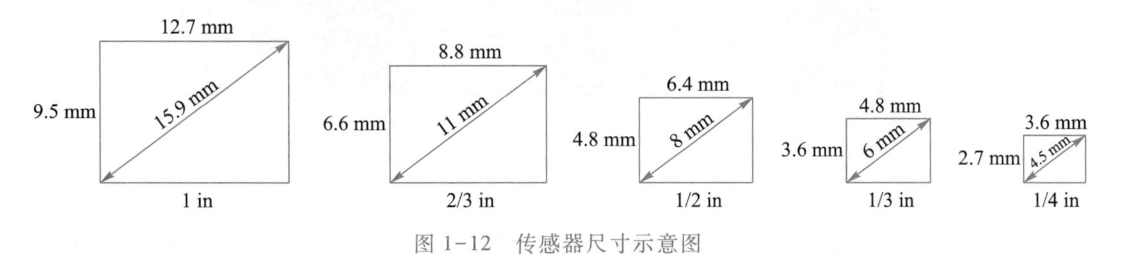

图 1-12 传感器尺寸示意图

摄像机镜头规格应视传感器尺寸而定,两者应相对应。一般靶面大小为 2/3 in 时,镜头应选 2/3 in;靶面大小为 1/2 in 时,镜头应选 1/2 in;靶面大小为 1/3 in 时,镜头应选 1/3 in。总之,镜头尺寸≥靶面尺寸。

镜头成像面尺寸比靶面尺寸大时,图像视野比镜头视野小,不能充分地利用镜头视野;镜头成像面尺寸比靶面尺寸小时,将产生“隧道效应”,即图像四角出现“暗角”,像在隧道里拍的一样。

5. 接口

接口是镜头与相机的连接部位,又称卡口。镜头和摄像机之间的接口有许多不同的类型,工业摄像机常用的包括 C 接口、CS 接口、F 接口、V 接口、T2 接口、徕卡接口、M42 接口、M50 接口等。接口类型的不同和镜头性能及质量并无直接关系,也可以找到一些常用接口之间的转接口。

C 接口和 CS 接口是工业摄像机上最常见的国际标准接口,为 1-32UN 美制螺纹连接口。C 接口和 CS 接口的螺纹连接是一样的,区别在于 C 接口的后截距为 17.5 mm,CS 接口的后截距为 12.5 mm。所以 CS 接口的摄像机可以和 C 接口及 CS 接口的镜头连接使用，只是使用 C 接口镜头时需要加一个 5 mm 的接圈；C 接口的摄像机不能用 CS 接口的镜头。

提示
美制统一螺纹的一般标法是 1-32UN。24.77 mm 是内螺纹的最小直径，25.4 mm 是外螺纹的最大直径。每英寸长度上有 32 个牙，也就是螺距为 25.4/32 mm。

F 接口是尼康镜头的接口，所以又称尼康口，也是工业摄像机中常用的类型，一般摄像机靶面大于 1 in 时需用 F 接口的镜头。

V 接口是施奈德镜头的接口，一般也用于摄像机靶面较大或特殊用途的镜头。

6. 景深

景深是指在被摄物体聚焦清楚后，在物体前后一定距离内，其影像仍然清晰的范围。景深随镜头的光圈值、焦距、拍摄距离而变化。光圈越大，景深越小；光圈越小，景深越大。焦距越长，景深越小；焦距越短，景深越大。距离拍摄体越近，景深越小；距离拍摄体越远，景深越大。

实际上，即使是在景深内，图像也有些模糊，但是这个模糊的程度如果在一定范围内（用圆的大小来定义，称为容许弥散圆），那么即使肉眼观察也不会觉得模糊。一般而言，光圈的聚焦范围较广时称为“景深较深”，较窄时称为“景深较浅”。

即使使用相同的透镜，景深也并不是一直相同，如图 1-13 所示。

图 1-13 相同透镜不同景深的效果图

7. 分辨率

分辨率代表镜头记录物体细节的能力，以每毫米内能够分辨黑白线对的数量为计量单位：“线对/毫米”（lp/mm）。分辨率越高的镜头成像越清晰。

8. 工作距离

工作距离是从镜头的物体侧镜筒前部到被拍照物体的距离，即镜头第一个工作面到被测物体的距离，如图 1-14 所示。

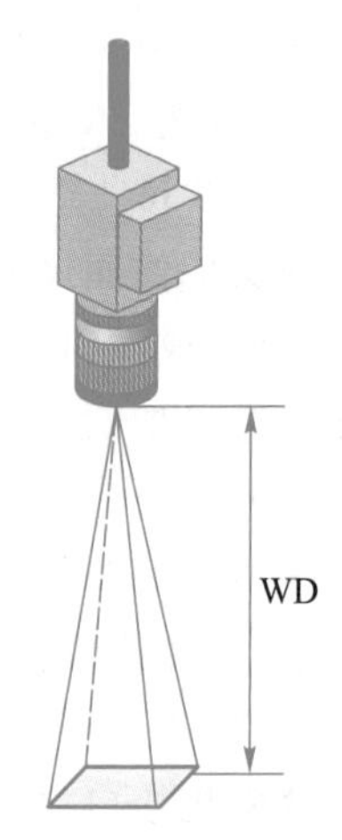

图 1-14 工作距离示意图

9. 视野范围

视野范围为相机实际拍到区域的尺寸。

10. 光学放大率

光学放大率=芯片尺寸÷视野范围

电子放大率是成像芯片上的像呈现在显示器上的放大倍数。

显示器放大率是被拍物体通过镜头成像后，显示在显示器上的放大倍数。

显示器放大率=光学放大率×电子放大率

例：光学放大率为 0.2，CCD 大小为 1/2 in（对角线长 8 mm），显示器为 14 in（1 in=25.4 mm）。

电子放大率 = 14×25.4/8 = 44.45(倍)

显示器放大率 = 0.2×44.45 = 8.89(倍)

视野范围 = 芯片尺寸÷光学放大率

例:光学放大率为 0.2,CCD 为 1/2 in(长 4.8 mm,宽 6.4 mm)。

视场宽度　　4.8÷0.2 mm = 24 mm

视场高度　　6.4÷0.2 mm = 32 mm

11. 数值孔径(NA)

数值孔径等于由物体与物镜间媒介的折射率 n 与物镜孔径角的一半($a/2$)的正弦值的乘积,计算公式为 $NA = n \times \sin(a/2)$。数值孔径与其他光学参数有着密切的关系,它与分辨率成正比,与放大率成正比。也就是说数值孔径直接决定了镜头分辨率,数值孔径越大,分辨率越高。

12. 后背焦

后背焦是相机的一个参数,指相机接口平面到芯片的距离。在线扫描镜头或者大面阵相机的镜头选型时,后背焦是一个非常重要的参数,因为它直接影响镜头的配置。不同厂家的相机,哪怕接口一样也可能有不同的后背焦。

任务实施

1.3.3 镜头选型

1. 选择镜头接口和传感器尺寸

镜头接口需要可以跟相机接口匹配安装,或可以通过外加转换口匹配安装。镜头可支持的最大尺寸应大于或等于选配相机传感器尺寸。

微课
镜头选型

2. 选择镜头焦距

如图 1-15 所示,在已知相机传感器尺寸、工作距离(WD)和视野(FOV)的情况下,可以计算出所需镜头的焦距(f),其计算公式如下。

$$\frac{f}{\mathrm{WD}} = \frac{\text{芯片宽度 } l(\text{高度 } h)}{\text{视野宽度 } L(\text{高度 } H)}$$

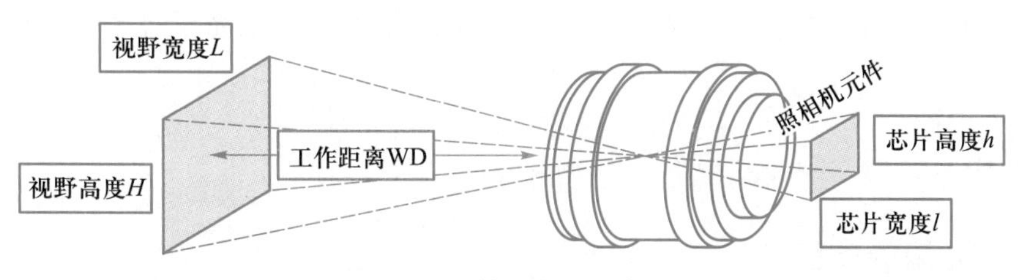

图 1-15　镜头焦距示意图

3. 选择镜头光圈

镜头的光圈大小决定图像的亮度,在拍摄高速运动物体等要求曝光时间很短的应用中,应该选用大光圈镜头,以提高图像亮度。

下面以实际镜头的选型来讲解。

有零件如图 1-4 所示，现需要测量其尺寸。零件大小为 18 mm×10 mm，精度要求为 0.1 mm，流水线作业要求检测速度为 10 件/s。在相机选型的基础上，若相机芯片尺寸为 1/2 in，相机镜头架设高度小于 350 mm，分别给出定焦镜头、定倍镜头的选取方法。

对定焦镜头，有

$$\frac{h}{H}=\frac{f}{\mathrm{WD}}$$

式中，h 为 CCD 芯片高度；H 为视野高度；f 为定焦镜头焦距；WD 为工作距离。1/2 in CCD 芯片高度为 4.8 mm，即 $h=4.8$ mm；视野高度为 20 mm，即 $H=20$ mm；WD < 350 mm，选取工作距离为 300 mm，即 WD = 300 mm。此时

$$f=\frac{h}{H}\times \mathrm{WD}=\frac{4.8}{20}\times 300\ \mathrm{mm}=72\ \mathrm{mm}$$

视野适当缩小，或者适当增大工作距离，可以选取焦距为 75 mm 的镜头。

对定倍镜头，有

$$\text{放大倍率}=\frac{h}{H}=\frac{4.8}{20}=0.24$$

可以选取放大倍率为 0.2 的定倍镜头。

任务 4 光源的选择

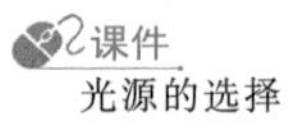

任务分析

光源作为机器视觉系统重要的组成部分，其质量直接关系到系统的成败。为什么这样说呢，在视觉系统中图像是核心，选择合适的光源能够呈现一幅好的图像，能够简化算法，提高系统稳定性。一幅图像如果曝光过度，就会损失很多重要的信息；出现阴影，就会引起边缘误判；图像不均匀，就会导致阈值选择困难。因此，要保证有较好的图像效果，就必须要选择一个合适的光源。

通过完成此学习任务，能了解各种光源的类型，了解光源的参数，掌握不同照射方式对成像的影响；能够根据实际要求，选择合适的辅助光学器材、光源、打光方式。

相关知识

1.4.1 光源的类型

1. 按形状分类

光源按形状分为以下几类。

(1) 环形光源

环形光源简称环光，是指 LED 灯珠排布成环形，与圆心轴成一定夹角，如图 1-16 所示。它可提供不同照射角度、不同颜色组合，更能突出物体的三维信息，解决对角照

射阴影问题。可选配漫射板导光，使光线均匀扩散。环形光源常用于PCB基板检测、IC元件检测、显微镜照明、液晶校正、塑胶容器检测、集成电路印字检查等。

图1-16　环形光源

（2）背光源

背光源是指高密度LED灯珠排布成一个面（底面发光）或者从光源四周排布一圈（侧面发光），如图1-17所示。它能突出物体的外形轮廓特征，适用于大面积照射。背光源一般放置于物体底部，需要考虑机构是否适合安装。在较高的检测精度下可以通过加强出光平行性来提升检测精度。背光源常用于机械零件尺寸及边缘缺陷的测量、电子元件IC的外形检测、胶片污点检测、透明物体划痕检测、饮料液位及杂质检测、手机屏漏光检测、印刷海报缺陷检测、塑料膜边缘接缝检测等。

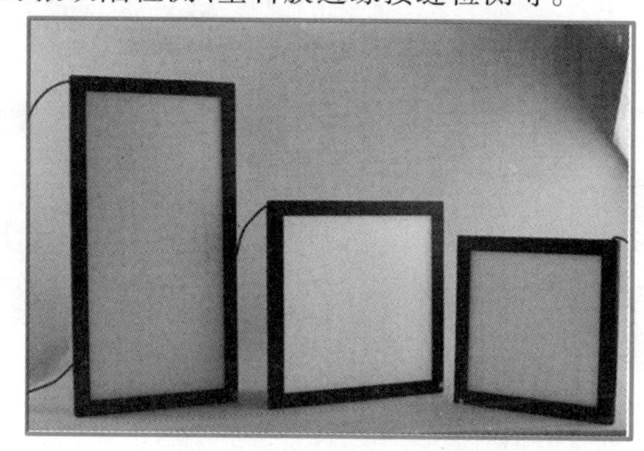

图1-17　背光源

（3）条形光源

条形光源是指LED灯珠排布成长条形，如图1-18所示。条形光源多用于单边或多边以一定角度照射物体，突出物体的边缘特征。可根据实际情况多条自由组合，照射角度有较好自由度。条形光源适用于较大结构被测物，常用于电子元件缝隙检测、圆柱体表面缺陷检测、包装盒印刷检测、药水袋轮廓检测、金属表面检查、图像扫描、表面裂缝检测、LCD面板检测等。

（4）同轴光源

同轴光源是以面光源采用分光镜设计而成，如图1-19所示。它适用于粗糙程度不同、反光强或不平整的表面区域，用于检测雕刻图案、裂缝、划伤、低反光与高反光区域分离、消除阴影等。需要注意的是，同轴光源经过分光设计有一定的光损失，需要考虑亮度，并且不适用于大面积照射。它常用于反射度极高的物体表面划伤检测，如玻璃和塑料膜的轮廓和定位检测、IC字符及定位检测、晶片表面杂质和划痕检测、包装条码识别等。

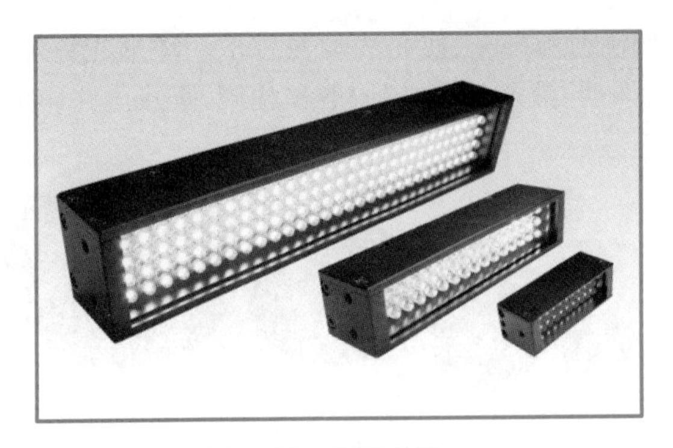

图 1-18 条形光源

(5) 球积分光源

球积分光源中的 LED 灯珠安装在底部,通过半球内壁反射涂层漫反射,均匀照射物体,如图 1-20 所示。图像整体的照度十分均匀,适用于曲面、表面凹凸、弧面表面检测,以及金属、玻璃等表面反光较强的物体表面检测。球积分光源常用于仪表盘刻度检测、金属罐字符喷码检测、芯片金线检测、电子元件印刷检测等。

图 1-19 同轴光源

图 1-20 球积分光源

(6) 条形组合光源

条形组合光源为四边配置条形光源,如图 1-21 所示。其每边照明独立可控,可根据被测物要求调整所需照明角度,适用面广。条形组合光源常用于 PCB 基板检测、焊锡检查、Mark 点定位、显微镜照明、包装条码照明、IC 元件检测等。

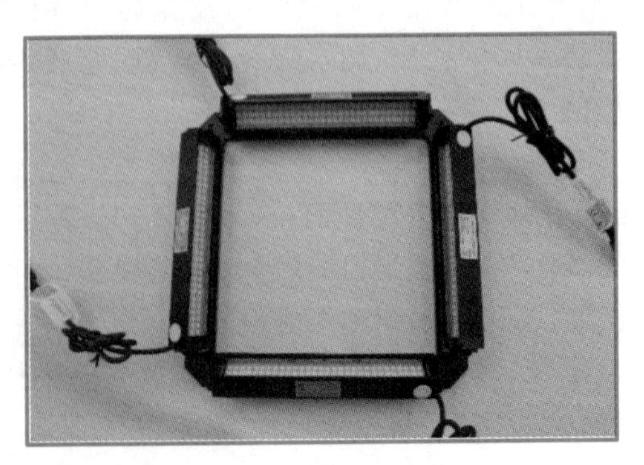

图 1-21 条形组合光源

（7）点光源

点光源如图1-22所示，一般为大功率LED，体积小，发光强度高，是光纤卤素灯的替代品，尤其适合作为镜头的同轴光源。另外，点光源多用于配合远心镜头，作为一种非直接同轴光源，检测视野较小。点光源常用于手机内屏隐形电路检测、Mark点定位、玻璃表面划痕检测、液晶玻璃底基校正检测等。

（8）线光源

线光源为高亮LED排布，如图1-23所示，采用导光柱聚光，光线呈一条亮带。线光源通常用于线阵相机，采用侧向照射或底部照射。也可以不使用聚光透镜，让光线发散，增加照射面积。也可在前段添加分光镜，转变为同轴线光源，适用于各种流水线连续监测场合。线光源常用于液晶屏表面灰尘检测、玻璃划痕及内部裂纹检测、布匹纺织均匀检测等。

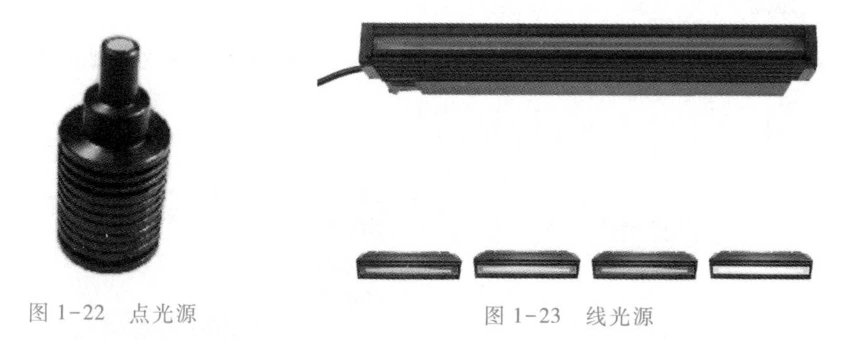

图1-22　点光源　　图1-23　线光源

（9）RGB光源

RGB光源使用不同角度的三色光照明，如图1-24所示。RGB光源照射可凸显焊锡三维信息，外加漫散射板导光，专用于电路板焊锡检测。

2. 按颜色分类

光源按颜色分为以下几类。

（1）白色光源（W）

白色光源通常用色温来界定，色温高的颜色偏蓝色（冷色，色温大于5 000 K），色温低的颜色偏红色（暖色，色温小于3 300 K），介于3 300~5 000 K之间的称为中间色。白色光源适用面广，亮度高，特别是拍摄彩色图像时使用更多。

图1-24　RGB光源

（2）蓝色光源（B）

蓝色光源的色温在430~480 K之间，适用产品包括银色背景产品（如钣金、车加工件）、薄膜上金属印刷品。

（3）红色光源（R）

红色光源的色温通常在600~720 K之间，其波长比较长，可以透过一些比较暗的物体。例如，底材为黑色的透明软板孔位定位、绿色线路板线路检测、透光膜厚度检测等，采用红色光源能提高对比度。

(4) 绿色光源(G)

绿色光源的色温在 510~530 K 之间，介于红色与蓝色之间。适用产品包括红色背景产品、银色背景产品(如钣金、车加工件)。

(5) 红外光源(IR)

红外光源的色温一般在 780~1 400 K 之间。红外光属于不可见光，其穿透力强，一般在 LCD 屏检测、视频监控行业应用比较普遍。

(6) 紫外光源(UV)

紫外光源的色温一般在 190~400 K 之间。其波长短，穿透力强，主要应用于证件检测、触摸屏 ITO 检测、布料表面破损、点胶溢胶检测、金属表面划痕检测等。

微课
光源基本参数、照射方式、常见的辅助光学器件、互补色

1.4.2 光源基本参数

光源几个基本参数如图 1-25 所示。下面对一些光源基本参数简要说明。

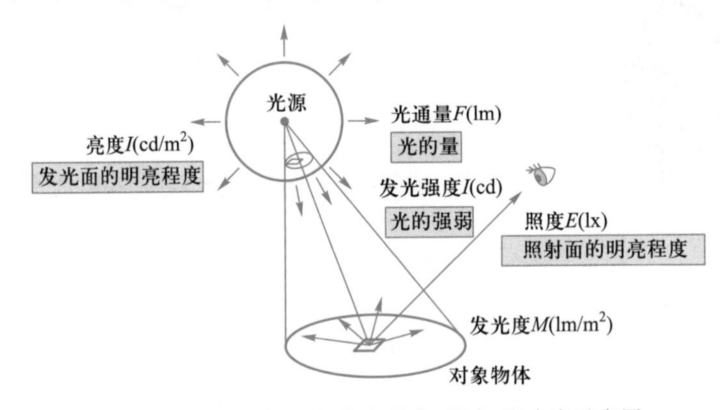

图 1-25 亮度、光通量、发光强度、照度、发光度示意图

1. 光通量

光通量是光源单位时间内发出的可见光量的总和，符号为 F，单位为流明(lm)。

2. 辐射通量

辐射通量是单位时间内通过某一截面的辐射能，又称辐射功率(Φ)，单位为瓦特(W)。

3. 光强

光强即发光强度，是光源在单位立体角内发出的光通量，也就是光源所发出的光通量在空间选定方向上分布的密度，符号为 I，单位为坎德拉(cd)。角度越大，光强越小。

4. 照度

照度是表示照射到平面上的光的亮度指标，符号为 E，单位为勒克司(lx)。照度是光源射向平面状物体的光通量中每单位面积的光通量，用于比较照明灯具照射到平面上的明亮程度。

5. 亮度

亮度是指物体明暗的程度，定义是单位面积的发光强度，单位为尼特(nit)。

6. 光效

光效等于光源发出的光通量除以光源的功率。它是衡量光源节能的重要指标，单位为流明/瓦(lm/W)，用于表示电能转换为光能的效率。

7. 波长

光的色彩强弱变化，可以通过数据来描述，这种数据称为波长，单位为纳米(nm)。可见光的波长范围为 380~780 nm。图 1-26 所示为不同色彩光的波长。

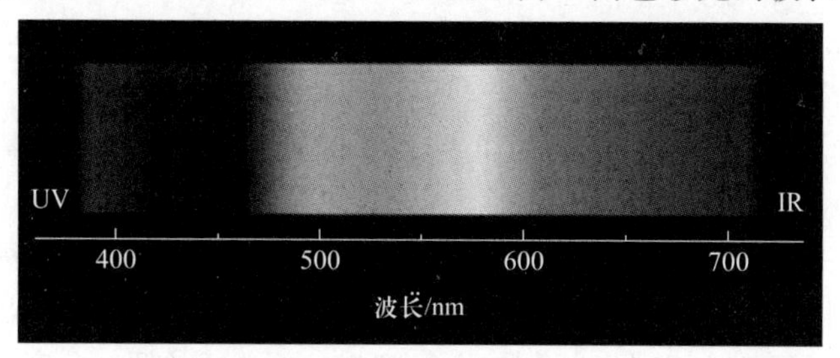

图 1-26 不同色彩光的波长

8. 主波长

任何一个颜色都可以看作用某一个光谱色按一定比例与一个参照光源(如 CIE 标准光源 A、B、C，等能光源 E，标准照明体 D65)相混合而匹配出来的颜色，这个光谱色就是颜色的主波长。

9. 峰值波长

光谱辐射功率最大的波长。

10. 黑体

黑体是指能够完全吸收由任何方向入射的任何波长的辐射的理想热辐射体。显然自然界不存在真正的黑体，但存在较好的黑体近似物(在某些波段上)。黑体辐射情况只与其温度有关，与组成材料无关。

11. 色温

光源发射光的颜色与黑体在某一温度下辐射光色相同时，黑体的温度称为该光源的色温，单位为开尔文(K)。色温是描述光源发出的光线的颜色的一个值。色温是以绝对温度 K 表示的。将一标准黑体(如铂)加热，温度升高到某一程度时，颜色开始变化的顺序是深红—浅红—橙黄—白—蓝白—青蓝。这种颜色的变化与光源的颜色变化相同，因而将光源当时的绝对温度称为色温。

12. 显色指数

显色指数是光源对物体呈现的程度，也就是颜色的逼真程度，用 Ra 表示。显色指数表征在特定条件下，经某光源照射的物体所产生的心理感官颜色，与该物体在标准光源照射下的心理颜色相符合程度的参数。国际照明委员会(CIE)把太阳的显色指数定为 Ra=100。

13. 色容差

色容差是光源和标准参照光源色坐标的修正偏差。IEC 的标准中，标准参照光源色有 P2700、F2700、F3000、F3500、F4000、F5000、F6500 等。

14. 色纯度

样品颜色接近主波长光谱色的程度，就表示该样品颜色的纯度，称为色纯度。色纯度是以主波长描述颜色时的辅助表示，定义为待测样品色度坐标与标准参照光源之色度坐标的直线距离，与标准参照光源至该待测件主波长之光谱轨迹色度坐标距离的百分比。色纯度越高，代表待测样品的色度坐标越接近该主波长的光谱色。

15. 色偏差

色偏差一般指被测光源的颜色与标准色之间的偏差。色偏差越小，其色纯度越接近标准色。

1.4.3 照射方式

光源是影响机器视觉成像质量的重要因素。照明对输入数据的影响很大。好的打光方式可以准确捕捉物体特征，提高物体与背景的对比度。

怎么使光在一定的程度上保持稳定，是使用过程中急需解决的问题。另一方面，环境光有可能影响图像的质量，可采用加防护屏的方法来减少环境光的影响。另外，不同的照射角度也会对图像的识别产生很大影响，所以选择合适的照射角度是特别重要的。

下面对照射方式进行详细说明。

1. 角度照射

角度照射方式及效果如图 1-27 所示。角度照射的特点是在一定的工作距离下，光束集中，亮度高，均匀性好，照射面积相对较小。角度照射常用于液晶校正、塑胶容器检查、工件螺孔定位、标签检查、引脚检查、集成电路印字检查等（30°、45°、60°、75°环光）。

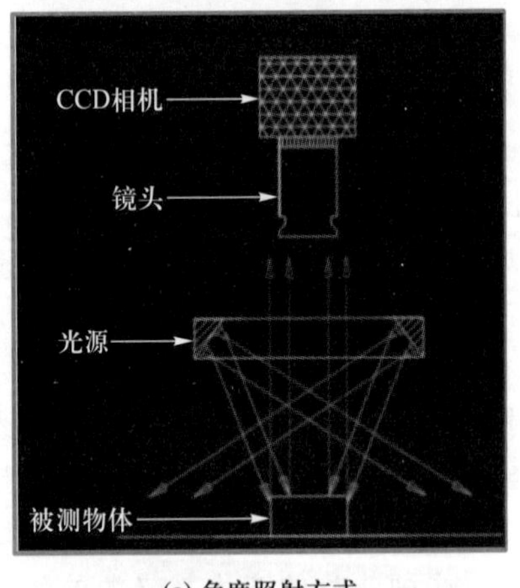

(a) 角度照射方式

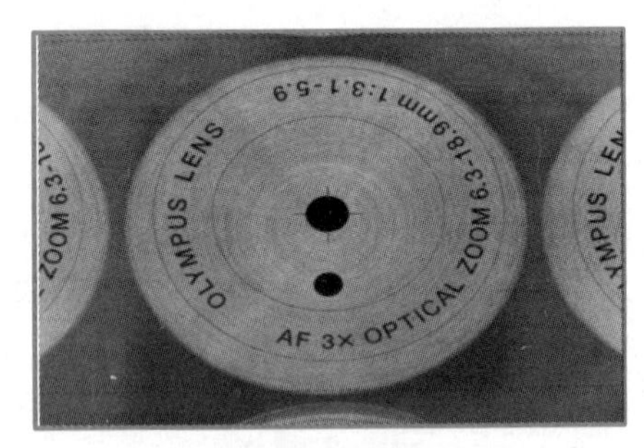

(b) 角度照射效果

图 1-27 角度照射方式及效果

2. 垂直照射

垂直照射方式及效果如图 1-28 所示。垂直照射的照射面积大，光照均匀性好，适用于较大面积照明，可用于基底和线路板定位、晶片部件检查等（0°环光、面光源）。

3. 低角度照射

低角度照射方式及效果如图 1-29 所示。低角度照射对表面凹凸表现力强，适用于晶片或玻璃基片上的伤痕检查（90°环光）。

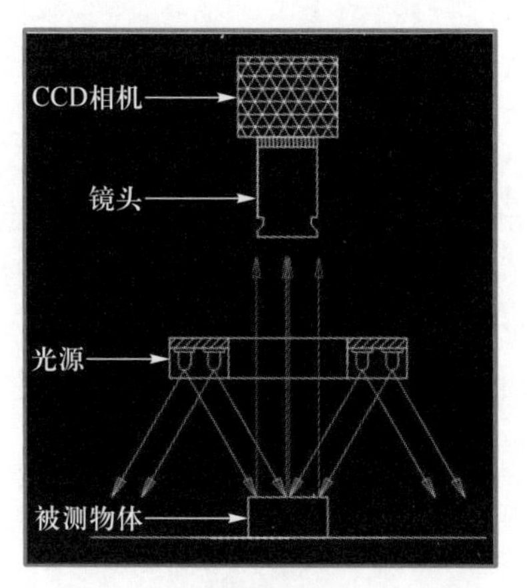

(a) 垂直照射方式

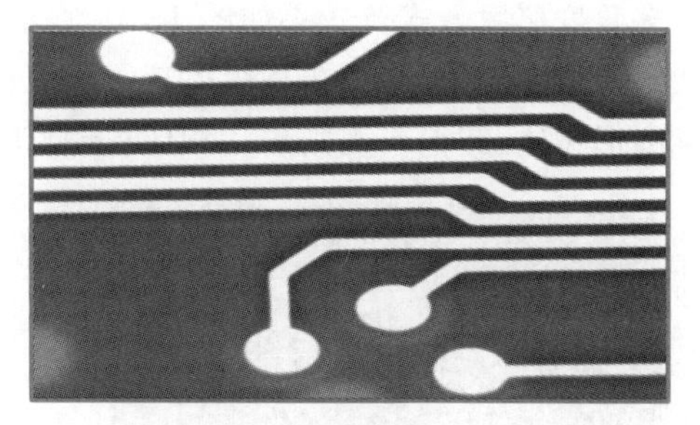

(b) 垂直照射效果

图 1-28　垂直照射方式及效果

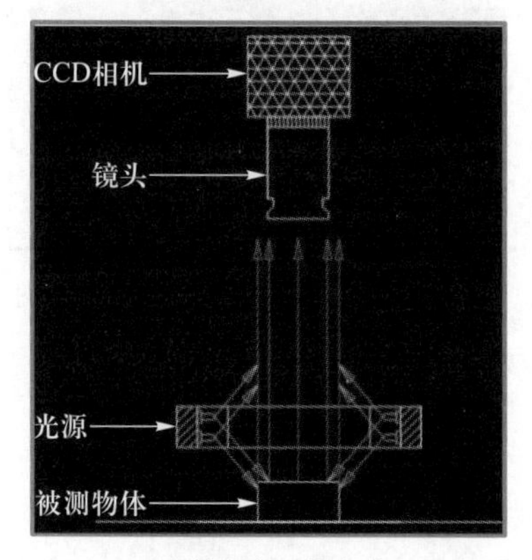

(a) 低角度照射方式

(b) 低角度照射效果

图 1-29　低角度照射方式及效果

4. 背光照射

背光照射方式及效果如图 1-30 所示。背光照射的特点是发光面是一个漫射面，

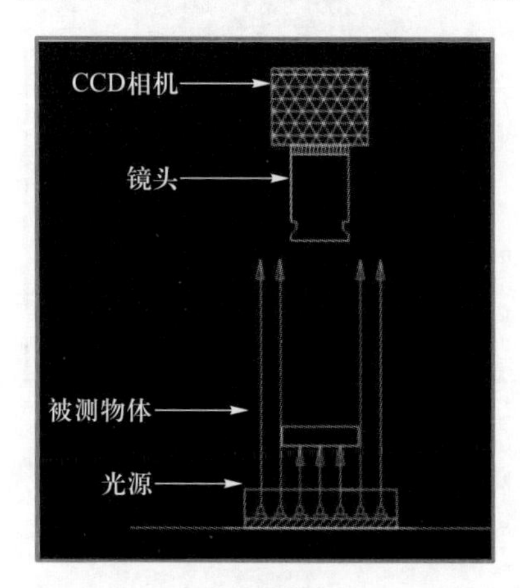

(a) 背光照射方式

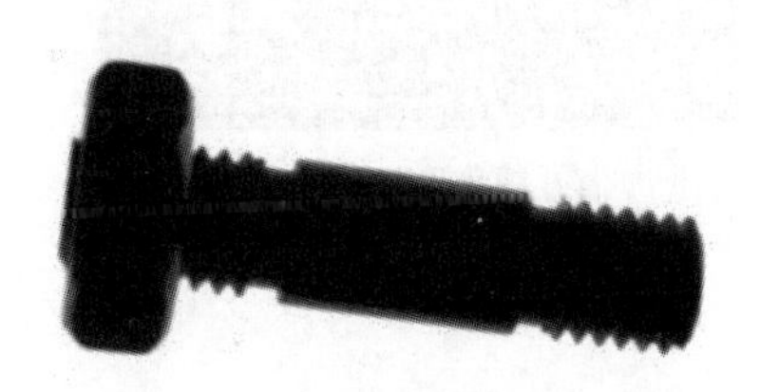

(b) 背光照射效果

图 1-30　背光照射方式及效果

均匀性好。它可用于镜面反射材料，如晶片或玻璃基底上的伤痕检测、LCD 检测、微小电子元件尺寸和形状检测、靶标测试等。

5. 多角度照射

多角度照射方式及效果如图 1-31 所示。多角度照射的特点是 RGB 三种不同颜色从不同角度照射，可以实现焊点三维信息的提取，适用于组装机板的焊锡部分、球形或半圆形物体、其他不规则形状物体、接脚头（AOI 光源）等的检测。

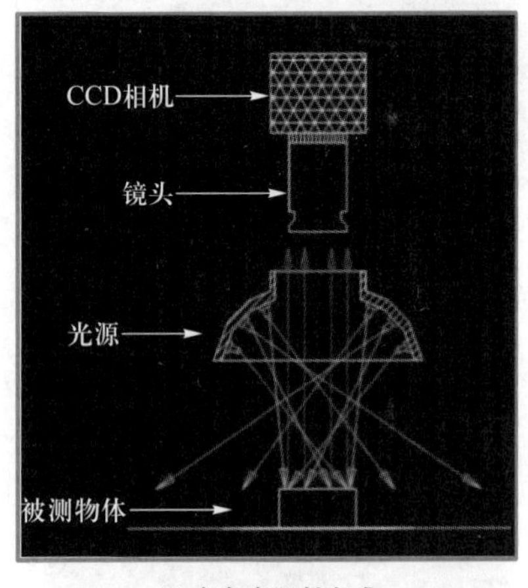

(a) 多角度照射方式

(b) 多角度照射效果

图 1-31 多角度照射方式及效果

6. 碗状光照射

碗状光照射方式及效果如图 1-32 所示。碗状光照射的特点为 360°底部发光，通过碗状内壁发射，形成球形均匀光照，用于检测曲面的金属表面文字和缺陷（球积分光源，通常也称为圆顶光）。

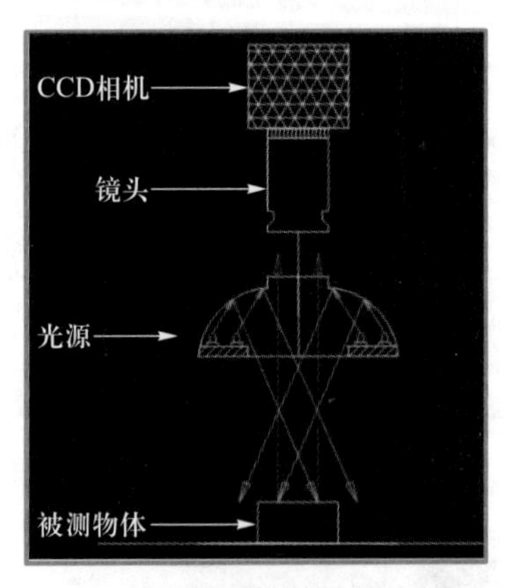

(a) 碗状光照射方式

(b) 碗状光照射效果

图 1-32 碗状光照射方式及效果

7. 同轴光照射

同轴光照射方式及效果如图 1-33 所示。同轴光照射类似于平行光的应用，光源前面带漫反射板，形成二次光源，光线主要趋于平行，用于半导体、PCB以及金属零件的表面成像检测，微小元件的外形、尺寸测量(同轴光源，平行同轴光源)。

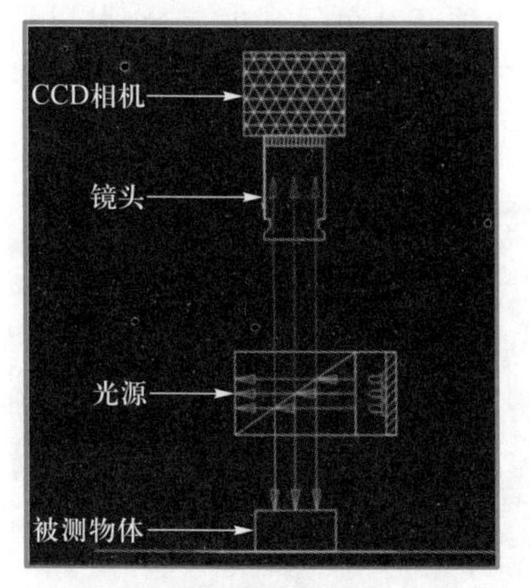

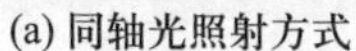
(a) 同轴光照射方式

(b) 同轴光照射效果

图1-33　同轴光照射方式及效果

1.4.4　常见的辅助光学器件

机器视觉系统应用是一门应用性很强的系统工程，不同的工厂、不同的生产线、不同的工作环境对光源亮度、工作距离、照射角度等的要求差别很大。有时受限于具体的应用环境，不能直接通过改变光源类型或照射角度而获取良好的图像效果，就需要借助于一些特殊的辅助光学器件。

1. 反射镜

反射镜可以简便地改变光源的光路和角度，从而为光源的安装提供更大的选择空间。

2. 分光镜

分光镜使用特殊的镀膜技术，不同的镀膜参数可以实现反射光和折射光任意比例的调节。机器视觉光源中的同轴光就是分光镜的具体应用。

3. 棱镜

不同频率的光在介质中的折射率不同。根据光学的这一基本原理可以把不同颜色的复合光分开，从而得到频率比较单一的光源。

4. 偏振片

光线在非金属表面的反射是偏振光。借助于偏振片可以有效地消除物体的表面反光。同时，偏振片在透明或半透明物体的应力检测上也有很好的应用。

5. 漫射片

漫射片是机器视觉光源中比较常见的一种光学器件。它可以使光照变得更均匀，减少不需要的反光。

6. 光纤

光纤可以将光束聚集在光纤管中，为光源的安装提供很大的灵活性。

1.4.5 互补色

互补色也称为对比色，在色环上相互对应。两种互补色等强度混合，可以得到白色。如果希望更鲜明地突出某些颜色，则选择色环上相对应的互补色，这样可以明显地提高图像的对比度。合理运用颜色可以过滤背景，其效果如图 1-34 所示。

(a) 白色光源

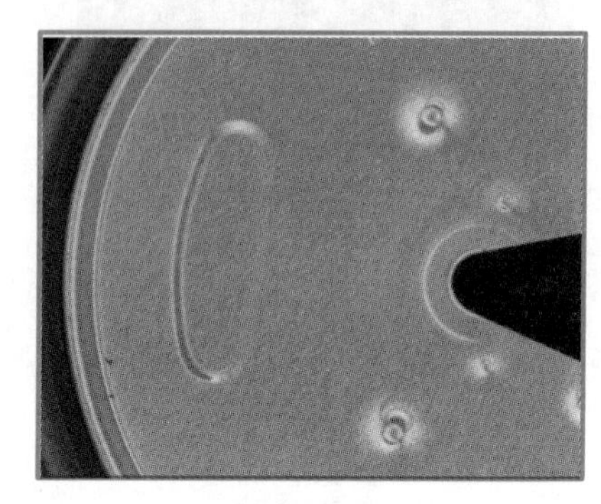
(b) 红色光源

图 1-34 运用颜色过滤背景的效果

任务实施

1.4.6 光源选型

市场上各种机器视觉光源越来越多，怎么选择一款适合项目需求的光源产品，是摆在很多应用工程师面前的一个问题。对这个问题很难总结出一成不变的结论，这里只是提出一些需要注意的方面供参考。

1. 光源选型时打光技巧

① 光线太暗或太亮会影响视觉系统。

② 光线的主要功能是产生光学信号。

③ 减少噪声是照明要解决的主要问题之一。

④ 只有来自目标并到达镜头的光线才是有效的光线。

⑤ 进入镜头但非来自目标的光线为杂散光，它将降低图像摄取装置的成像质量。

⑥ 来自目标的任意光线都应填满镜头的入瞳。

2. 光源选型时其他注意事项

① 镜头的工作距离。

② 现场的安装障碍。

③ 照明对象的现场实际情况。

④ 照明对象特征是否存在特殊性。

⑤ 图像是否需要彩色。

⑥ 安装的便利性。

3. 在选用不同光源时的不同原则

（1）条光选型要领

① 条光（条形光源）照射宽度最好大于检测距离，否则可能会因照射距离远而造成亮度差，或者因距离近而造成辐射面积不够。

② 条光长度能够照明所需打亮的位置即可，太长会造成安装不便，同时增加成本。一般情况下，光源的安装高度会影响所选用条光的长度，高度越高，要求光源越长，否则图像两侧亮度会比中间暗。

③ 如果照明目标是高反光物体，最好加上漫射板。如果是黑色等暗色不反光产品，也可以拆掉漫射板以提高亮度。

（2）环光选型要领

① 了解光源安装距离，过滤掉某些角度光源。例如，要求光源安装高度高，就可以过滤掉大角度光源，选用小角度光源。同样，安装高度越高，要求光源的直径越大。

② 目标面积小，且主要特性在表面中间，可选择小尺寸零角度或小角度光源。

③ 目标需要表现的特征如果在边缘，可选择90°环光，或大尺寸高角度环光。

④ 检测表面划伤，可选择90°环光，尽量选择波长短的光源。

（3）条形组合光选型要领

① 条形组合光不一定要按照资料上的型号来选型。因为被测的目标形状、大小各不一样，所以可以按照目标尺寸来选择不同的条形光源进行组合。

② 在选择组合光时，一定要考虑光源的安装高度，再根据四边被测特征点的长度和宽度，选择对应的条形光进行组合。

（4）背光/平行背光选型要领

① 选择背光时，根据物体的大小选择大小合适的背光，以免增加成本，造成浪费。

② 背光源四周由于外壳遮挡，其亮度会低于中间部位。因此，选择背光源时，尽量不要使目标正好位于背光源边缘。

③ 检测轮廓时，可以尽量使用波长短的光源，波长短的光源的衍射性弱，图像边缘不容易产生重影，对比度更高。

④ 可以调整背光源与目标之间的距离，以获得最佳效果，并非离得越近效果越好，也非越远越好。

⑤ 检测液位时可以将背光源侧立使用。

⑥ 圆轴类的产品、螺旋状的产品尽量使用平行背光源。

（5）同轴光源选型要领

① 选择同轴光源时主要看其发光面积，根据目标的大小来选择发光面积合适的同轴光源。

② 同轴光源的发光面积最好是目标尺寸的1.5~2倍，因为同轴光源的光路设计是让光路通过一片45°半反半透镜改变，光源靠近灯板处的亮度会比远离灯板处的高。因此，尽量选择大一点的发光面，避免光线左右不均匀。

③ 在安装同轴光源时尽量不要离目标太高。离目标越高，要求选用的同轴光源越大，以保证均匀性。

（6）平行同轴光源选型要领

① 平行同轴光源的光路设计独特，主要适用于检测各种划痕。

② 平行同轴光源与同轴光源表现的特点不一样，不能替代同轴光源使用。

③ 平行同轴光源用于检测划伤之类的产品时，尽量不要选择波长较长的光源。

(7) 其他光源选型要领

① 了解特征点面积大小，选择尺寸合适的光源。

② 了解产品特性，选择适当类型的光源。

③ 了解产品的材质，选择适当颜色的光源。

④ 了解安装空间及其他可能会产生障碍的情况，选择合适的光源。

4. 瓶盖码识别光源选型实例

瓶盖码识别主要涉及内容识别、条码打标位置是否偏离的判断等。单个瓶盖要求装在包装箱里检测，如图 1-35 所示。现要求对其打光设计，满足识别要求。

(a) 单个瓶盖

(b) 包装箱

图 1-35 瓶盖条码检测

(1) 了解产品特性

瓶盖是黑色，另有红黑交错背景图案，瓶盖码为激光刻印，显灰色。为了显现出瓶盖码，应该将字符打亮，使背景与字符分辨明显。如果选用红色光源的话，背景中的红色会滤掉打白，干扰同为白色的字符。所以，应该利用光源的互补原理，采用蓝色光源，将红色背景尽量打黑，如图 1-36 所示。

(a) 白色光源效果

(b) 蓝色光源效果

图 1-36 瓶盖码打光效果

（2）根据产品形状选择合适光源

瓶盖为圆形，直径为 25 mm，一般选择同轴光（源）或者环光比较合适。

（3）根据产品材质特性选择合适光源

瓶盖为金属材料，表面有印刷图案，比较光滑，反光度很高，选用同轴光或带角度的环光比较合适。

（4）模拟现场打光选择能用的光源

瓶体必须装在包装箱里，瓶盖离箱顶部的距离有 80 mm，考虑需要留一定的空间。因此，瓶盖离光源需要的距离为 100 mm 或以上。如此大的距离，小同轴光、小环光、低角度光不能满足要求，必须选用大同轴光或者大环光。

（5）打光试验

根据以上情况选择光源后，再进行性价比对比，选择性价比高的光源进行实际打光测试（同轴光一般价格比较高，选择环光比较经济）。

采用 180 mm、30°蓝色环光在 110 mm 高度打光，周边亮带反光强，不利于找中心位，如图 1-37 所示。

采用 204 mm、60°蓝色环光在 110 mm 高度打光，不会将光源 LED 亮斑影投射到瓶盖上，如图 1-38 所示。

课件
企业工程师——方案设计和硬件选型

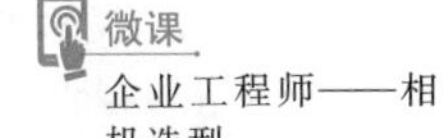
微课
企业工程师——相机选型

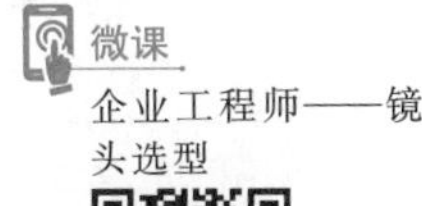
微课
企业工程师——镜头选型

微课
企业工程师——光源选型

图 1-37　180 mm、30°蓝色环光在 110 mm 高度照射效果

图 1-38　204 mm、60°蓝色环光在 110 mm 高度照射效果

（6）最终确定光源

根据打光效果图进行软件处理，在达到可靠性和准确性的条件下选择正确的光源。

总结

本项目主要介绍了机器视觉硬件系统，重点阐述了相机、镜头和光源的选型。

相机的选择直接决定采集到的图像的分辨率和成像质量。选择相机时需要考虑相机分辨率、帧率、传输方式等。

镜头是机器视觉系统中必不可少的部件，直接影响成像质量的优劣，影响算法的实现和效果。在选择镜头时需要考虑镜头类型、镜头接口、传感器尺寸、焦距、视野、分辨率等。

合适的光源能够呈现一幅好的图像，简化算法，提高系统稳定性。在选择光源时需要考虑光源类型、光源照射方式、被测物类型等。

习题

一、填空题

1. 机器视觉系统可以按结构分为______和______两大类。

2. 相机是机器视觉系统中的一个关键组件，其最本质的功能是______。

3. CCD 传感器为______驱动型装置，CMOS 传感器为______驱动型装置。

4. 智能相机一般由______、______、______、______等构成。

5. 相机的帧率为 30 f/s，表示每秒钟最多拍摄____次。

6. ______和______是常见的曝光方式。

7. 数字相机接口类型包括______、______、______、______、______、______。

8. 常见镜头主要分为______、______、______、______、______、______。

9. 焦距是从镜头的中心点到焦平面上所形成的清晰影像之间的距离。焦距的大小决定着视角的大小，焦距数值越小，视角越______，所观察的范围越______；焦距数值越大，视角越______，所观察的范围越______。

10. 传感器尺寸指的是镜头成像直径可覆盖的最大芯片尺寸，这里的 1 in 对应的芯片对角线长度为____。

11. 镜头分辨率代表镜头记录物体细节的能力，以每______内能够分辨黑白线对的数量来表示，单位为______。

12. 在已知相机传感器尺寸、工作距离（WD）和视野（FOV）的情况下，可计算出所需镜头的焦距f =______。

13. 常见光源按形状主要分为______、______、______、______、______、______、______、______、______。

14. ______是机器视觉光源中比较常见的一种光学器件，它可以使光照变得更均匀，减少不需要的反光。

15. 如果希望更鲜明地突出某些颜色，则选择色环上相对应的______，这样可以明显地提高图像的对比度。

二、简答题

1. 简述 X-SIGHT 视觉软件的主要优点。

2. 简述 CCD 传感器与 CMOS 传感器的区别。

3. 简述环形光源的特点及应用场合。

4. 简述背光源的特点及应用场合。

5. 简述镜头的选型原则。

三、计算题

在生产线上对瓶盖拍照，获取瓶盖图像，如图 1-39 所示，需要对瓶盖是否密封拧紧进行识别。以拍摄视野 55 mm × 40 mm，精度要求为 0.1 mm 为例，选择合适的相机。

图 1-39　瓶盖检测

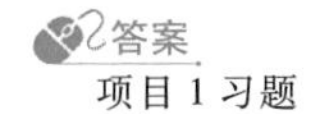

项目 1 习题

项目2

图像处理

通过相机获取实际图像后，怎么处理图像，怎么识别图像，是本项目要解决的问题。图像处理是指用计算机对图像进行分析，以达到所需结果的技术。图像处理一般的步骤：提取原始图像，灰度变换，滤波/边缘检测/分割，提取特征值。上述步骤是对某一类特定图像的处理，如人脸识别、指纹识别、车牌识别。采集到的图像可能是彩色的，而这样的图像色素太多，如果图像背景稍微变化，就难以处理，所以图像一般要先灰度，或变成二值图像，灰度完之后，就要滤波，也就是要处理特定图像外的背景，然后就是对图像进行算法处理，提取特征值。

在实际图像处理中，图像质量的好坏直接影响识别算法的设计与效果的精度，因此在图像分析（特征提取、分割、匹配、识别等）前，需要进行预处理。图像预处理的主要目的是消除图像中无关的信息，恢复有用的真实信息，增强有关信息的可检测性、最大限度地简化数据，从而改进特征提取、图像分割、匹配和识别的可靠性。

知识目标

（1）掌握图像的像素和灰度，了解数字图像的类型及分辨率，了解图像的颜色模型，了解图像的存储方式。

（2）掌握像素亮度的概念，掌握图像二值化的意义，了解常用的图像滤波器。

（3）了解数字图像的度量与拓扑性质，了解图像的运算，了解图像几何变换与投影变换。

（4）掌握灰度变换的基本概念，了解灰度变换的方式，掌握灰度直方图的定义，了解直方图的均衡化和规定化，了解图像匹配的方法。

（5）掌握阈值分割的概念，了解阈值分割的方法，掌握边缘检测的原理，了解边缘检测的方法，掌握区域分割的概念，了解区域分割的方法。

（6）掌握图像形态学的基本运算，掌握形态学的典型应用。

☑ 技能目标

（1）能解释采样和量化对图像的影响

（2）能分析像素亮度、二值化、滤波对图像预处理的影响

（3）能够利用像素操作、图像运算、几何变换、灰度变换等对图像进行操作与运算。

（4）能分析出不同分割方式的优点与缺点。

（5）能熟练使用图像形态学对图像进行处理。

（6）理解数学形态学的使用。

思维导图

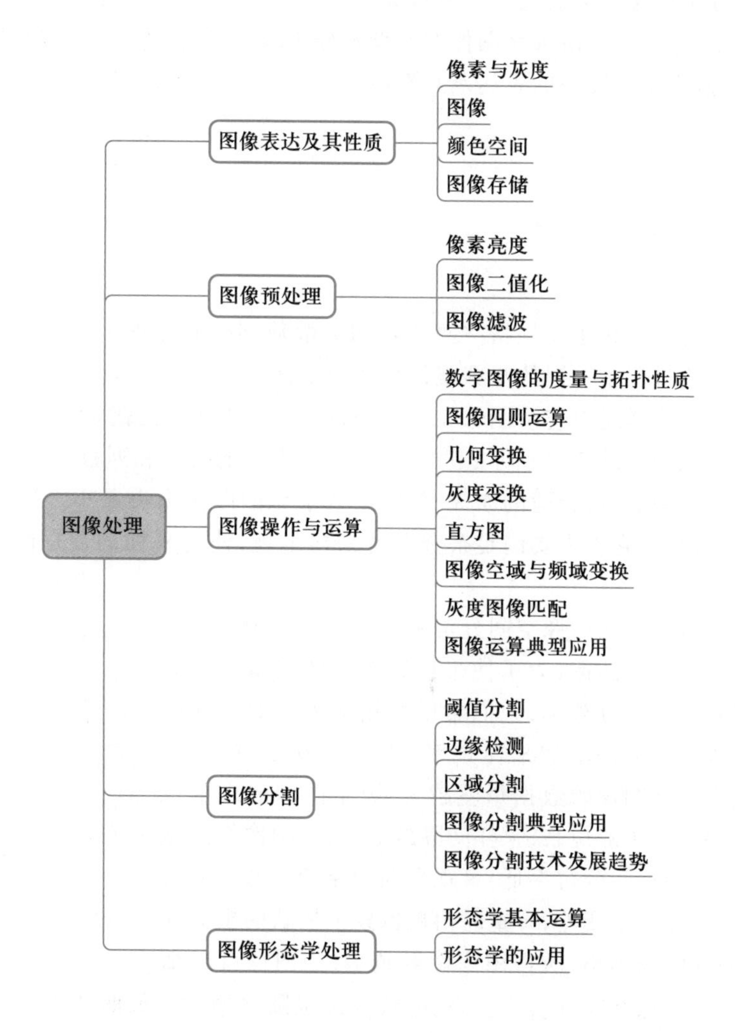

任务 1 图像表达及其性质

任务分析

课件
图像表达及其性质

平时见到的自然景观或人物都是以照片或视频格式保存的，这些图像称为模拟图像。模拟图像的灰度和亮度变化在二维平面方向是连续的，只有经过数字化设备处理后，才能成为计算机能够处理的离散的图像数据。

微课
像素与灰度、图像

数字图像怎么表达呢？通过完成此学习任务，掌握图像的采样和量化，掌握像素与灰度的含义，了解数字图像的类型及分辨率，了解图像的颜色模型，了解图像的存储方式，进而掌握图像的表达及其性质。

相关知识

2.1.1 像素与灰度

1. 像素

图像数字化主要是指空间位置的离散数字化和亮度电平值的离散数字化。图像的数字化过程中关键的步骤就是采样和量化。

图像采样是对连续图像在一个空间点阵上取样，也就是空间位置上的数字化、离散化。原理如图 2-1 所示，其中 M 和 N 是点阵的行数和列数，M、N 的大小关系采样后图像质量的高低，合适的 M 和 N 能使数字化的图像损失最小。M 和 N 的取值并不是随意确定的，它首先要满足奈奎斯特采样定理，使得采样的数据能不失真地反映原始图像信息。

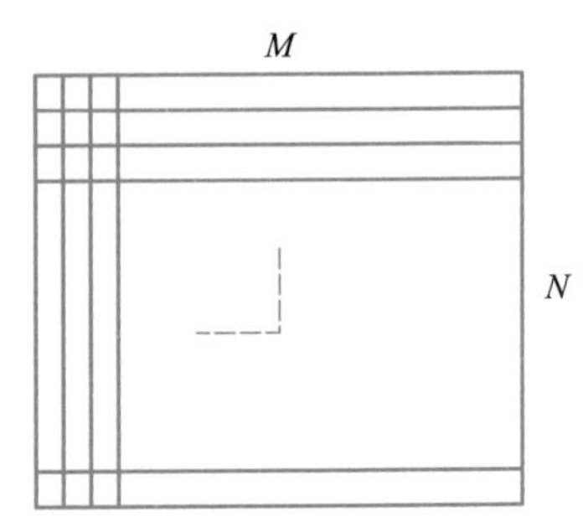

图 2-1 图像的采样

通常所说的图像空间分辨率表示的就是用多少个点来描述一张图像，为了使采样后的图像保留更多的细节和更高的分辨率，人们希望使用更密集的空间像素点阵。也就是增加采样频率，即增加 M 和 N，但采样频率越高图像的数据量就越大，数字图像的成本也随之提高。一般说来，采样间隔越大，所得图像像素越少，图像的空间分辨率低，可观察到的原始图像细节就越少，图像质量变差，严重时出现像素呈块状的棋盘效应；采样间隔越小，所得图像像素越多，则图像就越细腻逼真，图像空间分辨率就高，但数据量也随之增大。如图 2-2 显示的就是同一幅图像在不同采样频率下的结果，从图(a)到图(f)是采样间隔递增获得的图像。在图 2-2(b)中帽檐处已呈锯齿状，在图 2-2(c)中这种现象更明显，头发已变得不清晰，图 2-2(e)已经分不出人脸了，而图 2-2(f)几乎丧失了原图像的所有信息。可见采样间隔和图像的光滑程度，与质量高低之间有密切关系。

像素一般是由图像的小方格组成的。这些小方块都有一个明确的位置和被分配的色彩数值，小方格颜色和位置就决定该图像所呈现出来的样子。可以将像素视为整

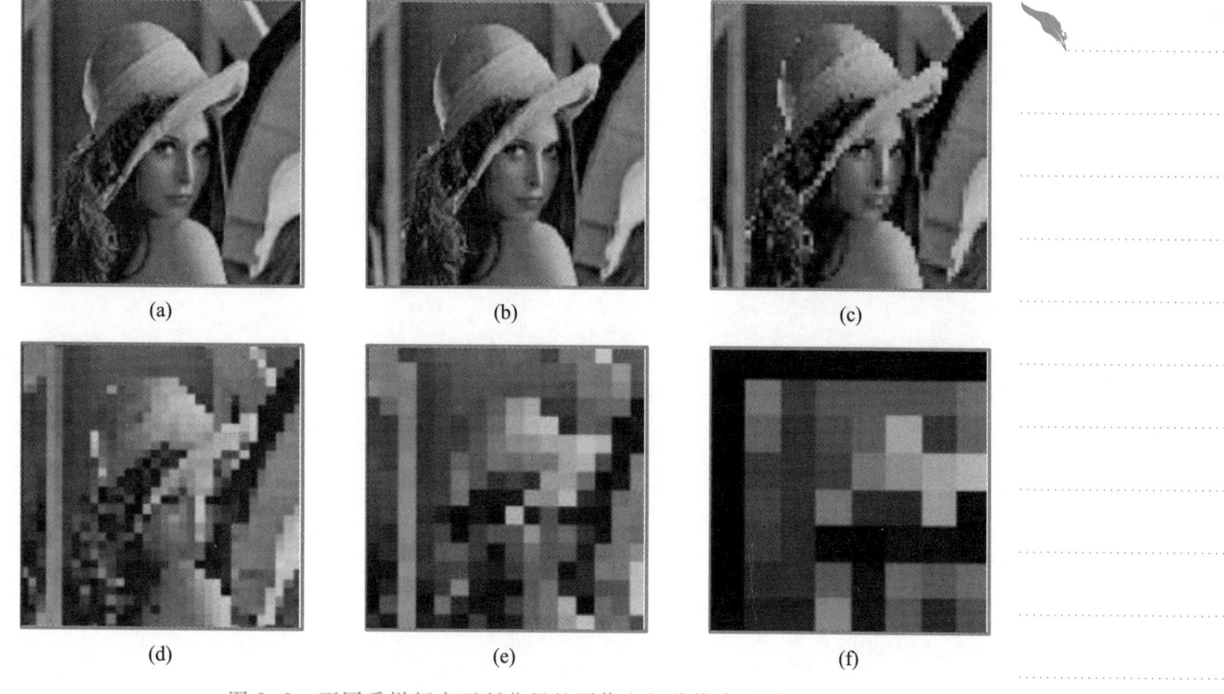

图 2-2 不同采样频率下所获得的图像空间分辨率不同

个图像中不可分割的单位或者是元素。不可分割的意思是它不能够再切割成更小单位或是元素,它是以一个单一颜色的小格存在。每一个点阵图像包含了一定量的像素,这些像素决定图像在屏幕上所呈现的大小。

2. 灰度

采样后得到的亮度值(或色彩值)在取值空间上仍然是连续值,把采样后得到的由连续量表示的像素值离散化为整数值的操作称为数字图像的量化。图像量化后的整数灰度值称为灰度级,用 G 表示,它的数量是 2^N,N 是二进制数的位数,例如当 $N=1$ 时,图像是只有(0,1)取值的二值图像,当 $N=8$ 时,图像的灰度级 256,N 还可以是 10 或者 16 等取值。量化决定了图像的幅度分辨率。假设图像 $f(x,y)$ 的空间分辨率是 $M\times N$,则图像的幅度分辨率就是各个函数 $f(\,)$ 可取的离散灰度级数 G(不同灰度值的个数)。

量化和采样频率是完全相互独立的,例如一个高分辨率的图像可能被转化为二值图像,其量化的结果就仅有 0 或者 1 两种取值。同样的图像也可以进行 8 位量化,产生出具有 256 种不同的灰度级的图像。

图 2-3 说明了减少图像的量化级别(灰度级)所产生的效果。保持空间分辨率即采样频率不变,将灰度级降低为 128,如图 2-3(b)所示,肉眼很难看出有什么变化。如果进一步将灰度级降低为 16,如图 2-3(c)所示,这时在灰度缓变区会出现一些几乎看不出来的非常细的山脊状结构,这种效应称为虚假轮廓,它是由于在数字图像的灰度平滑区使用的灰度级不够而造成的。图 2-3(d)(e)(f)的灰度级逐渐降低为 8、4、2,可以看到图像的质量越来越低。

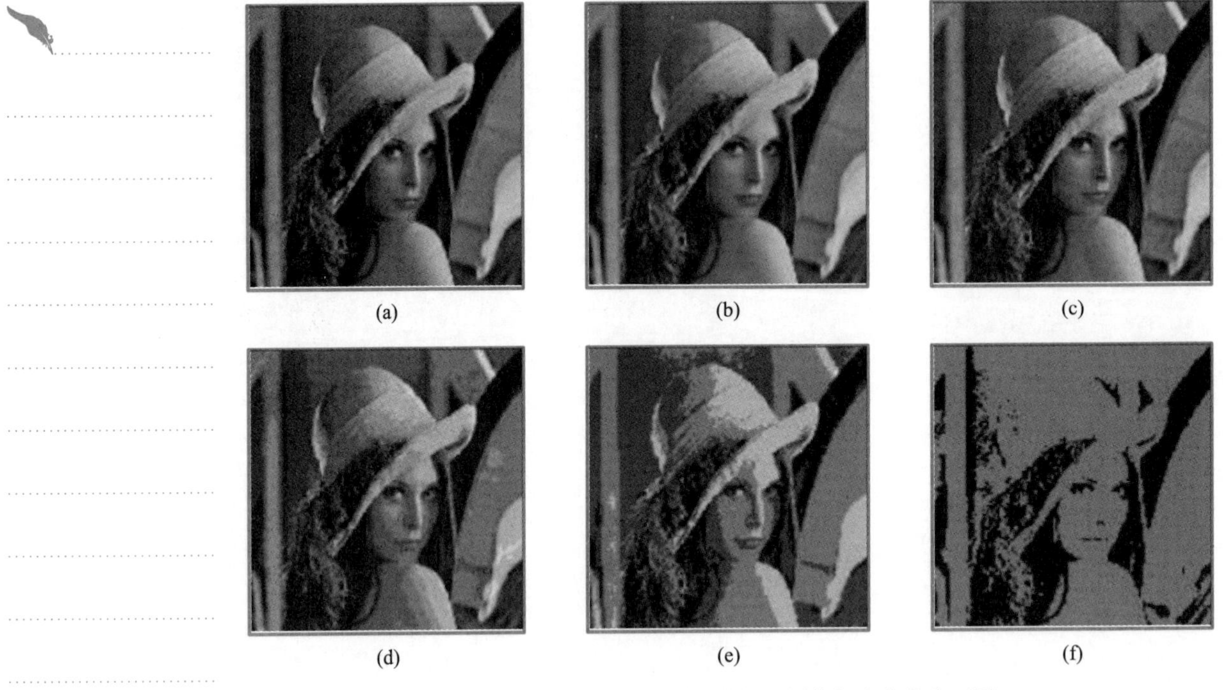

图 2-3 不同量化级别所获得的图像幅度分辨率不同

量化级别越高,图像层次越丰富,灰度分辨率越好,质量越高,但数据量比较大。如果量化级别低,图像层次欠丰富,灰度分辨率差,但数据量小。

2.1.2 图像

1. 图像信号

图像按其亮度等级的不同,可以分成二值图像(只有黑白两种亮度等级)和灰度图像(有多种亮度等级)两种。按其色调不同可分为无色调的灰度(黑白)图像和有色调的彩色图像两种。按其内容的变化性质不同,有静态图像和活动图像之分。而按其所占空间的维数不同,又可分为平面的二维图像和立体的三维图像等。

2. 模拟视频信号

根据三基色原理,利用 R(红)、G(绿)、B(蓝)三色不同比例的混合可以表示各种色彩。摄像机在拍摄时,通过光敏器件(如 CCD,电荷耦合器件),将光信号转换为 RGB 三基色电信号。在电视机或监视器内部,最终也是使用 RGB 信号分别控制撞击荧光屏的电子流,或液晶显示屏的驱动电路使其发光产生影像。

3. 数字图像的主要类型

按数字图像信息表示方式的不同,可以将数字图像分为矢量图(vector based image)和位图(mapped image)。矢量图是用一个系列计算指令来表示一幅图,如画点、画线、画曲线、画矩形。这种方式实际上是用一个数学表达式来描述一幅图,然后通过编程来实现。矢量图像文件数据量小,图像进行缩小、放大时不会失真,目标图像的移动、复制和旋转都可以很容易做到。然而,对于构造成分复杂的图像,如自然风景等,就很难用数学表达式来表达了。位图是指由一系列像素构成的图像,每个像素是由亮度、色度等参数数据来描述，位图在数字图像处理中得到广泛应用。矢量图和位图最大的区别就是矢量图处理的对象是由数学表达式描述的形状，而位图处理的对象是像素。

按图像携带的视觉信息类型不同，可以将数字图像分为灰度图像和彩色图像。灰度图像只包含了亮度信息而没有色彩信息。灰度图像又可以根据灰度等级的数目划分为单色图和灰度图：单色图的每个像素只用 1 位表示，要么为 1，要么为 0，即图像只有两种颜色；灰度图的每个像素用 1 字节表示，灰度等级为 $2^8=256$ 级。彩色图像除了亮度信息之外还包括了色彩信息。根据颜色数目的不同，彩色图可分为 256 色图像和真彩色图像，用真彩色表示的图像文件很大，需要较大的存储空间和传输空间。

4. 分辨率

在计算机技术中图像的分辨率有两种：显示分辨率和图像分辨率。

显示分辨率是指屏幕上能够显示出的像素数目。例如，显示分辨率为 1 024×768 像素，表示显示屏分为 768 行，每行显示 1 024 个像素，整个显示屏有 786 432 个像素点。屏幕能够显示的像素越多，表明显示设备的分辨率越高，显示的图像质量就越好。

图像分辨率是图像中像素密度的度量方法，它表示图像的细微部分能被正确地显示、重现出来并给人清晰印象的程度。同样大小的一幅图像，如果组成该图像的像素数目越多，就说明图像的分辨率越高。图像分辨率取决于图像摄录器材的基本性能和技术指标。如用扫描仪扫描图像时需要指定图像的输入分辨率，一般用 dpi（dot per inch）即每英寸点数来表示，用 300 dpi 来扫描一幅 $8\times10\ \text{in}^2$ 的图像，就得到一幅 2 400×3 000 个像素的图像。图像通过打印机输出时也会涉及一个打印机分辨率的问题，又称为输出分辨率，指的是打印输出的分辨率极限，它的高低决定了输出质量，目前激光打印机的分辨率可达 600 dpi、1 200 dpi。

图像分辨率是评价图像中细微部分能分解到什么程度并被显示出来的指标，但它并不能完全评价图像的精细度和清晰度。例如，常常出现的情况是图像能分辨，但其边缘等细节部分却模糊不清。

5. 数字图像的主要研究内容

数字图像处理所包括的内容很广泛，从研究目的来讲大致可以分为图像预处理和图像分析两大类。图像预处理通常是为了改善图像的质量，使图像中的某部分信息更突出，以满足某种应用的需要；图像分析则是从图像中提取有用信息，实现应用的过程，具体包括的内容有以下几个方面。

（1）图像变换

图像变换的方法包括傅里叶变换、沃尔什变换、离散余弦变换、小波变换等，图像从空间域转换到变换域后，不仅可以减少计算量，而且可以获得更有效的处理。例如，小波变换在频域具有良好的局部化特征，在图像编码、图像融合中获得了广泛而有效的应用。

图片

图像增强

（2）图像增强

由于成像系统是个高度复杂的系统，图像在产生和传输的过程中总会受到各种干扰而产生畸变和噪声，使得图像质量下降，而图像增强正是为了提高图像的质量，如抑制噪声,提高对比度,边缘锐化等,以便于观察、识别和进一步的分析处理。增强后的图像与原图像不再一致,也许会损失一些有用信息,但如果这些信息是人眼无法感知的,这样的处理就是合理的。

图片 图像复原

(3) 图像复原

大气湍流、摄像机与被摄物体之间的相对运动都会造成图像的模糊。图像复原是指把退化、模糊了的图像尽可能恢复到原图像的模样,它要求对图像退化的原因有所了解,建立相应的"退化模型",再采用某种滤波方法,恢复或重建原来的图像。

图片 图像编码与压缩

(4) 图像编码与压缩

图像编码压缩技术主要是利用图像信号的统计特性和人类视觉的生理学及心理学特性,对图像信号进行编码,有效减少描述图像的冗余数据量,以便于图像传输、存储和处理。压缩技术在日常生活中随处可见,如许多视频文件都采用了 MPEG-4 技术进行压缩,在满足一定保真度的前提下,大大减小了存储空间,网络上的 JPEG 文件也都采取了压缩编码技术,减小了文件的字节数,从而有利于在网络上传输。

图片 图像分割

(5) 图像分割

图像分割是将感兴趣的目标从背景中分离出来,便于提取出目标的特征和属性,进行目标识别,为最终的决策提供依据。图像自动分割是图像处理领域中的难题,人类视觉系统能够将所观察的复杂场景中的对象一一分开,并识别出每个物体,但利用计算机进行分割往往还需要人工提供必需的信息才能实现。

2.1.3 色彩空间

"色彩空间"一词源于英文"Color Space",又称为"色域"。色彩学中,人们建立了多种色彩模型,以一维、二维、三维空间坐标来表示某一色彩,这种坐标系统所能定义的色彩范围即色彩空间。

微课 色彩空间、图像存储

为了科学地定量描述和使用颜色,人们提出了各种颜色模型。最常见的是 RGB 模型,它主要面向诸如视频监视器、彩色摄像机或打印机之类的硬件设备;另一种常用模型是 HSI 模型,它主要面向以彩色处理为目的的应用,如动画中的彩色图形。另外,在印刷工业和电视信号传输中,经常使用 CMYK 和 YUV 色彩系统。

1. RGB 颜色模型

RGB 颜色模型是由国际照明委员会(CIE)制定的。如图 2-4 所示,RGB 颜色模型就是三维直角坐标颜色系统的一个单位正方体,原点为黑色,距离原点最远的顶点(1,1,1)对应的颜色为白色,两个点之间的连线是正方体的主对角线,从黑到白的灰度值分布在主对角线线上,该线称为灰色线。正方体的其他六个角点分别为红、黄、绿、青、蓝、品红。在三维空间的任一点都表示一种颜色,这个点有三个分量,分别对应了该点颜色的红、绿、蓝亮度值。

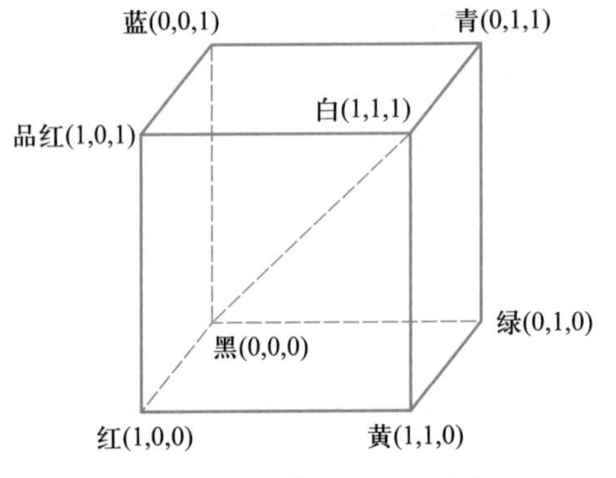

图 2-4 RGB 模型单体立方体

RGB 颜色模型称为与设备相关的颜色模型,不同的扫描仪扫描同一幅图像,会得到颜色不同的图像数据;不同型号的显示器显示同一幅图像,也会有不同的颜色显示结果。这是因为显示器和扫描仪使用的 RGB 模型与 CIE RGB 真实三原色表示系统空间是不同的,后者是与设备无关的颜色模型。

2. HSI 颜色模型

HSI 模型反映了人的视觉系统观察彩色的方式。其中,H 表示色调(hue),S 表示饱和度(saturation),I 表示明度(intensity)。人的视觉系统经常采用 HSI 模型,它比 RGB 颜色模型更符合人的视觉特性。HSI 模型的三个属性定义了一个三维柱形空间,如图 2-5 所示。灰度阴影沿着轴线从底部的黑变到顶部的白,具有最高亮度。最大饱和度的颜色位于圆柱上顶面的圆周上。

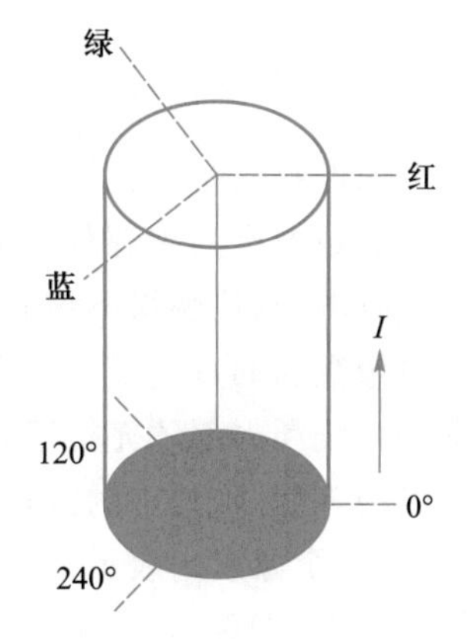

图 2-5 HSI 柱形空间

HSI 颜色模型和 RGB 模型只是同一种物理量的不同表示法,因此它们之间存在着转换关系。对任何 3 个[0,1]范围内的 R、G、B 值都可以用下面的公式转换为对应 HSI 模型中的 I、S、H 分量。

$$I=\frac{1}{3}(R+G+B)$$

$$S=I-\frac{3}{(R+G+B)}[\min(R,G,B)]$$

$$H=\arccos\left\{\frac{[(R-G)+(R-B)]/2}{[(R-G)^2+(R-B)(G-B)]^{1/2}}\right\}$$

由上式计算得到的 H 值应该是一个取值范围为[0°,360°]的数。如果 $S=0$ 时对应的是无色彩的中心点,那么这时 H 值没有意义,定义为 0。当 $I=0$ 时,S 也没有意义。

3. CMYK 颜色模型

彩色印刷或彩色打印的纸张是不能发射光线的,因而印刷机或打印机就只能用一些能够吸收特定的光波来反射其他光波的油墨或颜料。油墨或颜料的三基色是青(cyan)、品红(magenta)、黄(yellow),简称 CMY。理论上,这三基色能够合成吸收所有颜色并产生黑色。实际上,因为所有打印油墨都会包含一些杂质,要用这三种油墨混合出黑色时,实际上生成的是土灰色,必须把它们与黑色油墨混合才能达到效果,所以需要加入黑色油墨。所以这种颜色模型称为 CMYK。CMYK 模型是减色模型,因为它减少了视觉系统识别颜色所需要的反射光。

CMYK 空间正好与 RGB 空间互补,即用白色减去 RGB 空间中的某一颜色值就等于同样颜色在 CMYK 空间中的值。

4. YUV 颜色模型

在现代彩色电视系统中,通常采用彩色 CCD 摄像机。它把得到的彩色图像信号,经分色、分别放大校正得到 RGB,再经过矩阵变换电路得到亮度信号 Y 和两个色差信号 R-Y、B-Y,最后发送端将亮度和色差三个信号分别进行编码,用同一信道发送出去,这就是常用的 YUV 颜色空间。

采用 YUV 颜色模型的重要性是它的亮度信号 Y 和色度信号 U、V 是分离的。如果只有 Y 信号分量而没有 U、V 分量,那么这样表示的图就是黑白灰度图。彩色电视采用 YUV 空间正是为了用亮度信号 Y 解决彩色电视机和黑白电视机的兼容问题,使黑白电视机也能接收彩色信号。

2.1.4 图像存储

图像存储是各种图形和影像在存储器中最多可以存储多少帧的视频信号。数字化图像数据有两种存储方式:位图存储(bitmap)和矢量存储(vector)。位图图像又称为点阵图像、位映射图像,它是由一系列像素组成的可识别的图像。矢量图形直接描述图像数据的每一个点,而是描述产生这些点的过程以及方法,通过数学方程来对图形的边线和内部填充描述以建立图形。图像的存储方式最直接的就是点阵方式,点阵即点的阵列,阵列中的点称为像素。图像中的像素越多,能表示的细节(如物体)也就越多,每个像素的表示范围越大,能表示的细节(如颜色、灰度)也就越多。通常是以图像分辨率(即像素点)和颜色数来描述数字像素的。例如,一张分辨率为 640×480,16 位色的数字图片,就由 2^{16} = 65 536 种颜色的 307 200(307 200 = 640×480)个像素点组成。

图像存储格式一般分为以下几种。

1. BMP 格式

BMP 图像文件最早应用在微软公司推出的 Windows 操作系统,是一种位图图像文件格式。此格式由于在存储过程中几乎不进行压缩,因此包含的图像信息非常丰富。该文件格式支持 RGB、索引颜色、灰度和位图色彩模式,还支持 1~32 位的格式,其中对于 4~8 位的图像使用 RLE(行程长度编码),这种压缩方案不会损失数据。它最大的缺点是要占用大量的存储空间。

2. GIF 格式

图形交换格式(graphic interchange format,GIF)是由 CompuServer 公司设计的。该格式是在因特网上应用最广的图像文件格式之一。GIF 格式的最大特点是压缩比高,文件占用存储空间较小。该格式由于受到 8 位存储格式的限制,因此要求图像中颜色的数量减少到 256 或更少,这是缩小文件大小、减少占用存储空间的一个主要因素。因为该格式存储的图像中颜色数量少。所以 GIF 格式通常用于没有太多颜色过渡的图像,只有索引色和灰度图像可以保存为 GIF 格式。虽然该格式受到存储格式的限制,但这种限制在传输速度至关重要的媒体中十分有利。

3. JPG/JPEG 格式

JPG/JPEG 格式是由联合图像专家组(joint photographic experts group)开发的一种常见的图像文件格式,是目前网络可以支持的图像文件格式之一。实际上 JPG/JPEG 并不只是一种格式,确切地说是一种位图图像压缩算法,其他一些文件格式如 PICT 格式和 EPS 格式,都使用了 JPEG 压缩算法来存放数据。JPG/JPEG 格式可以惊人地压缩位图文件的大小,标准压缩后的文件只有原文件大小的十分之一,压缩率最高可达到 100:1。JPEG 采用了有损压缩,被压缩后的文件里丢失了原始图像的一些不太引人注意的细节,如果压缩比设置为 80 左右,则几乎不会影响到图像的常规显示品质。但反复以 JPEG 格式压缩同一幅图像,将会降低图像的质量,并出现人工处理的痕迹,这一点要引起注意。因为这种格式压缩比较大,但存储文件较小,所以虽然不适合放大观看和制成印刷品,但是应用较广。

任务2 图像预处理

任务分析

图像预处理的主要目的是消除图像中无关的信息,恢复有用的真实信息,增强有关信息的可检测性和最大限度地简化数据,从而改进特征抽取、图像分割、匹配和识别的可靠性。

课件
图像预处理

微课
图像预处理

通过完成此学习任务,能够掌握像素亮度的概念,掌握图像二值化的意义,了解常用的图像滤波器,进而明白图像预处理的意义。

相关知识

2.2.1 像素亮度

每个像素都有相应的亮度,这个亮度和色相是没有关系的,同样的亮度既可以是红色也可以是绿色,就如同黑白(灰度)电视机中的图像一样,单凭一个灰度并不能确定是红色还是绿色。

像素的亮度和色相是无关的。不能说绿色比红色亮,这是错误的说法。可以动手操作一下,使用矩形工具的第三种绘图方式,通过颜色调板的 HSB 方式将 S 和 B 的数值固定,只变化 H 数值挑选三种颜色。

提示
S 的数值不能是 0%,B 的数值不能是 0% 和 100%。否则会得到同样的黑色、白色或灰度色

像素的亮度值在 0~255 之间,靠近 255 的像素亮度较高,靠近 0 的亮度较低,其余部分属于中间调。这种亮度的区分是一种绝对区分,即 255 附近的像素是高光,0 附近的像素是暗调,中间调在 128 左右。

2.2.2 图像二值化

图像二值化(image binarization)是将图像上的像素点的灰度值设置为 0 或 255,也就是将整个图像呈现出明显的黑白效果的过程。

在数字图像处理中,二值图像占有非常重要的地位。图像的二值化使图像中数据量大为减少,从而能凸显出目标的轮廓。

将 256 个亮度等级的灰度图像通过适当的阈值选取而获得仍然可以反映图像整体和局部特征的二值化图像。在数字图像处理中,二值图像占有非常重要的地位。首先,图像的二值化有利于图像的进一步处理,使图像变得简单,而且数据量减小,能凸显出感兴趣的目标的轮廓。其次,要进行二值图像的处理与分析,首先要把灰度图像二值化,得到二值化图像。

所有灰度大于或等于阈值的像素被判定为属于特定物体,其灰度值为 255 表示,否则这些像素点被排除在物体区域以外,灰度值为 0,表示背景或者例外的物体区域。

如果某特定物体在内部有均匀一致的灰度值,并且其处在一个具有其他等级灰度

值的均匀背景下，使用阈值法就可以得到比较好的分割效果。如果物体同背景的差别表现不在灰度值上(如纹理不同)，可以将这个差别特征转换为灰度的差别，然后利用阈值选取技术来分割该图像。动态调节阈值实现图像的二值化，可动态观察其分割图像的具体结果。

2.2.3 图像滤波

图像滤波，是在尽量保留图像细节特征的条件下对目标图像的噪声进行抑制，是图像预处理中不可缺少的操作，其处理效果的好坏将直接影响到后续图像处理和分析的有效性和可靠性。

由于成像系统、传输介质和记录设备等的不完善，数字图像在其形成、传输记录过程中往往会受到多种噪声的污染。另外，在图像处理的某些环节，当输入的对象并不如预想时，也会在结果图像中引入噪声。这些噪声在图像上常表现为易引起较强视觉效果的孤立像素点或像素块。对于数字图像信号，噪声表现为或大或小的极值，这些极值通过加减作用于图像像素的真实灰度值上，对图像造成亮、暗点干扰，极大降低了图像质量，影响图像复原、分割、特征提取、图像识别等后继工作的进行。要构造一种有效抑制噪声的滤波器必须考虑两个基本问题，一是要能有效地去除目标和背景中的噪声；同时，能很好地保护图像目标的形状、大小及特定的几何和拓扑结构特征。

常用的滤波器有均值滤波器、中值滤波器、高斯滤波器。

1. 均值滤波器

均值滤波是典型的线性滤波算法。它是指在图像上对目标像素给一个模板，该模板包括了其周围的邻近像素(以目标像素为中心的周围 8 个像素，构成一个滤波模板，即去掉目标像素本身)，再用模板中的全体像素的平均值来代替原来像素值。

均值滤波本身存在着固有的缺陷，即它不能很好地保护图像细节，在图像去噪的同时也破坏了图像的细节部分，使得图像变得模糊，不能很好地去除噪声点。

均值滤波的算法简单，但抗噪性能不好，这是由于它是对模板上的所有点进行处理。而当噪声点与实际图像的灰度差异过大时，也会对滤波后所得的结果造成较大影响，可以采用带有阈值的均值滤波加以改善。

2. 中值滤波器

中值滤波是一种非线性平滑技术，它将每一像素点的灰度值设置为该点某邻域窗口内的所有像素点灰度值的中值。

中值滤波是基于排序统计理论的一种能有效抑制噪声的非线性信号平滑处理技术。它将每一像素点的灰度值设置为该点某邻域窗口内的所有像素点灰度值的中值。线性滤波平滑噪声的同时，也损坏了非噪声区域的信号，采用非线性滤波可以在保留信号的同时滤除噪声。中值滤波就是选择一定形式的窗口，使其在图像的各点上移动，用窗内像素灰度值的中值代替窗中心点处的像素灰度值。它对于消除孤立点和线段的干扰十分有用，能减弱或消除傅立叶空间的高频分量，但也影响低频分量。高频分量往往是图像中区域边缘灰度值急剧变化的部分，该滤波可将这些分量消除，从而使图像得到平滑效果。

因此，中值滤波对脉冲噪声有良好的滤除作用，特别是在滤除噪声的同时，能够保护信号的边缘，使之不变模糊。这些优良特性是线性滤波方法不具备的。另外，中值滤波的算法比较简单，也易于用硬件实现。所以，中值滤波方法一经提出，就在数字信号处理领域得到重要的应用。

中值滤波法对消除椒盐噪声非常有效，在光学测量条纹像素的相位分析处理方法中有特殊作用，但在条纹中心分析方法中作用不大。中值滤波在图像处理中，常用于保护边缘信息，是经典的平滑噪声的方法。

3. 高斯滤波器

高斯滤波（Gauss filter）是一种信号的滤波器，它的用途为信号的平滑处理。高斯平滑滤波器对于抑制服从正态分布的噪声非常有效。

图片
高斯滤波

图像大多数噪声都属于高斯噪声，因此高斯滤波器应用也较广泛。高斯滤波是一种线性平滑滤波，适用于消除高斯噪声，广泛应用于图像去噪。通俗地讲，高斯滤波就是对整幅图像进行加权平均的过程，每一个像素点的值，都由其本身和邻域内的其他像素值经过加权平均后得到。高斯滤波的具体操作：用一个模板（或称卷积、掩模）扫描图像中的每一个像素，用模板确定的邻域内像素的加权平均灰度值去替代模板中心像素点的值。可以简单地理解为，高斯滤波去噪就是对整幅图像像素值进行加权平均，针对每一个像素点的值，都由其本身值和邻域内的其他像素值经过加权平均后得到。

若使用理想滤波器，会在图像中产生振铃现象。如果采用高斯滤波器，系统函数是平滑的，避免了振铃现象。高斯滤波（高斯平滑）是图像处理，机器视觉里最常见的操作。

任务 3 图像操作与运算

任务分析

课件
图像操作与运算

图像运算指以图像为单位进行的操作（该操作对图像中的所有像素同样进行），运算的结果是一幅灰度分布与原来参与运算图像灰度分布不同的新图像。具体的运算主要包括算术、逻辑运算及灰度变换，它们通过改变像素的值来得到图像增强的效果。

通过完成此学习任务，了解数字图像的度量与拓扑性质，了解图像的运算，了解图像几何变换与投影变换，掌握灰度变换的基本概念，了解灰度变换的方式，掌握灰度直方图的含义，了解直方图的均衡化和规定化，从而理解图像的操作与运算方式。

相关知识

微课
数字图像的度量与拓扑性质

2.3.1 数字图像的度量与拓扑性质

1. 相邻像素

位于坐标(x,y)的一个像素p有 4 个水平和垂直的相邻像素，其坐标为$(x+1,y)$ $(x-1,y)$ $(x,y+1)$ $(x,y-1)$。这个像素集称为p的 4 邻域，用$N_4(p)$表示。而 8 邻域就是除了水平和垂直外，还加上了斜方向的 4 个像素点。每个像素距(x,y)一个单位距离,如果(x,y)位于图像的边界,则$N_4(p)$和$N_8(p)$中的某些点可能落到图像外部。

2. 邻接性,连通性,区域和边界

像素间的连通性是一个基本概念,它简化了许多数字图像概念的定义,如区域和边界。为了确定两个像素是否连通,必须确定它们是否相邻以及其灰度值是否满足特定的相似性准则(或者说,它们的灰度值是否相等)。例如,在具有0,1值的二值图像中,两个像素可能是4邻接的,但是仅仅当它们具有同一灰度值时,才能说是连通的。

设V是用于定义邻接性的灰度值集合。在二值图像中,如果把具有1值的像素归入邻接,则$V=\{1\}$。在灰度图像中,概念是一样的,但是集合V一般包含更多元素。例如,对于那些可能性比较大的灰度值的像素邻接性,集合V可能是这256个(0~255)的任何一个子集,考虑三种类型的邻接性如下。

① 4邻接:如果q在$N_4(p)$集中,则具有V中数值的两个像素p和q是4邻接的。

② 8邻接:如果q在$N_8(p)$集中,则具有V中数值的两个像素p和q是8邻接的。

③ m邻接(混合邻接):如果q在$N_4(p)$中,或者q在$N_D(p)$中且集合$N_4(p)\cap N_4(q)$没有V值像素,则具有V值的像素p和q是m邻接的。

混合邻接是8邻接的改进。混合邻接的引入是为了消除采用8邻接常常发生的二义性。例如,考虑图2-6(a)对于$V=\{1\}$所示的像素位置安排,位于图2-6(b)上部的三个像素显示了多重(二义性)8邻接,如虚线所示,这种二义性可以通过m邻接消除,如图2-6(c)所示。如果图像子集S_1中某些像素与S_2中的某些像素邻接,则S_1和S_2是相邻接的。在这里和下面的定义中,邻接意味着4、8或者m邻接。

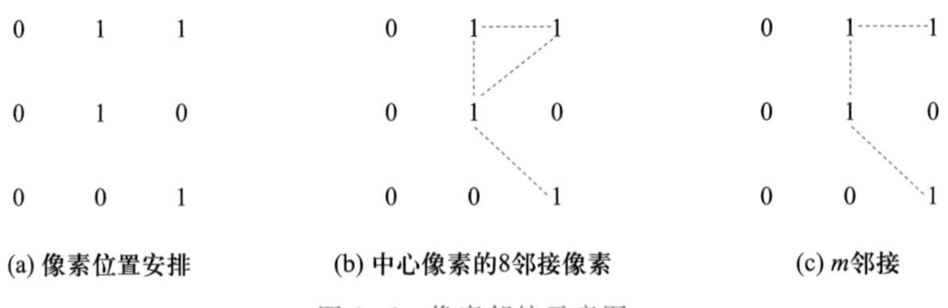

图2-6 像素邻接示意图

设S是一幅图像中像素的子集。如果在S中全部像素之间存在一个通路,则可以说两个像素p和q在S中是连通的,对于S中的任何像素p,S中连通到该像素的像素集称为S的连通分量,如果S仅有一个连通分量,则集合S称为连通集。

设R是图像中的像素子集,如果R是连通集,则称R为一个区域。一个区域R的边界(也称为边缘或轮廓)是区域中像素的集合,该区域有一个或多个不在R中的邻点。如果R是整幅图像(设这幅图像是像素的方形集合),则边界由图像第一行、第一列和最后一行一列定义,这个附加定义是需要的,因为图像除了边缘没有邻点。正常情况下,当提到一个区域时,指的是一幅图像的子集,并且区域边界中的任何像素(与图像边缘吻合)都作为区域边界部分全部包含于其中。

边缘的概念在涉及区域和边界的讨论中常常遇到。然而,这些概念中有一个关键区别:一个有限区域的边界形成一条闭合通路,是一个"整体"概念;而边缘由某些具体导数值(超过预先设定的阈值)的像素组成。因此,边缘的概念是基于在进行灰度级测量时不连续点的局部概念，把边缘点连接成边缘线段是可能的，并且有时以与边界对应的方法连接线段，但并不总是这样。边缘和边界吻合的一个例外就是二值图像的情况。根据连通类型和所用的边缘算子，从二值区域提取边缘与提取区域边界是一样的。在概念上，把边缘考虑为像素级别不连续的点和封闭通路的边界是可行的。

3. 像素间距测量

对于像素 p、q、z，其坐标分别为 (x,y) (s,t) (v,w)。如果满足以下条件，则 D 是距离函数或度量。

同一性：$D(p,q) \geqslant 0$，当且仅当 $p=q$，$D(p,q)=0$。

对称性：$D(p,q)=D(q,p)$。

三角不等式：$D(p,z) \leqslant D(p,q)+D(q,z)$。

p 和 q 间的欧式距离定义如下。

$$D_e(p,q)=\sqrt{[(x-s)^2+(y-t)^2]}$$

对于距离度量，距点 (x,y) 的距离小于或等于某一值 r 的像素是中心在 (x,y) 且半径为 r 的圆平面。p 和 q 间的距离 D_4 如下。

$$D_4(p,q)=|x-s|+|y-t|$$

在这种情况下，距 (x,y) 的 D_4 距离小于或等于某一值 r 的像素形成一个中心在 (x,y) 的菱形。例如，距 (x,y) 的 D_4 距离小于或等于 2 的像素形成下列固定距离的轮廓

```
    2
  2 1 2
2 1 0 1 2
  2 1 2
    2
```

具有 $D_4=1$ 的像素是 (x,y) 的 4 邻域。p 和 q 间的 D_8 距高（又称棋盘距离）定义为

$$D_8(p,q)=\max(|x-s|,|y-t|)$$

在这种情况下，距 (x,y) 的 D_8 距离小于或等于某一值 r 的像素形成一个中心在 (x,y) 的方形。例如，距 (x,y) 的 D_8 距离小于或等于 2 的像素形成下列固定距离的轮廓

```
2 2 2 2 2
2 1 1 1 2
2 1 0 1 2
2 1 1 1 2
2 2 2 2 2
```

具有 $D_8=1$ 的像素点是关于 (x,y) 的 8 邻域。

p 和 q 之间的 D_4 和 D_8 距离与任何通路无关，通路可能存在于各点之间，因为这些距离仅与点的坐标有关。然而，如果选择考虑 m 邻接，则两点间的 D_m 距离用点间最短的通路定义。在这种情况下，两像素间的距离将依赖于沿通路的像素值及其邻点值。例如，考虑下列安排的像素并假设 p、p_2、p_4 的值为 1，p_1、p_3 的值为 0 或 1。

$$\begin{matrix} & & p_3 & p_4 \\ & p_1 & p_2 & \\ & p & & \end{matrix}$$

假设考虑值为1的像素邻接(即$V=\{1\}$)。如果p_1和p_3是0,则p和p_4间最短m通路的长度(D_m距离)是2。如果p_1是1,则p_2和p将不再是m邻接(见m邻接的定义),并且m通路的长度变为3(通路通过点p、p_1、p_2、p_4)。类似地,如果p_3是1(并且p_1为0),则最短的通路距离也是3。最后,如果p_1和p_3都为1,则p和p_4间的最短m通路长度为4,在这种情况下,通路通过点p、p_1、p_2、p_3、p_4。

2.3.2 图像四则运算

微课
图像四则运算

图像运算指以图像为单位进行的操作(该操作对图像中的所有像素同时进行),运算的结果是得到一幅灰度分布与原图像灰度分布不同的新图像(原图像指的是参与运算的图像),具体的运算主要包括算术和逻辑运算。它们通过改变像素的值来达到图像增强的效果。算术和逻辑运算中每次只涉及一个空间像素的位置,所以可以“原地”完成,即在(x,y)位置做一个算术运算或逻辑运算的结果便可以存入其中一个图像的相应位置,因为在之后的运算中那个位置不会再使用,换句话说,设两幅图像$f(x,y)$和$h(x,y)$的算术或逻辑运算的结果是$g(x,y)$,则可直接将$g(x,y)$覆盖$f(x,y)$或$h(x,y)$,即从存放原输入图像的空间中直接得到输出图像。

图像的代数运算也称为算数运算,即将多幅图像之间的像元一一对应,并做相应的加、减、乘,除运算,图像之间的运算也就是矩阵之间的运算。

四种运算的相应公式如下。

1. 加法运算

图像的加法运算可以用于图像合成,也可以通过该运算降低图像的随机噪声,该方法必须要保证噪声之外的图像运算前后是不变的。

$$C(x,y)=A(x,y)+B(x,y)$$

2. 减法运算

减法运算常用来检测多幅图像之间的变化,也可以用来把目标从背景中分离出来,如运动检测、感兴趣区域的获取。在动态目标监测时,用差值图像可以发现森林火灾、洪水泛滥及监测灾情变化,估计损失;也能用于监测河口、河岸的泥沙淤积及江河、湖泊、海岸等区域的污染。

$$C(x,y)=A(x,y)-B(x,y)$$

3. 乘法运算

乘法运算常用来提取局部区域,通过掩模运算,将二值图像和原图像做乘法运算,可以实现图像的局部提取。

$$C(x,y)=A(x,y)\times B(x,y)$$

4. 除法运算

除法运算一般用来校正阴影,实现归一化。一般用于消除山影、云影及显示隐伏构造。

$$C(x,y)=A(x,y)\div B(x,y)$$

2.3.3　几何变换

图像的几何变换是指用数学建模方法来描述图像位置、大小、形状等变化方法，它通过数学建模实现数字图像的几何变换的处理。图像几何变换主要包括图像平移变换、比例缩放、旋转、仿射变换、透视变换、图像插值等，其实质就是改变像素的空间位置或估算新空间位置上的像素值。

微课
几何变换

1. 图像几何变换的一般表达式

图像几何变换就是建立一幅图像与其变换后的图像中所有各点之间的映射关系，其通用数学表达式为

$$[u,v]=[X(x,y),Y(x,y)]$$

式中，$[u,v]$为变换后图像像素的笛卡儿坐标；(x,y)为原始图像像素的笛卡儿坐标；$X(x,y)$和$Y(x,y)$分别定义了水平和垂直两个方向上的空间变换的映射函数。这样就得识别到了原始图像与变换后图像像素的对应关系。

如果$X(x,y)=x,Y(x,y)=y$，则$[u,v]=(x,y)$，即变换后图像仅仅是原图像的简单复制。

(1) 点变换

图像处理其实就是针对图像中每个像素点的处理，图像运算作为图像处理中关键的部分也一样。

(2) 直线变换—两个点的变换

直线变换是对一条直线上像素点的操作。简单来说，两点确定一条直线，在判断直线的一些性质(如斜率)，或者判断两条直线是否平行等时，只需要判断直线上的两个点即可。

(3) 单位正方形变换

这种变换有图像校正的影子，在单位正方形和平行四边形(也可以是一些不规则的四边形)之间建立映射关系，来达到互相转换的效果。

2. 仿射变换

如果所拍摄对象在机械装置上或者其他稳定性不高的装置上，那么目标对象的位置和旋转角度就不能保持恒定，因此必须对物体进行平移和旋转角度修正。有时由于物体和摄像机间的距离发生变化，因而导致图像中物体的尺寸发生了明显变化，这些情况下使用的变换称为仿射变换。

仿射变换的一般表达式为

$$\begin{bmatrix}u\\v\end{bmatrix}=A\begin{bmatrix}x\\y\\1\end{bmatrix}=\begin{bmatrix}a_2 & a_1 & a_0\\b_2 & b_1 & b_0\end{bmatrix}\begin{bmatrix}x\\y\\1\end{bmatrix}$$

式中，仿射变换矩阵即矩阵A，包括线性部分和平移部分，其中a_0和b_0是平移部分，$\begin{bmatrix}a_2 & a_1\\b_2 & b_1\end{bmatrix}$是线性部分。

3. 投影变换

投影变换是把空间三维立体投射到投影面上得到二维平面图形的过程。常见的

投影法有透视（中心）投影法和平行投影法。两种投影法的本质区别在于透视投影的投影中心到投影面之间的距离是有限的，而另一个的距离是无限的。

（1）透视（中心）投影

透视投影的投影线均通过投影中心，在投影中心相对投影面确定的情况下，空间的一个点在投影面上只存在唯一投影，如图 2-7 所示。

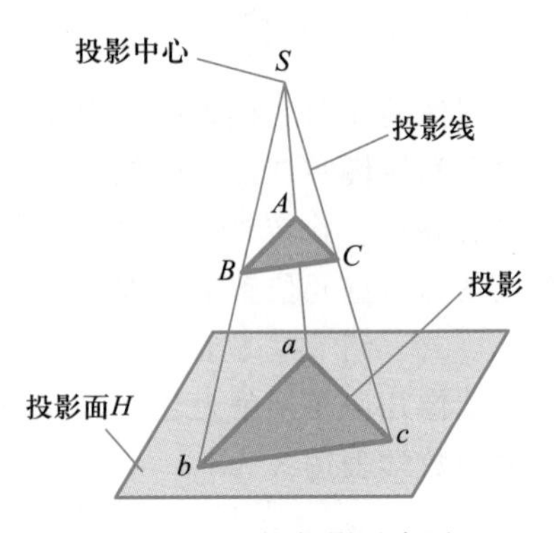

图 2-7 透视投影示意图

（2）平行投影

如果把透视投影的中心移至无穷远处，则各投影线称为相互平行的直线，这种投影法称为平行投影法，如图 2-8 所示。

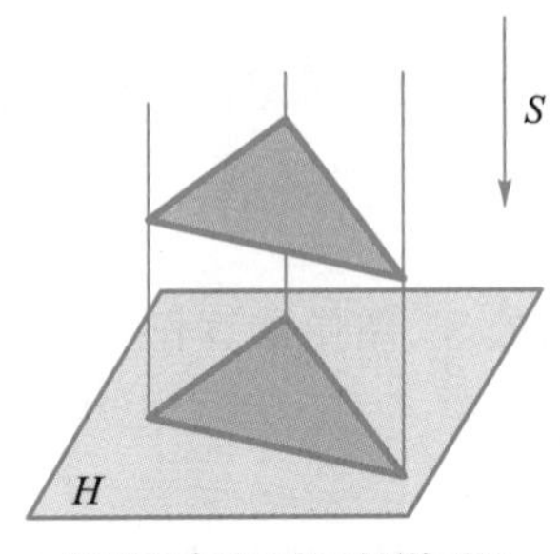

投影方向S垂直于投影面H

(a) 正投影法

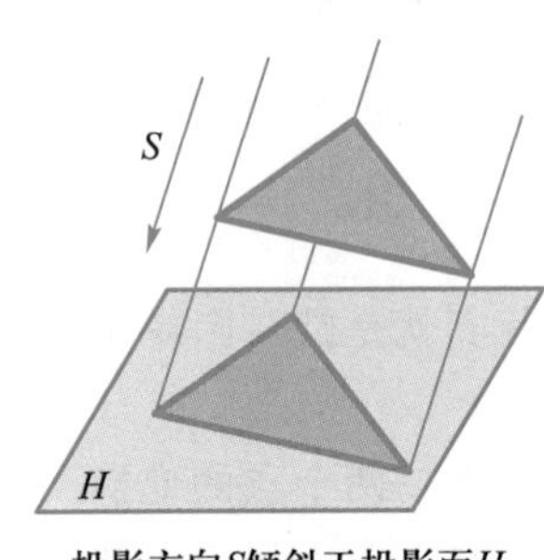

投影方向S倾斜于投影面H

(b) 斜投影法

图 2-8 平行投影示意图

2.3.4 灰度变换

微课 灰度分析与变换

灰度变换是指根据某种目标条件按一定变换关系逐点改变原图像中每一个像素灰度值的方法。目的是为了改善画质，使图像的显示效果更清晰。图像的灰度变换处理是图像增强处理技术中的一种非常基础、直接的空间域图像处理方法，也是图像数字化软件和图像显示软件的一个重要组成部分。

1. 灰度变换的基础知识

图像的灰度变换处理是图像增强处理技术中一种非常基础、直接的空间域图像处理方法。由于成像系统限制或噪声等影响，获取的图像往往因为对比度不足、动态范围小等原因存在视觉效果不好的问题。灰度变换是指根据某种目标条件按一定变换关系逐像素点改变原图像中灰度值的方法，灰度变换有时又被称为图像的对比度增强或对比度拉伸。该变换可使图像动态范围增大，对比度得到扩展，图像变得更清晰，特征明显，是图像增强的重要手段之一。灰度变换常用的方法有三种：线性灰度变换、分段线性灰度变换和非线性灰度变换。灰度变换一般不改变像素点的坐标信息，只改变像素点的灰度值，表达式为

$$g(x,y)=T[f(x,y)]$$

式中，$f(x,y)$ 为待处理的数字图像，即需要增强的数字图像；$g(x,y)$ 为处理后的数字图像，即增强的数字图像；T 定义了一种作用于 f 的操作，对单幅数字图像而言，一般定义在点 (x,y) 的邻域。

定义一个点 (x,y) 邻域的主要方法是利用中心在 (x,y) 点的正方形或矩形子图像。如图 2-9 所示，当邻域为单个像素，即 1×1 时，输出仅仅依赖 f 在 (x,y) 处的像素灰度值，这时的处理方式通常称为点处理。

2. 线性灰度变换

假定原图像 $f(x,y)$ 的灰度范围为 $[a,b]$，变换后的图像 $g(x,y)$ 的灰度范围线性地扩展至 $[c,d]$，如图 2-10 所示。则对于图像中的任一点的灰度值 $f(x,y)$，经变换后为 $g(x,y)$，其数学表达式为

$$g(x,y)=k\times[f(x,y)-a]+c$$

式中，$k=\dfrac{d-c}{b-a}$，为变换函数的斜率。

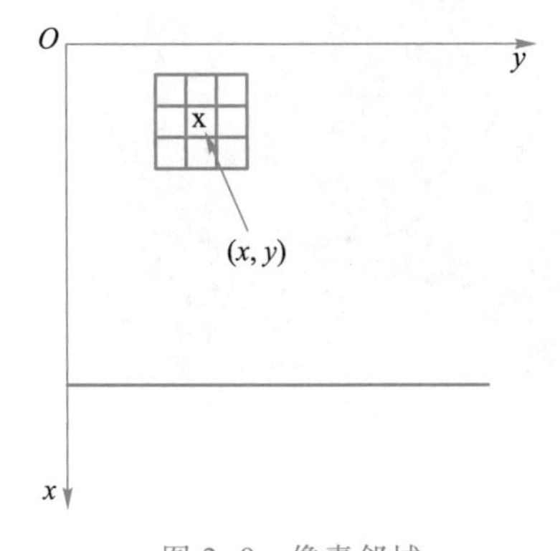

图 2-9 像素邻域

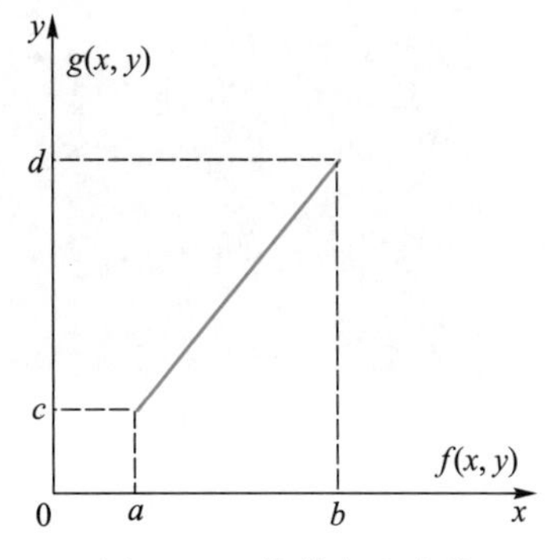

图 2-10 线性灰度变换

根据 k 的取值大小，有下列几种情况。

① 扩展动态范围：若 $k>1$，则结果会使图像灰度取值的动态范围展宽，图像对比度增大，这样就可以改善曝光不足的缺陷，或充分利用图像显示设备的动态范围。

② 改变取值区间：若 $k=1$，则变换后灰度动态范围不变，灰度取值区间会随 a 和 c 的大小而上下平移，其效果是使整个图像更暗或更亮。

③ 缩小动态范围：若 $0<k<1$，则变换后图像动态范围会变窄，图像对比度变小。

④ 反转或取反：若 $k<0$，则变换后图像的灰度值会反转，即图像中亮的变暗，暗的变亮。当 $k=-1$ 时，输出图像为输入图像的底片效果。

3. 分段线性灰度变换

为了突出图像中感兴趣的目标或灰度区间，相对抑制那些不感兴趣的灰度区间，可采用分段线性变换，它将图像灰度区间分成两段乃至多段分别作线性变换。进行变换时，把 0~255 整个灰度值区间分为若干线段，每一个直线段都对应一个局部的线性变换关系。常用的三段线性变换如图 2-11 所示。

在图 2-11 中，感兴趣目标的灰度范围 $[a,b]$ 被拉伸到 $[c,d]$，其他区间灰度被压缩，对应分段线性变换表达式为

$$g(x,y)=\begin{cases}\dfrac{c}{a}f(x,y) & 0\leqslant f(x,y)\leqslant a\\ \dfrac{d-c}{b-a}[f(x,y)-a]+c & a\leqslant f(x,y)\leqslant b\\ \dfrac{M_g-d}{M_f-b}[f(x,y)-b]+d & b\leqslant f(x,y)\leqslant M_f\end{cases}$$

式中，参数 a 和 b 给出需要转换的灰度范围，c 和 d 决定线性变换的斜率。通过调节节点的位置及控制分段直线的斜率，可对任意灰度区间进行拉伸或压缩。分段线性灰度变换在数字图像处理中有增强对比度的效果，如图 2-12 所示。

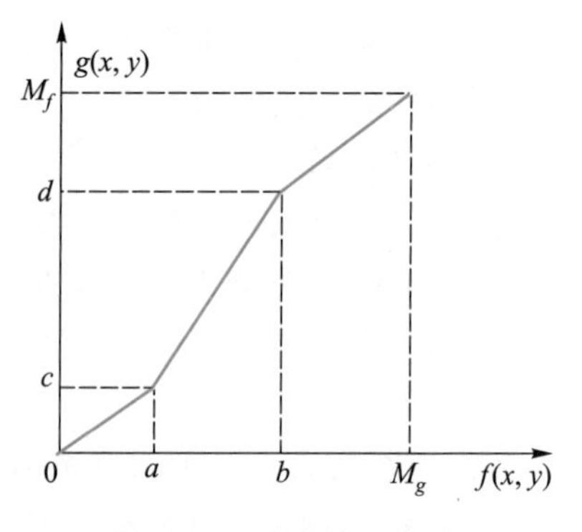

图 2-11 分段线性变换

(a) 原始图像

(b) 分段线性变换后效果

图 2-12 分段线性灰度变换效果

4. 非线性灰度变换

单纯的线性灰度变换可以在一定程度上解决视觉上的图像整体对比度问题，但是对图像细节部分的增强比较有限，结合非线性变换技术可以解决这个问题。非线性变换不是对图像的整个灰度范围进行扩展，而是有选择地对某一灰度范围进行扩展，其他范围的灰度则有可能被压缩。非线性变换在整个灰度值范围内采用统一的变换函数，利用变换函数的数学性质实现对不同灰度值区间的扩展与压缩。常用的两种非线性变换有对数变换和指数变换。

（1）对数变换

图像灰度的对数变换可以扩大数值较小的灰度范围或者压缩数值较大的灰度范围。对数变换是一种有用的非线性映射交换函数，可以用于扩展输入图像中范围较窄的低灰度值像素，压缩输入图像中范围较宽的高灰度值像素，使得原本低灰度值的像素部分能更清晰地呈现出来。

$$g(x,y)=a+\frac{\ln[f(x,y)+1]}{b\times\ln c}$$

式中，a、b、c 是为了便于调整曲线的位置和形状而引入的参数，它们使输入图像的低灰度范围得到扩展，高灰度范围得到压缩，使之与人的视觉特性相匹配，从而可以清晰地显示图像细节。

(2) 指数变换

指数变换的一般表达式为

$$g(x,y)=a+[f(x,y)+\varepsilon]^{\gamma}$$

式中，a 为缩放系数，可以使图像的显示与人的视觉特性相匹配；ε 为补偿系数，避免底数为0；γ 为伽马系数，其值的选择对变换函数的特性有很大影响，决定了输入图像和输出图像之间的灰度映射方式。其中，当 $\gamma<1$ 时，把输入的较窄的低灰度值映射到较宽的高灰度输出值；当 $\gamma>1$ 时，把输入的较宽的高灰度值映射到较窄的低灰度输出值；当 $\gamma=1$ 时，相当于正比变换。

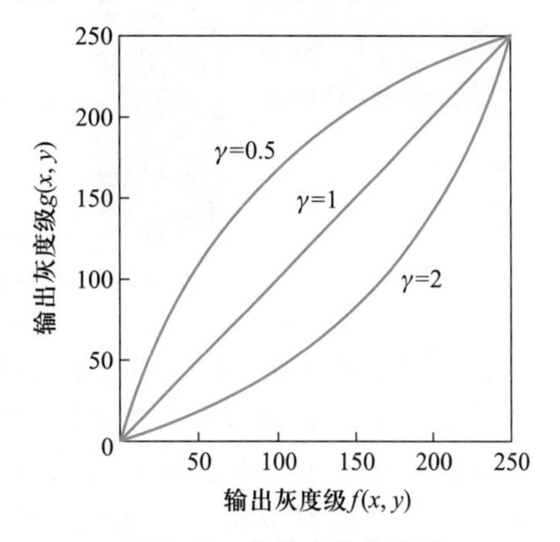

图 2-13 指数变换曲线图

指数变换的映射关系如图 2-13 所示。与对数变换的不同之处在于，指数变换可以根据 γ 的不同取值有选择性地增强低灰度区域或高灰度区域的对比度。

2.3.5 直方图

将统计学中直方图的概念引入数字图像处理中，用来表示图像的灰度分布，称为灰度直方图。在数字图像处理中，灰度直方图是一个简单有用的工具，它可以描述图像的概貌和质量，采用修改直方图的方法增强图像是一种实用而有效的处理方法。

1. 灰度直方图的定义和性质

(1) 直方图定义

灰度直方图是指数字图像中每一灰度级与其出现频数间的统计关系，假定数字图像的灰度级 k 范围为 $0\sim(L-1)$，则数字图像的直方图可定义为

$$p(r_k)=\frac{n_k}{n}$$

且

$$\sum_{k=0}^{L-1}p(r_k)=1$$

式中，r_k 表示第 k 级灰度；n_k 表示第 k 级灰度的像素总数；n 为图像的总像素个数；L 为灰度级数。直方图反映了图像的整体灰度分布情况，从图形上来说，其横坐标为图像中各像素的灰度级别，纵坐标表示具有各灰度级的像素在图像中出现的次数（像素的个数）或概率。

(2) 直方图的性质

① 直方图没有位置信息。直方图是一幅图像各像素灰度值出现次数或频率的统计结果，它只反映该图像中不同灰度值出现的概率，而未反映某一灰度像素所在的位置。也就是说，它只具有一维特征，而丢失了图像的空间位置信息。

② 直方图与图像之间为一对多的映射关系。任意一幅图像都有唯一确定的直方

图与之对应,但不同的图像可能有相同的直方图,即图像与直方图之间是多对一的映射关系。图 2-14 所示 4 幅不同图像的直方图是相同的。

图 2-14 不同图像对应相同的直方图

③ 直方图的可叠加性。由于直方图是对具有相同灰度值的像素统计得到的,因此,一幅图像各子区的直方图之和等于该图像全图的直方图。

直方图给出了一个直观的指示,可以据此判断一幅图像是否合理地利用了全部被允许的灰度级范围。在实际应用中,如果获得图像的直方图效果不理想,可以人为地改变图像直方图,使之变成整体均匀分布,或成为某个特定的形状,以满足特定的增强效果,即实时图像的直方图均衡化或直方图规定化处理。

灰度直方图是灰度级的函数,描述图像中该灰度级的像素个数(或该灰度级像素出现的频率):其横坐标是灰度级,纵坐标表示图像中该灰度级出现的个数(频率),反映了图像灰度的分布情况。

1	2	1	4	3
1	2	2	3	4
5	7	6	8	9
5	7	6	8	8
5	6	7	8	9

图 2-15 灰度分布

例如,根据如图 2-15 所示的灰度分布,绘制图像的直方图。像素分布见表 2-1,图像直方图如图 2-16 所示。

表 2-1 图像像素分布

1	2	3	4	5	6	7	8	9
3	3	2	2	3	3	3	4	2

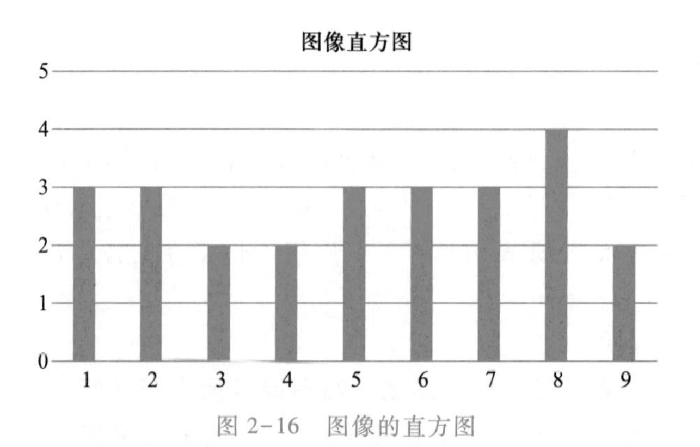

图 2-16 图像的直方图

2. 直方图均衡化

直方图均衡化是一种最常用的直方图修正方法。这种方法的思想是把原始图像的直方图变换为均匀分布的形式,增加像素灰度值的动态范围。也就是说直方图均衡化是使原图像中具有相近灰度且占有大量像素点的区域的灰度范围展宽,使大区域中的微小灰度变化显现出来,增强图像整体对比度效果,使图像更清晰。

3. 直方图规定化

直方图均衡化能自动增强整个图像的对比度,得到全局均匀化的直方图。但在实际应用中,有时并不需要考虑图像的整体均匀分布直方图,而是希望有针对性地增强某个灰度范围内的图像,这时可以采用比较灵活的直方图规定化。所谓直方图规定化,就是通过一个灰度映射函数,将原灰度直方图改造成所希望的特定形状直方图,以满足特定的增强效果。一般来说正确地选择规定化的函数可以获得比直方图均衡化更好的效果。

2.3.6 图像空域与频域变换

微课
图像空域与频域变换、灰度图像匹配、图像运算典型应用

图像空域与频域提供了不同的视角。在空域中,函数自变量(x,y)被视为二维空间中的一个点,数字图像$f(x,y)$即为一个定义在二维空间中的矩形区域上的离散函数;换一个角度,如果将$f(x,y)$视为幅值变化的二维信号,则可以通过某些变换手段(如傅里叶变换、离散余弦变换、沃尔什变换和小波变换等)在频域下对图像进行处理。因为在频率域就是一些特性比较突出,容易处理。例如,在空间图像里不好找出噪声的模式,如果变换到频率域,则比较好找出噪声的模式,并能更容易的处理。

1. 空域图像增强

空域图像增强是直接对图像中的像素进行处理,从根本上说是以图像的灰度映射变换为基础的。空域增强方法可以表示为

$$g(x,y)=T[f(x,y)]$$

其中,$f(x,y)$和$g(x,y)$分别为增强前后的图像;而T代表增强操作。在具体应用中,采用何种变换,需要根据变换的要求而定。为了选择一种合理的变换函数,首先应该对原始图像的像素灰度值有一个大概的了解。然后根据像素的统计特征来确定需要的变换函数类型。

空域图像增强技术包括点对点变换和直方图修正两种。点对点变换是指对图像上各个像素点的灰度级r按照某个增强函数$T(r)$变换到灰度级r',其中要求r和r'都要在图像的灰度范围之内,其基本原理如图2-17(a)所示。点对点变换包括线性灰度变换、分段线性变换、反色变换、二值化变换、指数变换、对数变换、图像代数等。直方图修正是通过修改图像灰度直方图的方法来达到增强图像的目的,其基本原理如图2-17(b)所示。

2. 频域图像增强

频域图像增强是用某种变换把原来在空域的图像转换为频域中的图像,通过对频域中频谱图像的处理,然后再使用该种变换的逆变换将频域处理之后的图像变回到空域中,这样以满足图像的特定应用。傅里叶变换是最常用的频域图像处理方法。

在实际应用当中,频域滤波增强往往比空域滤波方法简单。空域滤波都是基于卷

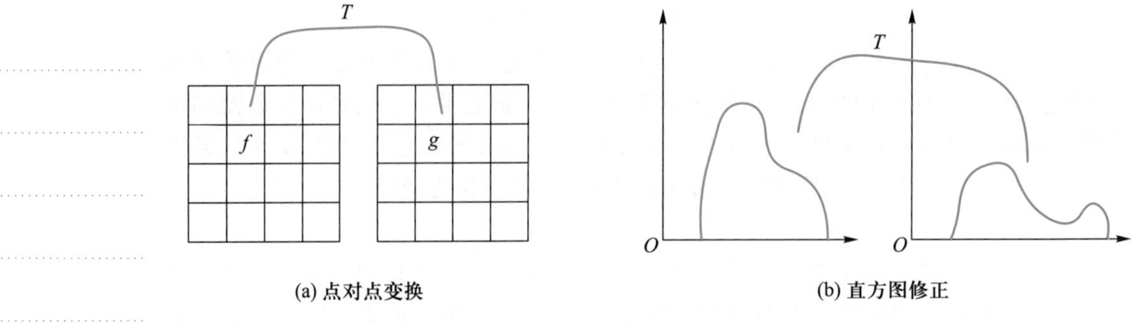

图 2-17 空域法基本原理

积运算，频域滤波是基于傅里叶变换的。图像的频域一般由幅值和相位两部分构成。

任务实施

图像运算是图像处理中的常用处理方法，它以图像为单位进行操作，运算的结果是一幅新的图像，常常用于图像高级处理（如图像分割、目标的检测和识别等）的前期处理。具体的图像运算包括点运算、代数运算、几何运算、邻域运算。代数运算常用于医学图像的处理以及图像误差检测；几何运算在图像匹配、校正等方面有重要用途。

2.3.7 灰度图像匹配

在数字图像处理领域，常常需要把不同的传感器或同一传感器在不同时间、不同成像条件下对同一景物获取的两幅或多幅图像进行比较，找到该组图像中的共有景物，或是根据已知模式到另一幅图像中寻找相应的模式。此过程称为图像匹配。简单地说，就是找出从一幅图像到另一幅图像中对应点的最佳变换。

图像匹配的方法主要分为基于灰度值相关的方法和特征提取方法。基于灰度值相关的方法直接对原图像和模板图像进行操作，通过区域（矩形、圆形或其他模板）属性（灰度信息或频域分析等）的比较来反映它们之间的相似性。归一化积相关函数作为一种相似性测度被广泛用于这类算法中，其数学统计模型以及收敛速度、定位精度、误差估计等均有定量的分析和研究结果。因此，这类方法在图像匹配技术中占有重要地位。但是，这类方法普遍存在的缺陷是时间复杂度高、对图像尺寸敏感等。

特征提取方法一般涉及大量的几何与图像形态学计算，计算量大，没有一般模型可遵循，需要针对不同应用场合选择各自适合的特征。但是，所提取出的图像特征包含更高层的语义信息，大部分这类方法具有尺度不变性与仿射不变性，如兴趣点检测或在变换域上提取特征，特别是小波特征可实现图像的多尺度分解和由粗到精的匹配。

2.3.8 图像运算典型应用

图像的运算处理方法在许多领域得到突破性进展，下面举两例说明。

1. 模式识别

寻找物体边缘通常是通向物体自动识别的第一步。人眼和脑有非凡的识别能力，可以很好地从物体的粗略轮廓识别物体。要使计算机具有类似的能力，必须研究自动识别的算法并编成计算机程序。通常在边缘检测之后，因为边缘检测获得的边缘经常断断续续，边缘像素过少，所以需要经过膨胀和侵蚀等步骤，帮助产生计算机可以辨明的物体边界。

建立物体的清晰边界之后，就可以考虑进行物体的鉴别、分类与识别了。在车站、机场等处对行李进行透视检测的设备就是从事这类工作的。利用目标物体集合中目标物的特征有助于考察这个目标。例如，计算物体的面积与周长、研究物体表面的纹理等。对物体进行识别通常将所分析的物体图像与一系列可能存在的候选物进行特征比对，如通过颜色和形状来区分水果。可能存在的物体群越大，群中的物体越相似，所需要的特征数目越大。利用统计方法依赖于给定物体出现于图像中的一系列先验概率，其他一些方法则是用一系列训练图像估计物体的特征分布。另一种流行的模式识别技术是利用神经网络。

2. 图像频谱与应用

图像信号也具有频谱，虽然它的频谱比一般信号有更特别的解释。一般来说，图像频谱的低频部分指那些灰度缓慢变化的部分，而高频成分意味着快速变化，往往是图像中物体的边缘。

因为是从二维信号获得的频谱，所以包含着两个方向的频率数据。一个沿着图像的行，一个沿着图像的列。因此，幅度和相位必须用第三维表示。一般在二维图上用不同的颜色强度表示这些量大小，或在三维图中用高度表示。二维 DFT 是首先沿图像的行作一维 DFT，然后再沿中间结果数据的列作一维 DFT。为提高计算速度，也存在 2D FFT 算法。一般要确定一幅图像需要图像的幅度和相位两部分信息，通过逆 2D DFT 变换即可精确还原图像。对于图像频谱，单独的相位谱往往携带了建立图像摹本的足够信息，而幅度却不能。

任务 4 图像分割

任务分析

课件 图像分割

图像分割就是把图像分成若干个特定的、具有独特性质的区域并提出感兴趣目标的技术和过程。它是由图像处理到图像分析的关键步骤。从数学角度来看，图像分割是将数字图像划分成互不相交的区域的过程。图像分割的过程也是一个标记过程，即把属于同一区域的像素赋予相同的编号。现有的图像分割方法主要分为以下几类：基于阈值的分割方法、基于区域的分割方法、基于边缘的分割方法、基于特定理论的分割方法等。

通过完成此学习任务，能够了解阈值分割的方法，掌握边缘检测的原理，了解边缘检测的方法，了解边界模板匹配法、边界跟踪法、边界拟合法，掌握区域分割的意义，了解区域生长法和分裂合并法，从而掌握图像分割的意义。

相关知识

2.4.1 阈值分割

阈值分割是一种按图像像素灰度幅度进行分割的方法。它是把图像的灰度分成

不同的等级，然后用设置灰度门限（阈值）的方法确定有意义的区域或要分割物体的边界。阈值分割的一个难点：在图像分割之前，无法确定图像分割生成区域的数目；另一个难点是阈值的确定，因为阈值的选择直接影响分割的精度及分割后的图像进行描述分析的正确性。对于只有背景和目标两类对象的灰度图像来说，阈值选取过高，容易把大量的目标误判为背景；阈值选取过低，又容易把大量的背景误判为目标。一般来说，阈值分割可以分成三步：确定阈值；将阈值与像素灰度值进行比较；把像素分类。阈值分割一般有以下几种常见的方法。

1. 实验法测值法

实验法通过人眼的观察，对已知某些特征的图像试验不同的阈值，观察是否满足要求。实验法的缺点是适用范围窄，使用前必须事先知道图像的某些特征，如平均灰度等，而且分割后的图像质量的好坏受主观局限性的影响很大。

2. 根据直方图谷底确定阈值法

如果图像的前景物体内部和背景区域的灰度值分布都比较均匀，那么这个图像的灰度直方图具有明显的双峰。这时可以选择两峰之间的谷底对应的灰度值作为阈值进行图像分割。

这种单阈值分割方法简单，但是当两峰值相差很近时不适用，而且这种方法容易受到噪声的影响，进而导致阈值选取的误差。对于有多个峰值的直方图，可以选择多个阈值，这些阈值的选取一般没有统一的规则，要根据实际情况运用。

3. 迭代选择阈值法

迭代式阈值选择方法的基本思路：开始选择一个阈值作为初始估计值，然后按照某种规则不断地更新这个估计值，直到满足给定的条件为止。这个过程的关键是选择什么样的迭代规则。一个好的迭代规则必须既能够快速收敛，又能够在每一个迭代过程中产生优于上一次迭代的结果。下面是一种迭代选择阈值算法。

① 选择一个灰度阈值 T 的初始估计值。

② 利用阈值 T 把图像分为两个区域 R1 和 R2。

③ 对区域 R1 和 R2 中的所有像素计算平均灰度值 μ_1 和 μ_2。

④ 计算新的阈值。

$$T=\frac{1}{2}(\mu_1+\mu_2)$$

⑤ 重复步骤①～④，直到此迭代所得 T 值小于事先定义的参数 T。

4. 最小均方误差法

最小均方误差法也是常用的阈值分割法之一。这种方法通常以图像中的灰度为模式特征，假设各模式的灰度是独立分布的随机变量，并假设图像中待分割的模式服从一定的概率分布。一般来说采用的是正态分布，即高斯概率分布。

最小均方误差法通过计算数字半调图像与原始图像在人眼视觉中的均方误差，并通过算法使其最小来获得最佳的半调图像。该算法设计两个人眼视觉滤波器，分别对原始图像和半调处理图像进行滤波，得到两个值，进而求得两值的均方差。在实际操作中，通常假定一个半调处理的估计值，通过迭代算法优化该估计值，最后确定一个局部收敛的实际值。

5. 最大类间方差法

最大类间方差法是由 Otsu 在 1978 年提出的。这是一种比较典型的图像分割方法，也称 Otsu 分割法。在使用该方法对图像进行阈值分割时，选定的分割阈值应该使前景区域的平均灰度、背景区域的平均灰度与整幅图像的平均灰度之间差别最大，这种差异用方差来表示。

Otsu 的中心思想是阈值 T 应使目标与背景两类的类间方差最大。对于一幅图像，设当前景与背景的分割阈值为 t 时，前景点占图像比例为 w_0，均值为 u_0，背景点占图像比例为 w_1，均值为 u_1。则整个图像的均值为 $u=w_0\times u_0+w_1\times u_1$。建立目标函数 $g(t)=w_0\times(u_0-u)^2+w_1\times(u_1-u)^2$，$g(t)$ 就是当分割阈值为 t 时的类间方差表达式。Otsu 算法使得 $g(t)$ 取得全局最大值，当 $g(t)$ 为最大时所对应的 t 称为最佳阈值。Otsu 算法又称为最大类间方差法。

Otsu 算法对不均匀光照的图片不能产生很好的效果，但计算简单，适用性强。

2.4.2　边缘检测

1. 边缘检测概述

微课
边缘检测

图像的边缘是图像的基本特征，边缘上的点是指图像周围像素灰度产生变化的那些像素点，即灰度值导数较大的地方。边缘检测的基本步骤如图 2-18 所示。

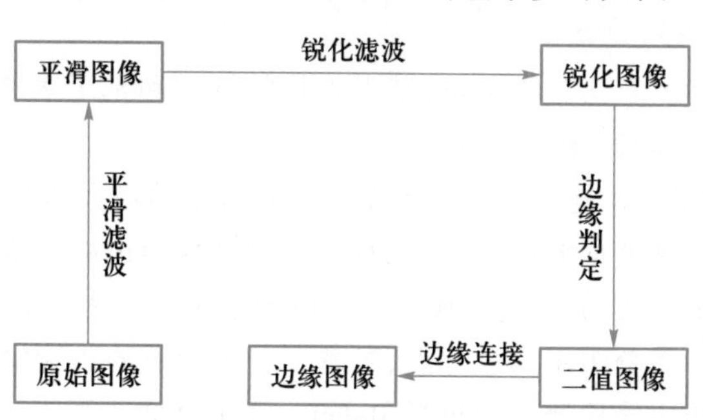

图 2-18　边缘检测的基本步骤

（1）平滑滤波

由于梯度计算易受噪声的影响，因此首先应该进行滤波，去除噪声。同时应该注意到，降低噪声的能力越强，边界强度的损失越大。

（2）锐化滤波

为了检测边缘，必须确定某点邻域中灰度的变化。锐化操作加强了存在灰度局部变化位置的像素点。

（3）边缘判定

虽然图像中存在许多梯度不为零的点，但是对于特定的应用，不是所有的点都有意义。这就要求操作者根据具体的情况选择或者去除处理点，具体的方法包括二值化处理和过零检测等。

（4）边缘连接

边缘连接是将间断的边缘连接为有意义的完整边缘，同时去除假边缘。

2. 边缘检测原理

边缘检测具体性质如图 2-19 所示。从数学上看,图像的模糊相当于图像被平均或积分。为实现图像的锐化,必须用它的反运算“微分”加强高频分量作用,使轮廓清晰。

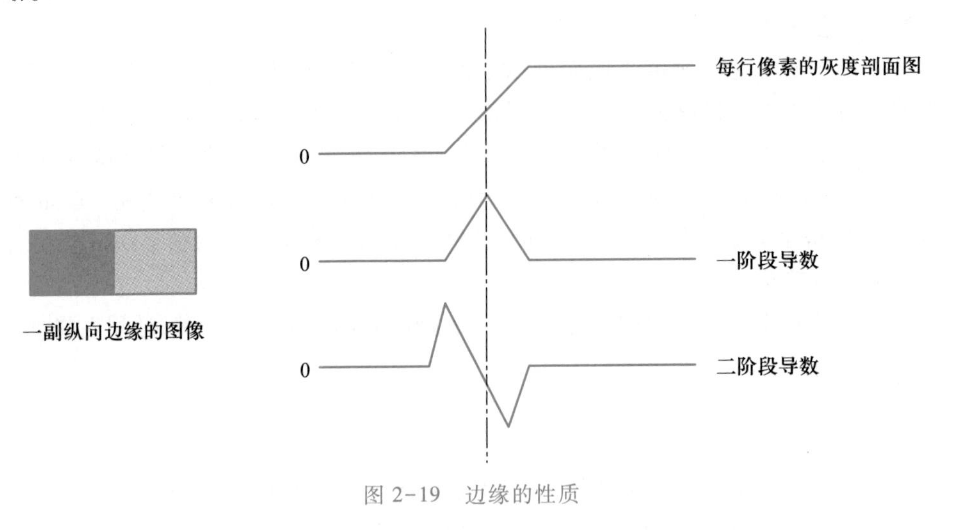

图 2-19 边缘的性质

3. 边缘检测方法的分类

通常将边缘检测的算法分为两类:基于查找的算法和基于零穿越的算法。除此之外,还有 Canny 边缘检测算法、统计判别方法等。

① 基于查找的算法就是通过寻找图像一阶导数中的最大值和最小值来检测边界,通常是将边界定位在梯度最大的方向,是基于一阶导数的边缘检测算法。

② 基于零穿越的算法是通过寻找图像二阶导数零穿越来寻找边界,通常是拉普拉斯过零点或者非线性差分表示的过零点,是基于二阶导数的边缘检测算法。

基于一阶导数的边缘检测算子包括 Roberts 算子、Sobel 算子、Prewitt 算子等,它们都是梯度算子;基于二阶导数的边缘检测算子主要是高斯-拉普拉斯边缘检测算子。

4. 边界模板匹配法

模板匹配法是一种利用选定几何特征的模板与图像卷积,检测图像是否具有该种几何特征结构的方法。在图像分割场合,模板匹配可以用作边界检测,即用特定的模板来检测图像中的像素是否为目标的边界点。模板匹配法图像分割主要涉及两个问题:一是选用什么样的模板,不同模板所能正确检测边界的程度是不同的;二是模板匹配准则,即怎么判断其相似程度。目前常用的模板匹配准则有差值测度、相关测度等。根据要检测图像的几何特征结构的不同,模板分为点模板、线模板、正交模板等。

5. 边界跟踪法

边界跟踪是一种常用的串行图像分割的方法,它通过检测、跟踪和连接目标的边界达到图像分割的目的。边界跟踪的基本方法:先根据某些严格的跟踪准则找出目标物体轮廓或边界上的像素点,然后根据这些像素点用同样的跟踪准则找到下一个像素点,依次类推,直到闭合或者最后一个像素点都不满足跟踪准则为止。

边界跟踪提取图像边界和轮廓的性能好坏主要取决于以下几个因素。

（1）跟踪起始点的选取

起始点的选取直接影响到跟踪的走向和跟踪的精确度，同时也与跟踪的算法复杂度有着密切的关系。

（2）跟踪准则的制订

跟踪准则必须明确满足什么样的条件可以认为跟踪的方向是正确的，以免错选边界或漏选边界。而且跟踪准则要便于分析、计算和理解，要符合“常理”。

（3）跟踪过程的鲁棒性

跟踪过程中要具备抵御噪声干扰的能力，以免因噪声而引起误分割。

6. 边界拟合法

与边界跟踪方法的效果类似，边界拟合也是采用曲线或折线表示图像中不同区域之间的边界线。和边界跟踪不同的是，边界拟合方法针对边界检测所产生的边界点并不一定完全位于目标的实际边界上，有可能散落在边界周围，也有可能产生断续的边界点和过多的边界点等情况，通过曲线拟合的方法把边缘点连接成曲线边界或折线边界，从而达到对图像不同区域分割的目的。边界拟合有多种算法，如最小均方误差（MSE）曲线拟合、参数模型曲线拟合法等。

2.4.3　区域分割

前述的基于阈值的图像分割和基于边界的图像分割都是用不同的方法从搜寻目标的边缘入手，确定了边缘以后，以边界划分目标区域也就是顺理成章的事了。这里介绍的基于目标区域的图像分割方法与此不同，它是直接通过对目标区域进行检测或判断来实现图像分割的一类比较直接的方法，主要包括区域生长法、分裂合并法、分水岭方法等。这里主要介绍前两种方法。

微课

区域分割

1. 区域生长法

图像分割中的区域生长（region growth）方法也称为区域生成方法，其基本思想是将一幅图像分成许多小的区域，并将具有相似性质的像素集合起来构成区域。具体来说，就是先对需要分割的区域找一个种子像素作为生长的起始点，然后将种子像素周围邻域中与种子像素有相同性质或相似性质的像素（根据某种事先确定的生长或相似准则来判断）合并到种子像素所在区域中。最后进一步将这些新像素作为新的种子像素继续进行上述操作，直到再没有满足条件的像素可被包括进来为止。于是区域就生成了，生长过程结束，图像分割随之完成。其实质就是把具有某种相似性质的像素连通起来，从而构成最终的分割区域。它利用了图像的局部空间信息，可有效地克服其他方法存在的图像分割空间不连续的缺点。

区域生长法比较简单，下面用一个简单的实例来说明基本的区域生长方法。例如，图 2-20 给出了一个简单的区域生长例子。图（a）中有下画杠的“4”和“8”为两个种子点。图（b）为采用生长准则为邻近点像素灰度值差的绝对值小于阈值 $T=3$。由图（a）可以看出，在种子像素 4 周围的邻近像素灰度值为 2、3、4、5，和 4 的差值小于 3。在种子像素 8 周围的邻近像素为 6、7、8、9，差值小于 3，生长结果如图（b）所示，整幅图被较好地分割成两个区域。图（c）的生长准则为 $T=2$ 的区域生长结果，其中灰度值为 6、2 的像素点无法合并到任何一个种子像素区域中。因此，区域生长的相似性生长准则是非常重要的。

5	5	8	6	6
4	5	9	8	7
3	4	5	7	7
3	2	4	5	5
3	3	3	3	5

(a) 原始图像和种子像素

4	4	8	6	6
4	4	8	8	8
4	4	4	8	8
4	2	4	4	6
4	4	4	4	4

(b) T=3区域生长结果

4	4	8	8	8
4	4	8	8	8
4	4	4	8	8
4	4	4	4	8
4	4	4	4	4

(c) T=2区域生长结果

图 2-20 区域生长示例

2. 分裂合并法

从上面图像分割的方法中了解到，图像阈值分割法可以认为是从上到下（从整幅图像根据不同的阈值分成不同区域）对图像进行分裂，而区域生长法相当于从下往上（从种子像素开始不断接纳新像素最后构成整幅图像）不断对像素进行合并。如果将这两种方法结合起来对图像进行划分，便是分裂合并法。因此，其实质是先把图像分成任意大小而且不重叠的区域，然后再合并或分裂这些区域以满足分割的要求。分裂合并算法需要采用图像的四叉树结构作为基本数据结构，下面先对其简单介绍。

（1）四叉树

图像除了用各个像素表示之外，还可以根据应用目的的不同，以其他方式表示。四叉树就是其中最简单的一种，图像的四叉树可以用于图像分割，也可以用于图像压缩。四叉树通常要求图像的大小为 2 的整数次幂，设 $N=2^n$，对于 $N\times N$ 大小的图像 $f(m,n)$，它的金字塔数据结构是一个从 1×1 到 $N\times N$ 逐次增加的 $n+1$ 个图像构成的序列。序列中，1×1 图像是 $f(m,n)$ 所有像素灰度的平均值构成的序列，实际上是图像的均值。序列中 2×2 图像是将 $f(m,n)$ 划分为 4 个大小相同且互不重叠的正方形区域，各区域的像素灰度平均值分别作为 2×2 图像相应位置上的 4 个像素的灰度。同样，对已经划分的 4 个区域分别再进行一分为四，然后求各区域的灰度平均值将其作为 4×4 图像的像素灰度。重复这个过程，直到图像尺寸变为 $N\times N$ 为止，如图 2-21 所示。

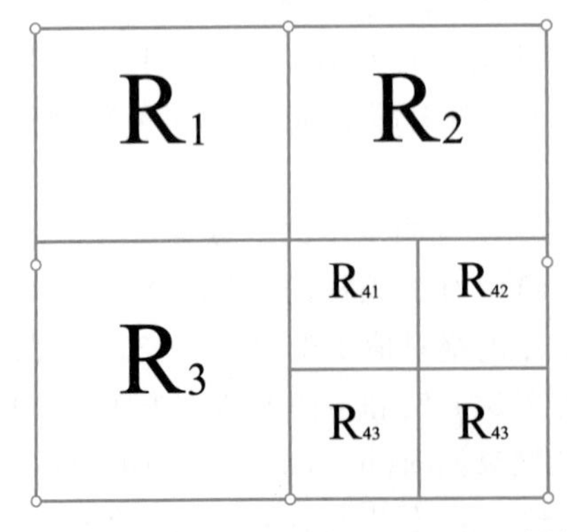

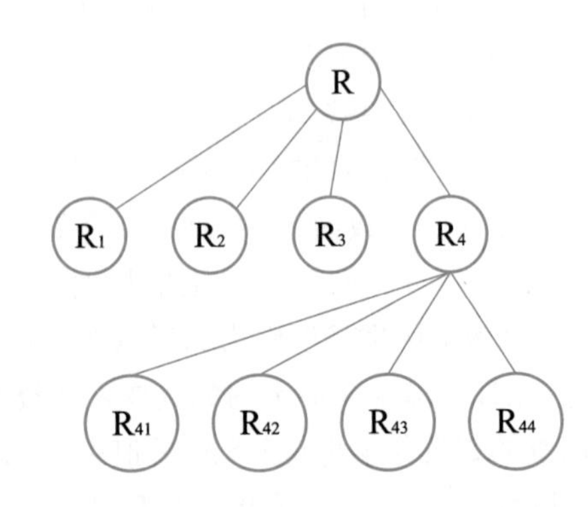

图 2-21 四叉树数据结构的几种不同表示

(2) 分裂合并图像分割法

在图像四叉树分割时,需要将图像区域内和区域间的均一性(一致性),用作区域是否合并的判断准则。可以选择的一致性准则有:

① 区域中灰度最大值与最小值的方差小于某选定值;

② 两区域平均灰度之差及方差小于某选定值;

③ 两区域的纹理特征相同;

④ 两区域参数统计检验结果相同;

⑤ 两区域的灰度分布函数之差小于某选定值。

任务实施

2.4.4 图像分割典型应用

图像分割方法是将相邻的像素连接起来形成一个区域,且同一个区域内的像素必须具有某种相似性。这类分割方法往往根据像素点的灰度值、纹理、统计特征和颜色等来建立联系,保证同一区域内具有相似性和连续性,但分割效果的优劣表现出对相似性条件具有强烈的依赖性,且分割结果极易出现过分割。基于区域的图像分割方法主要包括分裂合并和区域生长。分裂合并法首先分裂整幅图像,然后通过某种准则判断分裂区域的相似性,合并相邻的相似分裂区域,得到分割结果。区域生长法需事先设定相似性原则和生长种子,从生长种子出发将满足相似性原则的相邻像素不断合并,构成一个区域,达到划分区域完成图像分割的目的,其中最关键的是相似性原则的设定和生长种子的选取。

微课
图像分割典型应用、发展趋势

基于区域的图像分割技术主要用来识别图像中具有特性相似的区域,要求同一区域的像素具有相似的特征且连通,正因为这样,它具有消除孤立噪声点的能力。但是,区域生长法对种子点的选取要求很高,选取的结果将直接影响图像分割的效果。分裂合并法虽然不需要选择生长种子点,但是其分割效果与分裂程度之间存在一个很大的矛盾,即当分裂相对充分时,具有较好的分割效果,但分割的时间和工作量将增加;若要提高效率只能减少分裂工作,这将影响分割的质量。

图像分割是图像处理和计算机视觉中重要的一环,近年来它不仅一直是计算机视觉领域的热门话题,在实际生活中也得到广泛的应用。例如,在医学上,用于测量医学图像中组织体积、三维重建、手术模拟等;在遥感图像中,分割合成孔径雷达图像中的目标、提取遥感云图中不同云系与背景等、定位卫星图像中的道路和森林等。图像分割也可作为预处理将最初的图像转化为若干个更抽象、更便于计算机处理的形式,既保留了图像中的重要特征信息,又有效减少了图像中的无用数据、提高了后续图像处理的准确率和效率。例如,在通信方面,可事先提取目标的轮廓结构、区域内容等,保证不失有用信息的同时,有针对性地压缩图像,以提高网络传输效率;在交通领域可用来对车辆进行轮廓提取、识别或跟踪,行人检测等。总的来说,凡是与目标的检测、提取和识别等相关的内容,都需要利用到图像分割技术。因此,无论是从图像分割的技术和算法,还是从对图像处理、计算机视觉的影响以及实际应用等各个方面来深入研究和探讨图像分割，都具有十分重要的意义。

虽然近年来图像分割的研究成果越来越多，但由于图像分割本身所具有的难度，使研究仍然存在一些问题，现有的许多种算法都是针对不同的图像，并没有一种普遍适用的分割算法。迄今为止，没有一个好的通用的分割评价标准，怎么对分割结果进行量化的评价是一个值得研究的问题，该量化测度应有助于视觉系统中的自动决策及评价算法的优劣，该测度应考虑到均质性、对比度、紧致性、连续性、视觉感知等因素，伴随着数字图像处理的应用领域不断扩大，实时处理技术已成研究的热点，在实时图像处理系统中，算法的运行时间也成为今后研究的方向和目标。

2.4.5 图像分割技术发展趋势

下面将介绍 3 种图像分割技术。

1. 基于遗传算法的图像分割

遗传算法是模拟自然界生物进化过程与机制求解问题的一类自组织与自适应的人工智能技术。对此，科学家们进行了大量的研究工作，并成功地运用于各种类型的优化问题，在分割复杂的图像时，往往采用多参量进行信息融合，在多参量参与的最优值求取过程中，优化计算是最重要的，把自然进化的特征应用到计算机算法中，将能解决很多问题。遗传算法的出现为解决这类问题提供了新而有效的方法，不仅可以得到全局最优解，而且大量缩短了计算时间。王月兰等人提出的基于信息融合技术的彩色图像分割方法，该方法应用剥壳技术将问题的复杂度降低，然后将信息融合技术应用到彩色图像分割中，为彩色分割在不同领域中的应用提供了一种新的思路与解决办法。

2. 基于人工神经网络技术的图像分割

基于神经网络的分割方法的基本思想，是先通过训练多层感知器来得到线性决策函数，然后用决策函数对像素进行分类来达到分割的目的。近年来，随着神经学的研究和发展，第三代脉冲耦合神经网络（PCNN）作为一种新型人工神经网络模型，其独特处理方式为图像分割提供了新的思路。脉冲耦合神经网络具有捕获特性，会产生点火脉冲传播，对输入图像具有时空整合作用，相邻的具有相似输入的神经元倾向于同时点火。因此，对于灰度图像，PCNN 具有天然的分割能力，与输入图像中不同目标区域对应的神经元在不同的时刻点火，从而将不同区域分割开来。如果目标区域灰度分布有重叠，基于 PCNN 的时空整合作用，如果灰度分布符合某种规律，PCNN 也能克服灰度分布重叠所带来的不利影响，实现较完美的分割。这是其一个突出的优点，也是其他的分割方法所欠缺的。

3. 基于小波分析和变换的图像分割

基于小波分析和变换的图像分割在图像处理等领域得到了广泛的应用。小波变换是一种多尺度多通道分析工具，比较适合对图像进行多尺度的边缘检测。从图像处理角度看，小波变换具有“变焦”特性，在低频段可用高频率分辨率和低时间分辨率，在高频段可用低频率分辨率和高时间分辨率，小波交换在实现上有快速算法，具有多分辨率，也称为多尺度的特点，可以由粗及精地逐步观察信号等优点。近年来多进制小波也开始用于边缘检测。另外，把小波变换和其他方法结合起来的图像分割技术也是现在研究的热点。

任务 5　图像形态学处理

任务分析

课件 图像形态学处理

数学形态学是分析几何形状和结构的数学方法，建立在集合代数的基础之上，用集合化方法定量描述几何结构的科学。1985 年之后，它逐渐成为分析图像几何特征的工具。

由于形态学具有完备的数学基础，这使得形态学用于图像分析和处理、形态滤波器的分析和系统设计等具有了坚实的基础。近年来，形态学在图像处理方面的应用和研究得到了迅速发展。数学形态学现在已经在各个学科的数字图像分割和处理的过程中得到了应用。在生物方面利用形态学对细胞进行检测，在医学方面利用形态学对心脏运动过程进行自动增量描述，在工业生产过程中利用形态学对产品的表面质量进行检测和 PCB 电路检测，在智能交通系统中利用形态学对运动车辆进行检测。另外，形态学在指纹识别、金相学等领域也得到了广泛的应用。

数学形体学由一组形态学运算算子组成。包括膨胀、腐蚀、开以及闭运算。通过完成此学习任务，掌握基本的运算算子，使用这些算子可以对图像的结构和形状进行分析和处理，主要包括图像分割、特征提取、边缘检测、图像滤波、图像增强以及图像恢复等。

相关知识

2.5.1　形态学基本运算

膨胀和腐蚀是两种最基本的，也是最重要的形态学运算。其他的形态学算法也都是由这两种基本运算复合而成的。

1. 膨胀

膨胀是形态学运算中的最基本的运算子之一，它在图像处理中的主要作用是扩充物体边界点，连接两个距离很近的物体。集合 A 用集合 B 膨胀，记作

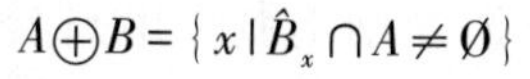

$$A \oplus B = \{x \mid \hat{B}_x \cap A \neq \emptyset\}$$

上式表明，用集合 B 膨胀集合 A，即当集合 B 的原点在集合 A 中移动，集合 B 中元素所对应位移后的元素组成的集合。在图像处理中，集合 A 一般是待膨胀的图像，称集合 B 为结构元素。膨胀可以填充图像内部的小孔及图像边缘处的小凹陷部分，并能够磨平图像向外的尖角，如图 2-22 所示。

2. 腐蚀

腐蚀也是形态学运算中最基本的算子之一，它是与膨胀相对应的运算。它在图像

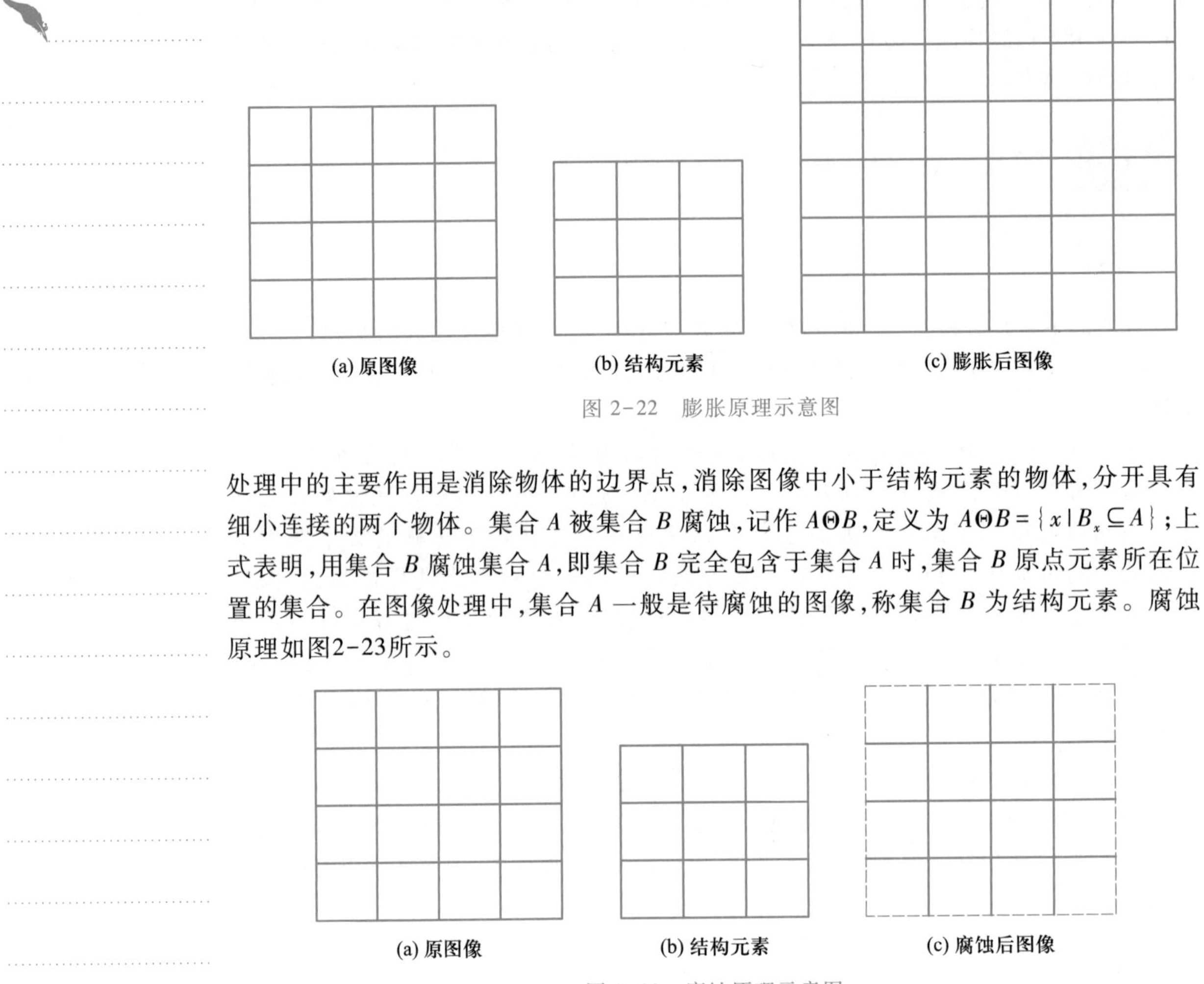

图 2-22 膨胀原理示意图

处理中的主要作用是消除物体的边界点，消除图像中小于结构元素的物体，分开具有细小连接的两个物体。集合 A 被集合 B 腐蚀，记作 $A\Theta B$，定义为 $A\Theta B=\{x \mid B_x \subseteq A\}$；上式表明，用集合 B 腐蚀集合 A，即集合 B 完全包含于集合 A 时，集合 B 原点元素所在位置的集合。在图像处理中，集合 A 一般是待腐蚀的图像，称集合 B 为结构元素。腐蚀原理如图2-23所示。

图 2-23 腐蚀原理示意图

3. 开、闭运算

开运算和闭运算都是由腐蚀和膨胀复合而成的，开运算是先腐蚀后膨胀，而闭运算是先膨胀后腐蚀。利用结构元素 B 对输入图像 A 进行开运算用符号表示为 $A\circ B$，其定义为

$$A\circ B=(A\Theta B)\oplus B$$

开运算是 A 先被 B 腐蚀，然后再被 B 膨胀的结果。开运算能够使图像的轮廓变得光滑，还能使狭窄的连接断开及消除细毛刺。用圆盘对输入图像进行开运算，如图2-24所示。

开运算还有一个简单的集合解释：假设将结构元素 B 看作一个转动的小球，$A\circ B$ 的边界由 B 中的点形成，当 B 在 A 的边界内侧滚动时，B 所能到达的 A 的边界最远点的集合就是开运算的区域。

闭运算是开运算的对偶运算，定义为先作膨胀然后再作腐蚀。利用 B 对 A 作闭运算表示为 $A\cdot B$，定义为

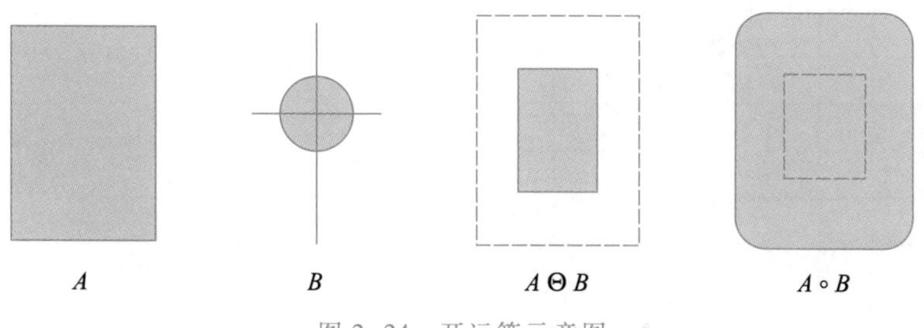

图 2-24　开运算示意图

$$A \cdot B = [A \oplus (-B) \Theta (-B)]$$

闭运算是用$-B$对A进行膨胀，将其结果用$-B$进行腐蚀。闭运算相比开运算也会平滑一部分轮廓，但与开运算不同的是闭运算通常会弥合较窄的间断和细长的沟壑，还能消除小的孔洞及填充轮廓线的断裂。用圆盘对输入图像进行闭运算如图 2-25 所示。

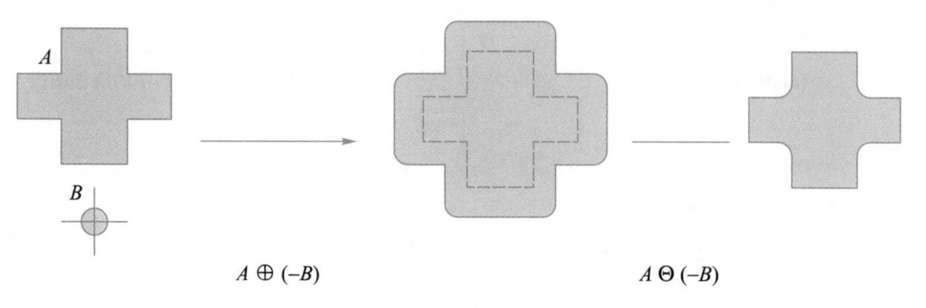

图 2-25　闭运算示意图

闭运算有和开运算类似的集合解释：开运算和闭运算彼此对偶，所以闭运算是球在外边界滚动，滚动过程中B始终不离开A，这时B中的点所能达到的最靠近A的外边行位置就构成了闭运算的区域。

任务实施

2.5.2　形态学的应用

1. 边界提取

要在二值图像中提取物体的边界，容易想到的一个方法是将所有物体内部的点删除（置为背景色）。逐行扫描原图像时如果发现一个黑点的 8 邻域都是黑点，那么该点为内部点，对子内部点需要在目标图像上将它删除，这相当于采用一个 3×3的结构元素对原图像进行腐蚀，只有那些 8 邻域都是黑点的内部点被保持，再用原图像减去腐蚀后的图像，这样就恰好删除了这些内部点留下的边界，过程如图 2-26 所示。

微课
形态学的应用

2. 区域填充

区域填充的算法，它以集合的膨胀、求补和交集为基础。在图 2-27 中，A 表示一个包含子集的集合，其子集的元素均是区域的 8 连通边界点。目的是从边界内的一个

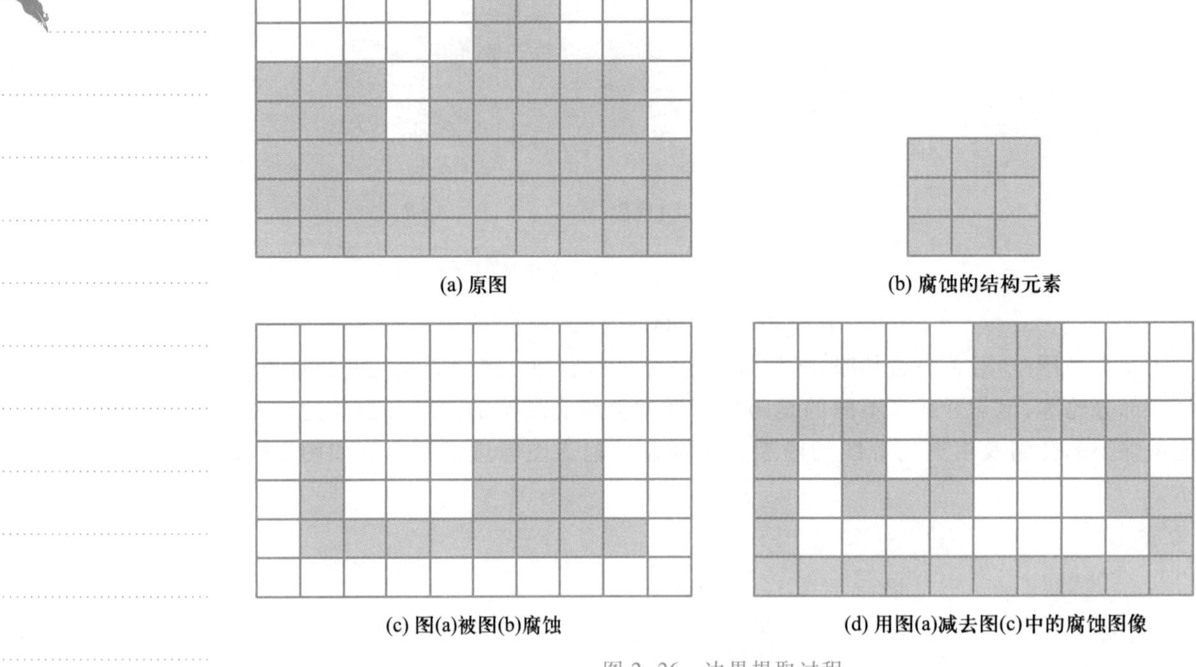

图 2-26 边界提取过程

点开始，用 1 填充整个区域。

如果采用惯例：所有非边界（背景）点标记为 0，则以将 1 赋给 p 点开始。下列过程将整个区域用 1 填充。

$$X_k=(X_{k-1}\oplus B)\cap \bar{A} \qquad (k=1,2,3\cdots)$$

3. 图像细化与图像骨架

图像细化就是从原来的图像中去掉一些点，但仍要保持目标区域的原来形状。所谓细化就是沿着图案的边缘一点点地剥离边缘黑点，直到剩下宽度为一个像素的中心黑线为止，细化的结果被称为原图案的骨架。所谓骨架，可以理解为图像的中轴，例如一个长方形的骨架是它的长方向上的中轴线，正方形的骨架是它的中心点，圆的骨架是它的圆心，直线的骨架是它自身，孤立点的骨架也是它自身。骨架必须保持原图案的拓扑形状和连通性。

4. Blob 分析

课件
企业工程师——图像算法知识简介

微课
企业工程师——图像基础知识

在机器视觉技术中 Blob 是指图像中的具有相似颜色、纹理等特征的一块连通区域。Blob 分析是对图像中相同像素的连通域进行分析。其过程其实就是将图像进行二值化，分割得到前景和背景，然后进行连通区域检测，从而得到 Blob 块的过程。简单来说，Blob 分析就是在一块“光滑”区域内，将出现“灰度突变”的小区域寻找出来。举例来说，假如现在有一块刚生产出来的玻璃，表面非常光滑，平整。如果这块玻璃上面没有瑕疵，那么，“灰度突变”是检测不到的；相反，如果在玻璃生产线上，由于种种原因，造成了玻璃上面有一个凸起的小泡、有一块黑斑、有一点裂缝，那么，就能在这块玻璃上面检测到纹理，经二值化处理后的图像中色斑可认为是 Blob。而这些部分，就是生产过程中造成的瑕疵，这个过程，就是 Blob 分析。Blob 分析工具可以从背景中分离

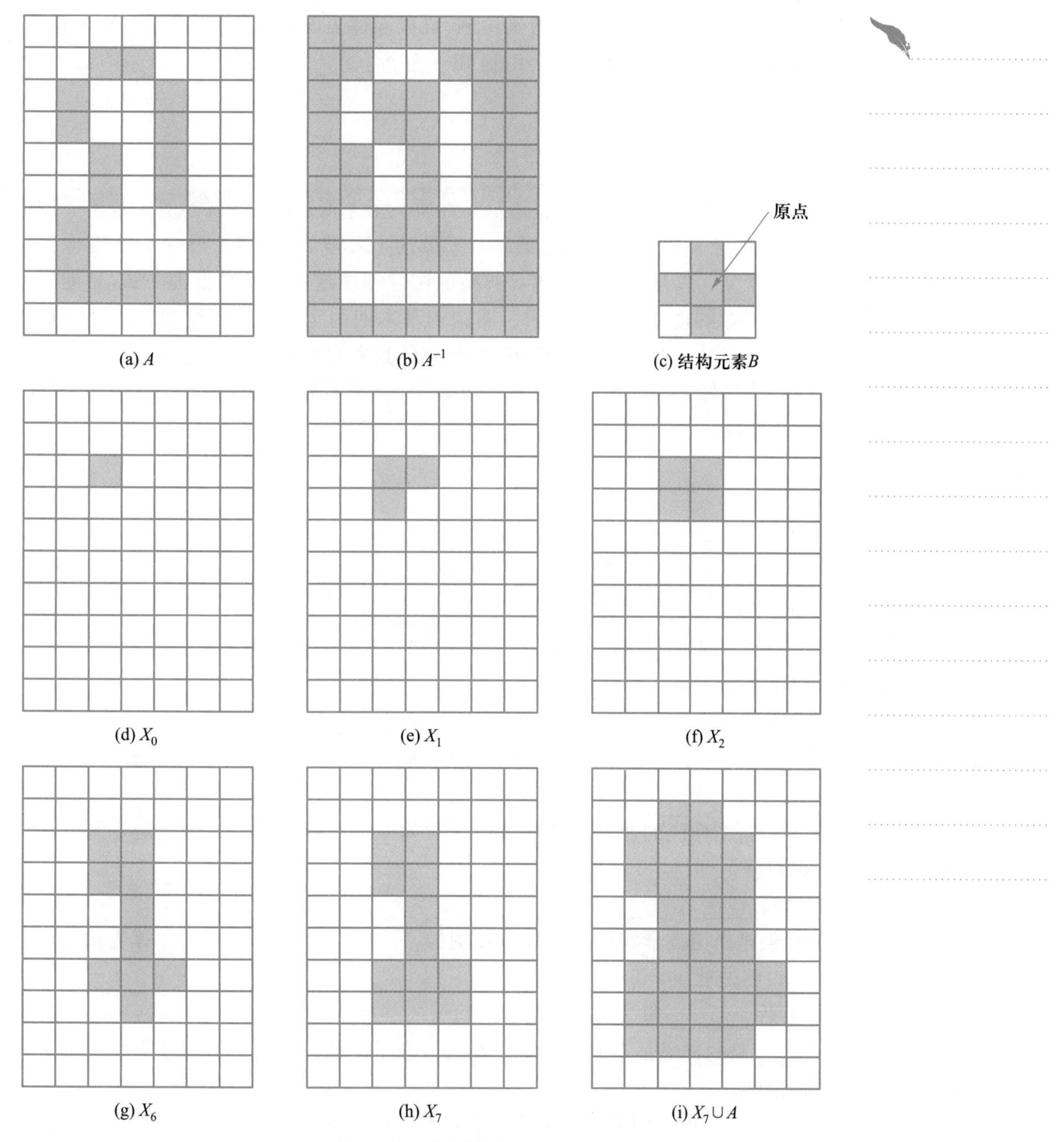

(a) A (b) A^{-1} (c) 结构元素B

(d) X_0 (e) X_1 (f) X_2

(g) X_6 (h) X_7 (i) $X_7 \cup A$

图 2-27 区域填充

出目标,并可以计算出目标的数量、位置、形状、方向和大小,还可以提供相关斑点间的拓扑结构。在处理过程中不是对单个像素逐一分析,而是对图像的行进行操作。图像的每一行都用游程长度编码(RLE)来表示相邻的目标范围。这种算法与基于像素的算法相比,大大提高了处理的速度。

适用范围:针对二维目标图像和高对比度图像,适用于有无检测和缺陷检测。常用于二维目标图像、高对比度图像、存在/缺席检测、数值范围和旋转不变性需求。显然，纺织品的瑕疵检测，玻璃的瑕疵检测，机械零件表面缺陷检测，可乐瓶缺陷检测，药品胶囊缺陷检测等很多场合都会用到 Blob 分析。

总结

本项目主要介绍图像处理，阐述了图像表达及其性质、图像预处理、图像运算与操作、图像分割、图形形态学处理。 图像表达及其性质主要学习了像素（采样）、灰度（量化）。 图像预处理主要学习了像素亮度的含义，以及图像二值化、典型的图像滤波这些图像预处理方式。 图像运算与操作主要学习了数字图像的度量与拓扑性质、图像的基本四则运算、几何变换、灰度分析与变换、直方图、空域与频域变换，以及典型的应用。 图像分割主要学习了阈值分割、边缘检测、区域分割三种方式，介绍了图像分割的典型应用及发展趋势。 图形形态学处理学习了膨胀、腐蚀、开、闭运算，及其典型应用。

习题

一、填空题

1. 图像的数字化过程中关键的步骤是__________和__________。

2. 图像按其亮度等级的不同，可以分成__________和__________两种。

3. 图像按色调不同，可分为__________和__________两种。

4. 按数字图像信息表示方式的不同，可以将数字图像分为______和______。

5. 矢量图和位图最大的区别是矢量图处理的对象是_________，而位图处理的对象是________。

6. 图像二值化就是将图像上的像素点的灰度值设置为______或______，也就是将整个图像呈现出明显的______的过程

7. 常用的滤波器有______、______、______三种。

8. 图像的几何变换是指用数学建模方法来描述图像______、______、______等变化方法，实现对______进行______的处理。

9. 空域法技术包括________和________两种。

10. ______和______是两种最基本的也是最重要的形态学运算，其他的形态学算法也都是由这两种基本运算复合而成的。

11. 所有灰度________阈值的像素被判定为属于特定物体，其灰度值为 255 表示，否则这些像素点被排除在物体区域以外，灰度值为 0，表示背景或者例外的物体区域。

12. 单纯的________可以在一定程度上解决视觉上的图像整体对比度问题，但是对图像细节部分的增强比较有限，结合________技术可以解决这个问题。

13. 直方图均衡化是使原图像中具有相近灰度且占有大量像素点的区域的________，使大区域中的________显现出来，增强图像整体对比度效果，使图像更清晰。

14. 阈值分割是一种按图像像素灰度幅度进行分制的方法，它是把图像的________分成不同的等级，然后用设置________的方法确定有意义的区域或要分割物体的边界。

15. 通常将边缘检测的算法分为________和________两类。

二、简答题

1. 简述图像的存储格式。

2. 简述图像分析则是从图像中提取有用信息，实现应用的过程具体包括的内容。

3. 简述位图图像与矢量图形的区别。

4. 简述边缘检测的基本步骤。

答案

项目 2 习题

模块二

机器视觉典型应用

项目 3

视觉定位

视觉定位技术由于具有很高的应用价值，在工业领域广泛应用。然而实际应用环境的复杂性，如相似色干扰、光照变化、遮挡、被检测物差异等因素的影响，对目标检测的实时稳定性带来了巨大的挑战。本项目以几何基元定位、多尺度圆定位、模板匹配、瓶盖密封性检测为例，系统地讲解视觉定位相关知识。

知识目标

（1）掌握 X-SIGHT 软件的使用，包括软件界面、常用指令及控件。

（2）掌握四种点定位、两种线定位、两种圆定位指令的使用。

（3）掌握提取区域指令及提取动态区域指令的使用。

（4）掌握区域特征指令的使用，包括区域面积、区域外接矩形、区域外接框、区域外接圆、区域中心、分割区域、区域轮廓。

（5）掌握数据的创建、赋值。

（6）掌握数组的创建、数组长度、获取数组项、添加数组项。

（7）掌握模板匹配，包括单目标定位和多目标定位。

（8）掌握基于点和基于矩形的坐标系创建。

（9）掌握流程结构的创建与使用。

☑ 技能目标

（1）熟练使用 X-SIGHT 软件。

（2）能够使用点、线、圆几何基元定位工具进行基本点、线、圆定位。

（3）能够完成多尺度圆定位，并获得各圆的重心。

（4）能够利用模板匹配，完成单个回形针及多个回形针的定位。

（5）能够创建坐标系，实现跟随定位。

（6）能够根据实际瓶盖密封性检测的要求，选择合适的硬件系统并搭建硬件平台，综合使用各种图像处理工具，实现瓶盖密封性的检测。

技能树

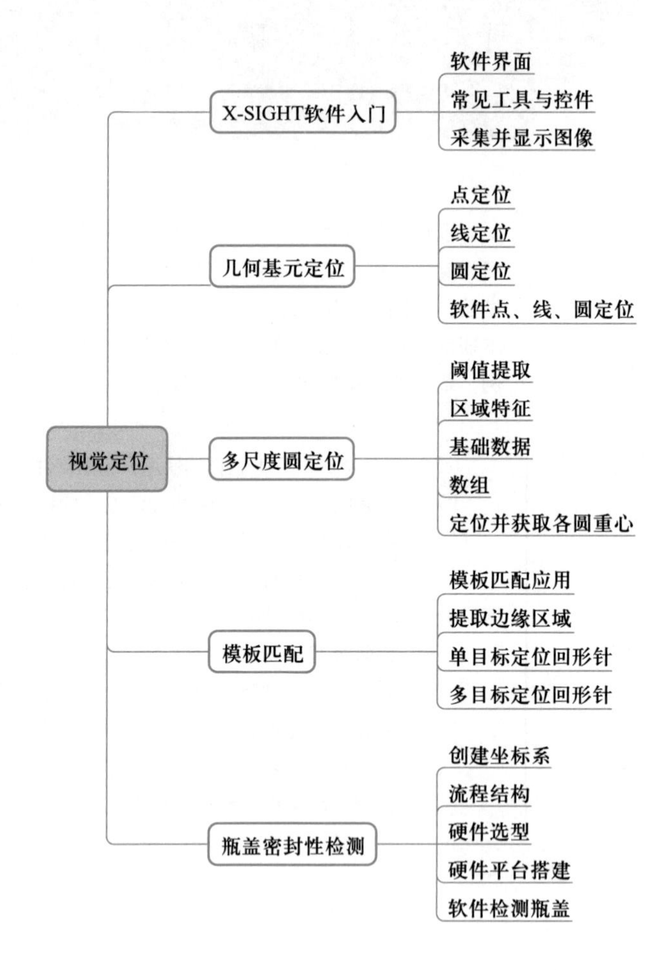

任务1 X-SIGHT 软件入门

任务分析

通过完成此学习任务，能够了解 X-SIGHT 软件的系统界面、常用工具与控件，能够熟练使用 X-SIGHT 软件，并进行图像采集。

课件 X-SIGHT 软件入门

微课 X-SIGHT 软件入门

相关知识

3.1.1 软件界面

1. 主界面

X-SIGHT 软件主界面如图 3-1 所示，主要包括菜单栏、工具栏、指令栏、工程栏、控件栏、属性栏、主窗口、日志栏、任务栏等。

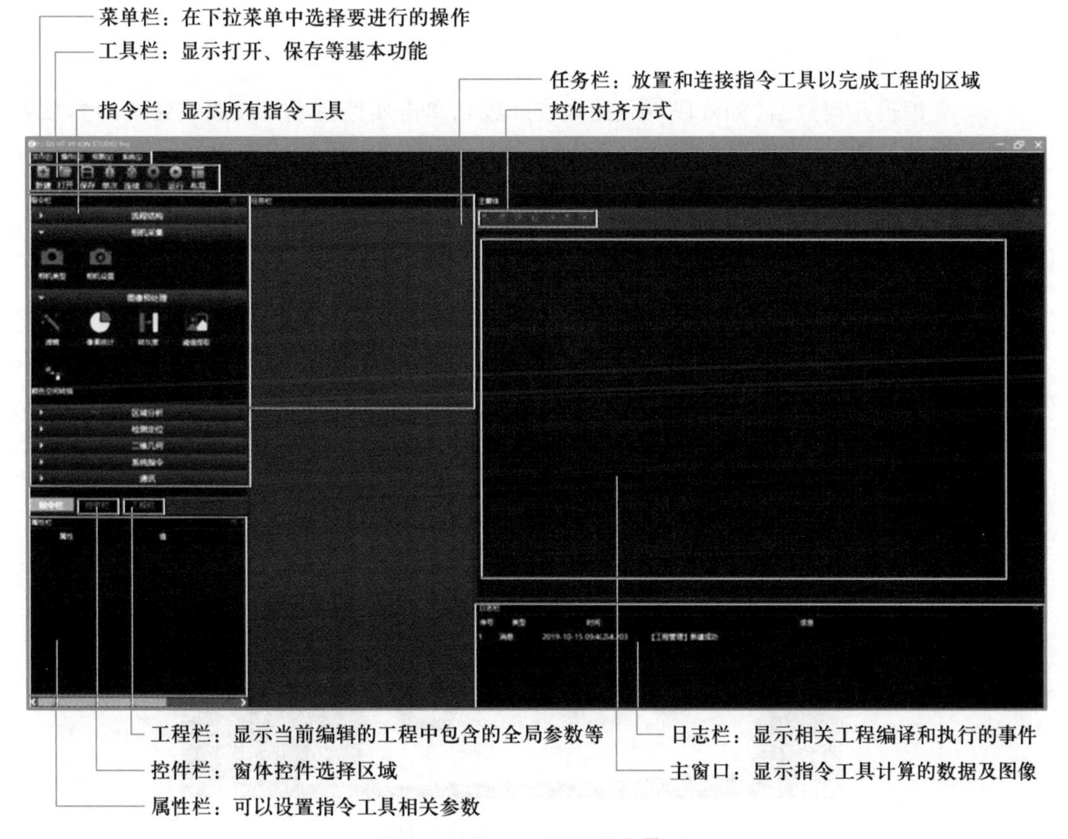

图 3-1 X-SIGHT 软件主界面

2. 属性栏

软件大多数指令都有内部参数。为了获得理想的结果，可以在属性栏设置相应的参数，如图 3-2 所示。

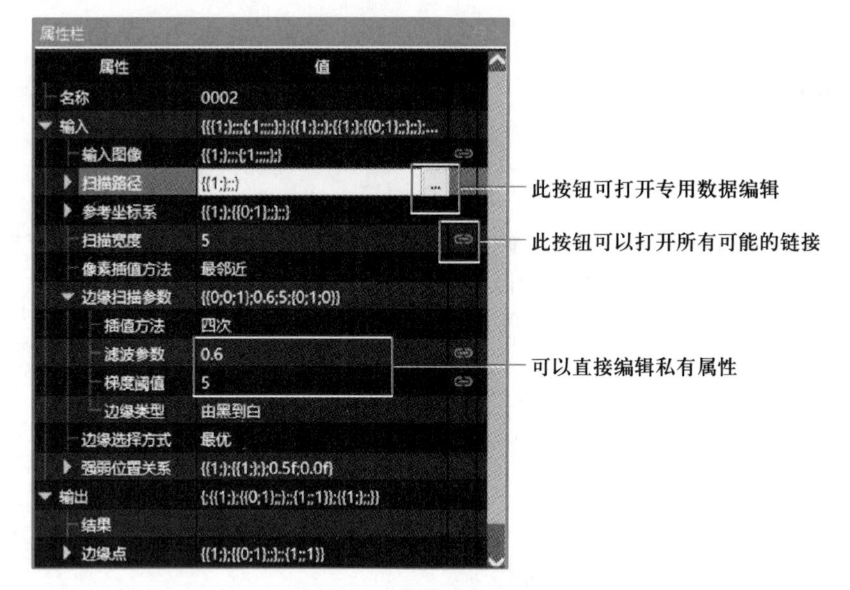

图 3-2 属性栏设置界面

3. “图形编辑”窗口

要编辑几何数据(如线段、圆、路径或区域),单击属性栏中要设置或修改的参数名称后面的按钮[...],将出现如图 3-3 所示的“图形编辑”窗口。

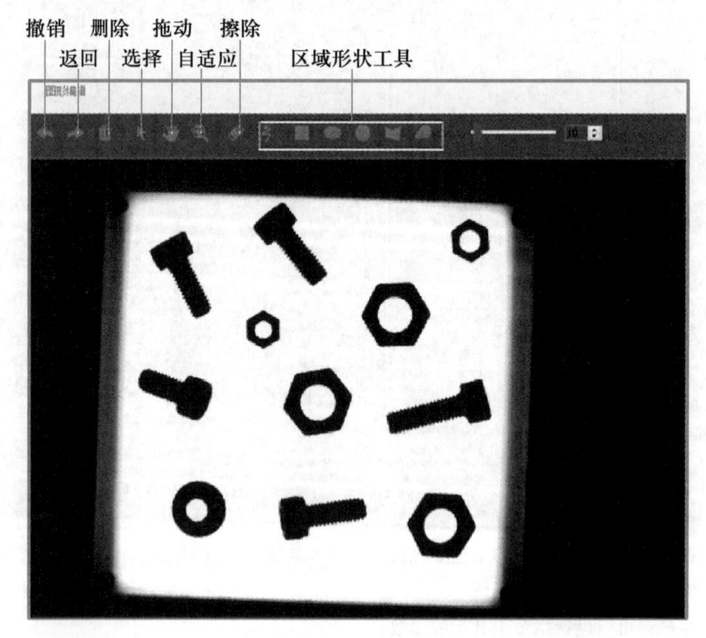

图 3-3 “图形编辑”窗口

3.1.2 常用工具与控件

常用工具包括“新建”“打开”“保存”“单次”“连续”“运行”“停止”“布局”,其功能见表 3-1。

表 3-1 工具栏介绍

标识	功能	描述
	新建	新建工程
	打开	打开现有工程
	保存	保存当前工程
	单次	执行程序到单次迭代结束
	连续	执行程序，直到用户单击“停止”按钮时结束
	停止	停止工程运行或释放相机资源
	运行	运行当前工程
	布局	将布局调整为初始布局

常用控件包括“标签”“普通按钮”“图片”“编辑框”“图形显示”“表格”，其功能见表 3-2。

表 3-2 常用控件介绍

功能	描述
标签	在主窗体插入可编辑标签框
普通按钮	单击按钮执行自定义任务
图片	根据输入状态(true 或 false)，输出正确图像或错误图像
编辑框	在主窗体插入可编辑文本框
图形显示	显示图像窗口
表格	显示数组

任务实施

3.1.3 采集并显示图像

在 X-SIGHT 软件中使用指令工具，可以重复以下 4 个步骤。

① 从指令栏中选择相应的指令到任务栏。

② 在属性栏设置指令参数。

③ 在控制栏拖动相应的控件到主窗口。

④ 在属性栏设置控件参数，显示数据或图像。

当程序准备就绪时，单击“单次”“连续”或“运行”按钮，右下角日志栏将提供程序执行的一些重要信息。当出现问题时，特别注意检查日志栏窗口。

模拟相机采集图像具体操作步骤如下。

① 双击指令栏中的“相机类型”图标，然后双击“模拟相机”图标，在属性栏中单击“相机标识”参数行后面的按钮，弹出“选择路径”对话框，选择待处理图像的文件夹 Cap，如图 3-4 所示。

(a) 选择“模拟相机”指令

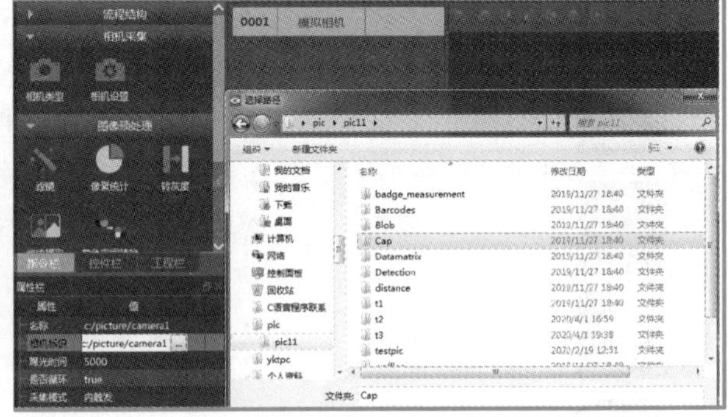

(b) 在“相机标识”中选择图片路径

图 3-4 选择“模拟相机”指令及待处理图片的路径

② 将控件栏中的“图形显示”控件拖动到主窗口中，显示的空白图形大小可根据需求任意调整。选中新建的“图像显示”控件，在属性栏中单击“图形显示”参数组中“背景图”参数行右侧的“链接”按钮，链接到模拟相机路径 0001. outImage（0001 表示任务栏中指令的顺序，outImage 表示指令或控件的图像输出），如图 3-5 所示。

(a) 图形显示控件在主窗口中的显示

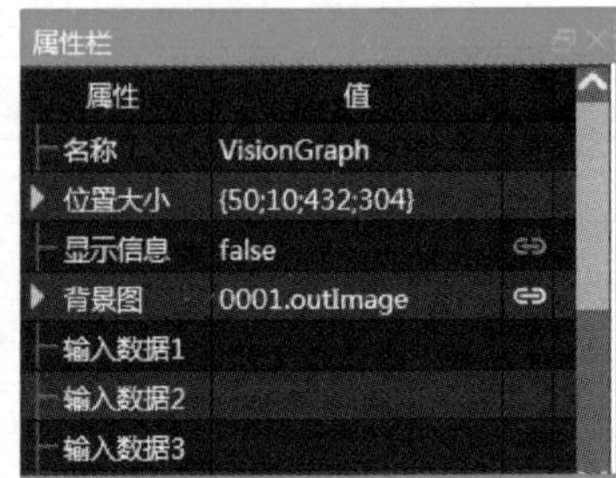

(b) 链接到模拟相机的输出图像

图 3-5 将图形显示链接到待处理的图像

③ 单击“运行”按钮，图片将循环显示。单击“单次”按钮，可单张显示。实际待处理图像显示效果如图 3-6 所示。

图 3-6 运行后图像显示效果

任务 2 几何基元定位

任务分析

对图 3-7 所示示例图片进行仿真训练，运用简单的点、线、圆定位工具完成图像基础图形的点、线、圆定位。通过完成此学习任务，可以掌握 4 种点定位、2 种线定位、2 种圆定位工具的使用。

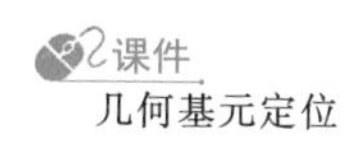

课件
几何基元定位

素材
几何基元定位

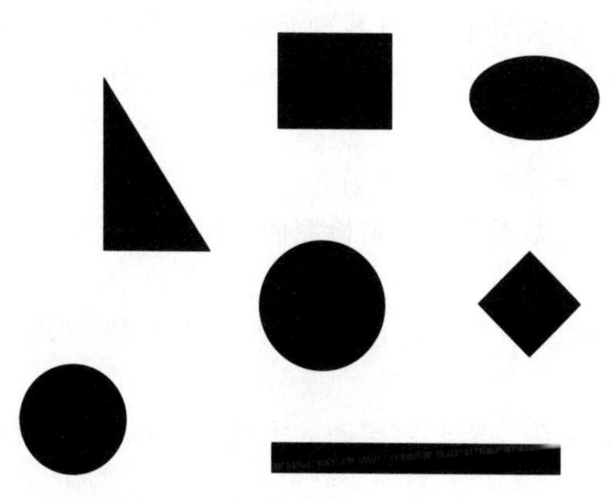

图 3-7 点、线、圆定位示例图片

相关知识

3.2.1 点定位

1. 单边缘检测

“单边缘检测”指令是沿给定路径，定位暗像素和亮像素之间的最强转换，主要应用在快速检测物体（如瓶子的水平位移）和简单测量（如瓶子中的液位），其工具属性见表3-3。

表3-3 “单边缘检测”指令属性

属性	类型	取值范围	描述
输入图像	图像	—	输入图像
扫描路径	路径	—	执行扫描的路径
参考坐标系	坐标系	—	将扫描路径调整到被检查对象的位置
扫描宽度	整型	1~∞	扫描区域的宽度（以像素为单位）
像素插值方法	像素插值方法	—	用于提取图像像素的插值方法
边缘扫描参数	边缘扫描参数	—	控制边缘提取过程的参数
边缘选择方式	选择	—	如果有许多边缘点，则定义选择哪个边缘点
强弱位置关系	强弱位置关系	—	定义在较强边缘附近可以检测到较弱边缘的条件
边缘点	1D边缘	—	发现边缘
输入路径	路径	—	在图像坐标系中执行扫描的路径

该指令沿扫描路径扫描图像，并且找到垂直于路径的最强边。如果最强边比“边缘扫描参数”梯度阈值弱，则输出设置为NIL（NIL表示无值，任何变量在没有被赋值之前的值都为NIL）。

使用“单边缘检测”指令时，需要注意：

① 创建“扫描路径”，需要垂直于被检测的边缘。它应该足够长，以预测所有可能的边缘位置。

② 定义“边缘扫描参数”中的边缘类型来检测特定边缘类型，并仅检测该类型。

③ 若使用“参考坐标系”，需要链接到的本地坐标系统，将自动调整到可变对象位置（可选）。

④ 若噪声水平较高，可尝试增加“扫描宽度”或“边缘扫描参数”中的滤波参数。

⑤ 若未找到边缘，可尝试减少“边缘扫描参数”中的梯度阈值。

⑥ 若连续边缘的间距小于6个像素，则将“边缘扫描参数”中的插值方法更改为

3 次。

“单边缘检测”指令具体操作步骤如下。

① 从本地计算机导入图片,操作步骤与“模拟相机”指令的操作步骤相同。

② 双击指令栏中的“边缘检测”图标,在弹出的对话框中双击“单边缘检测”图标。单击“单边缘检测”属性栏中“输入图像”一行中的按钮,链接到模拟相机的输出图像(0001. outImage),如图 3-8 所示。

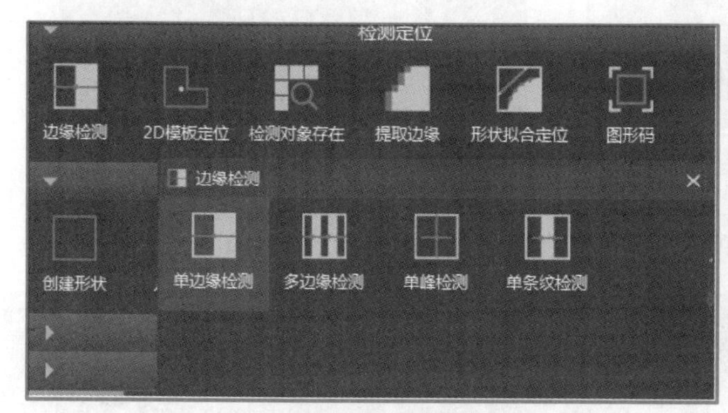

(a) 选择“单边缘检测”图标

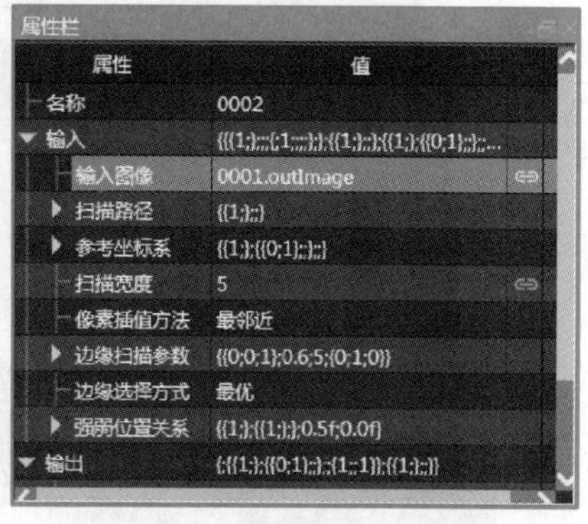

(b) 输入图像链接到模拟相机

图 3-8 链接到相机的输出图像

③ 单击“单边缘检测”属性栏中“扫描路径”一行中的按钮,如图 3-9 所示,在弹出的“图形编辑”窗口设置扫描路径,如图 3-10 所示。绘制扫描路径,穿过所需定位边缘点的线或其他图形边缘,单击确定第一个点。扫描路径为连续的折线,右击鼠标,结束路径绘制。

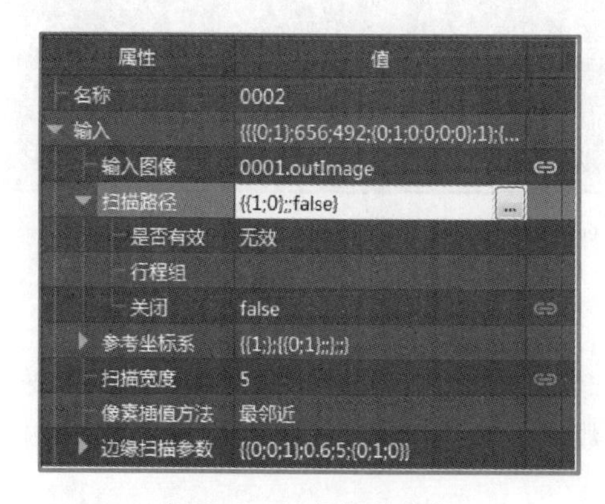

图 3-9 选择扫描路径

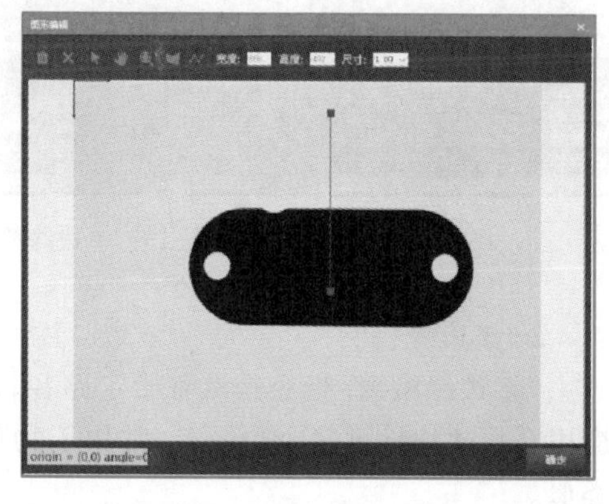

图 3-10 在“图形编辑”窗口中设置扫描路径

④ 将属性栏“边缘扫描参数”中“边缘类型”设置为由白到黑,如图 3-11 所示。将图形显示属性栏中“背景图”的“输入数据 1”和“输入数据 2”标签,分别与检测到的边缘点(0002. out. outEdge. point)和扫描路径(0002. out. outAlignedScanPath)相连,如图 3-12所示。

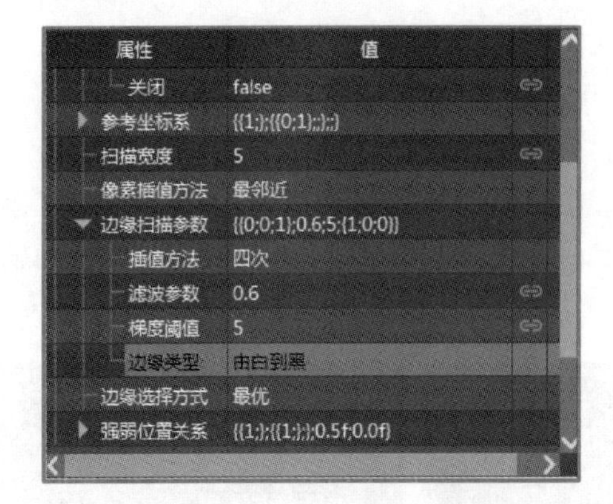

图 3-11 设置边缘类型

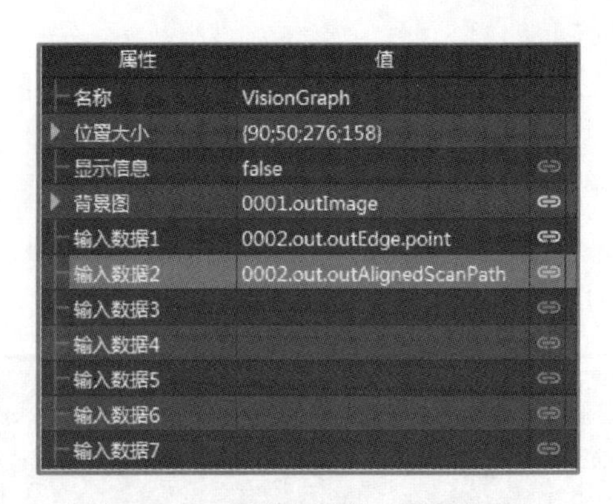

图 3-12 图形显示输入数据链接

⑤ 单击“单次”按钮,单张显示。单边缘检测实际显示效果如图 3-13 所示。

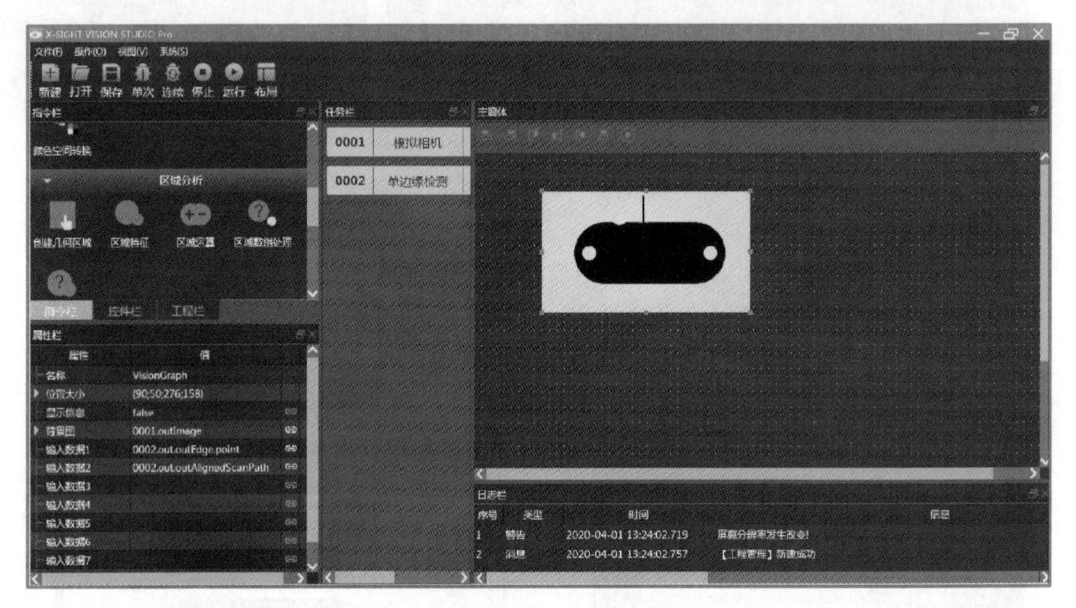

图 3-13 单边缘检测工件实际显示效果

2. 多边缘检测

“多边缘检测”指令是沿着给定路径,定位暗像素和亮像素之间的多条转换,主要应用在快速地检测多个边缘点,常用于物体计数或者位移检测,其属性与单边缘检测类似。

该指令沿着扫描路径扫描图像,并检测垂直于路径的图像边缘。根据“边缘扫描”参数中的边缘类型参数,将考虑表示沿路径图像亮度增加或减少(或两者都有)的边缘。使用该指令调整“最小距离”(以像素为单位),可以滤除掉出现在其他边缘附近的假边缘。

该指令的操作注意事项和操作步骤与“单边缘检测”指令相似。

3. 单峰检测

“单峰检测”指令是指沿着给定路径,定位最强的暗或亮像素的峰值,主要应用在非常快速地检测一个薄结构,如划痕或者刻度,其属性见表3-4。

表3-4 "单峰检测"指令属性

属性	类型	取值范围	描述
输入图像	图像	—	输入图像
扫描路径	路径	—	执行扫描的路径
参考坐标系	坐标系	—	将扫描路径调整到被检查对象的位置
扫描宽度	整型	1~∞	扫描区域的宽度(以像素为单位)
像素插值方法	像素插值方法	—	用于提取图像像素的插值方法
峰扫描参数	峰扫描参数	—	控制峰提取过程的参数
峰选择方式	选择	—	生成峰的选择模式
强弱位置关系	强弱位置关系	—	定义在较强边缘附近可以检测到较弱边缘的条件
输出峰	1D峰	—	找到峰
转换输入路径	路径	—	在图像坐标系中执行扫描的路径

此指令沿着"扫描路径"扫描图像,并定位给定特征的最强峰。如果没有这样的峰,则输出设置为NIL。

"单峰检测"指令操作时,需要注意:

① 创建"扫描路径",需要垂直于被检测的边缘。应该足够长,以预测所有可能的峰的位置。

② 将"峰扫描参数"中峰的像素宽度,调整为峰的预期宽度(以像素为单位)。

③ 定义"峰扫描参数"中极性类型,来检测特定的峰的类型,并仅检测该类型。

④ 若使用"参考坐标系",需要链接到的本地坐标系统,将自动调整到可变对象位置(可选)。

⑤ 如果噪声水平较高,尝试增加"扫描宽度"或"峰扫描参数"中的滤波参数。

⑥ 如果没找到峰,尝试减少"峰扫描参数"中的梯度阈值。

⑦ 对于较难的案例,尝试设置不同的"峰扫描参数"中峰亮度计算方式。

该指令的操作步骤与单边缘检测指令的操作步骤相似。

4. 单条纹检测

"单条纹检测"指令用来找到沿着给定路径上最强的一对边,主要应用在非常快速地检测或测量由一对边缘限定的物体(如测量瓶盖的直径),其工具属性与单峰检测类似。该指令沿着"扫描路径"扫描图像,并且定位给定特征的最强条纹(如穿过路径的一对相反极性的边缘),如果没有这样的条纹,则输出设置为NIL。

该指令的操作注意事项和操作步骤与"单边缘检测"指令相似。

3.2.2 线定位

1. 边缘段定位

“边缘段定位”指令用来执行一系列的边缘检测，找到最匹配检测点的段，主要应用于精确检测直边，其粗略的位置已知。其属性见表 3-5。

表 3-5 “边缘段定位”指令属性

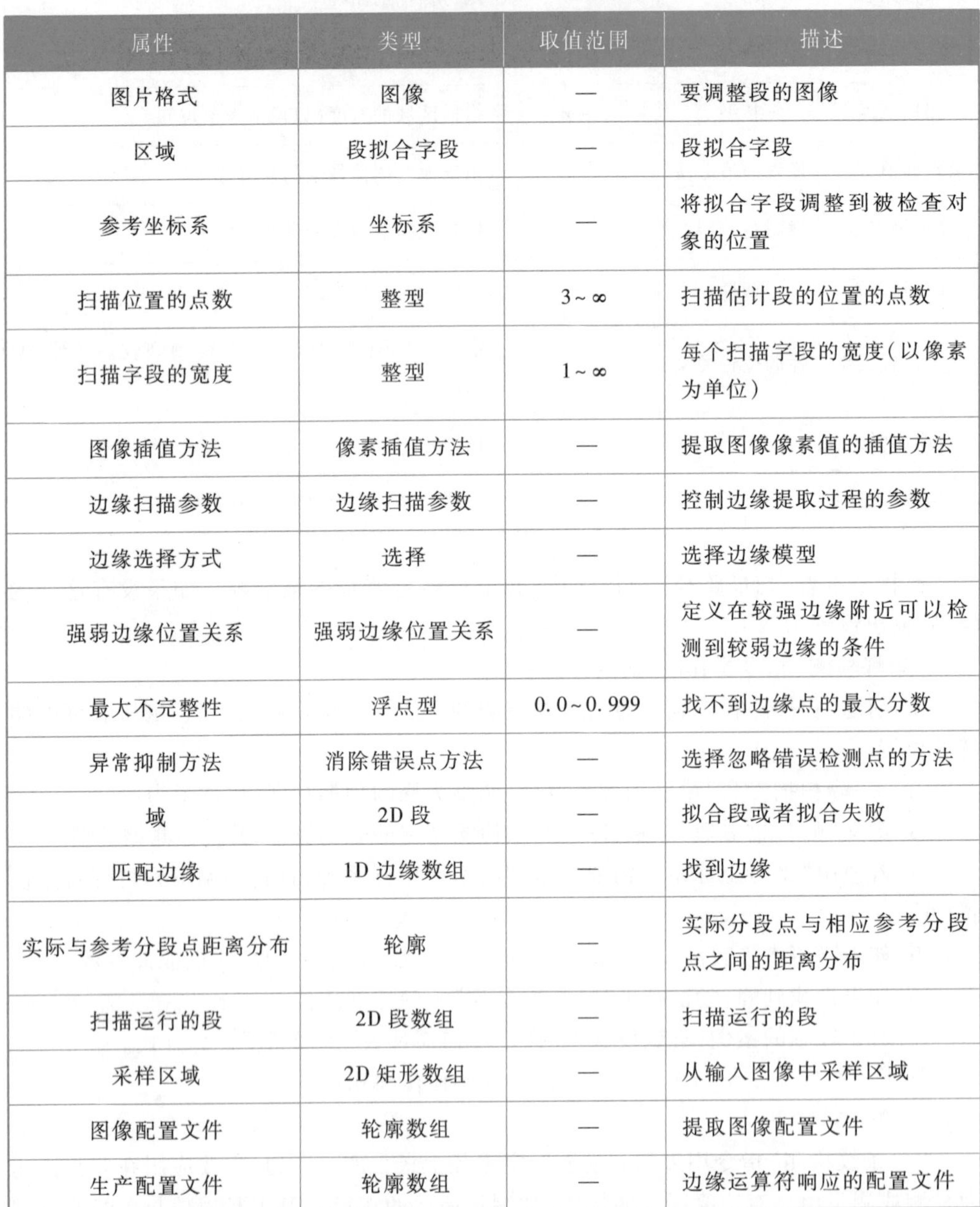

属性	类型	取值范围	描述
图片格式	图像	—	要调整段的图像
区域	段拟合字段	—	段拟合字段
参考坐标系	坐标系	—	将拟合字段调整到被检查对象的位置
扫描位置的点数	整型	3~∞	扫描估计段的位置的点数
扫描字段的宽度	整型	1~∞	每个扫描字段的宽度（以像素为单位）
图像插值方法	像素插值方法	—	提取图像像素值的插值方法
边缘扫描参数	边缘扫描参数	—	控制边缘提取过程的参数
边缘选择方式	选择	—	选择边缘模型
强弱边缘位置关系	强弱边缘位置关系	—	定义在较强边缘附近可以检测到较弱边缘的条件
最大不完整性	浮点型	0.0~0.999	找不到边缘点的最大分数
异常抑制方法	消除错误点方法	—	选择忽略错误检测点的方法
域	2D 段	—	拟合段或者拟合失败
匹配边缘	1D 边缘数组	—	找到边缘
实际与参考分段点距离分布	轮廓	—	实际分段点与相应参考分段点之间的距离分布
扫描运行的段	2D 段数组	—	扫描运行的段
采样区域	2D 矩形数组	—	从输入图像中采样区域
图像配置文件	轮廓数组	—	提取图像配置文件
生产配置文件	轮廓数组	—	边缘运算符响应的配置文件

该指令是将给定的段拟合到图像中存在的边缘。在内部，它使用“单边缘检测”指令，沿着扫描位置的点数特定扫描段，执行一系列扫描，其长度始终等于区域宽度，然

后使用找到的点来确定图像中段的实际位置。

使用“边缘段定位”指令时，需要注意：

① 如果对象位置是可变的，将“参考坐标系”链接到适当的局部坐标系。

② 定义“区域”输入，指定将执行边缘扫描的区域。

③ 定义“边缘扫描参数”中的边缘类型，检测特定边缘类型，并仅检测该类型。

④ 如果噪声很强，可以试图增加“扫描字段的宽度”或“边缘扫描参数”中滤波参数。

⑤ 如果找不到或者找到很少的边缘点，试图增加“边缘扫描参数”中的梯度阈值。

⑥ 如果扫描失败，可以修改“最大不完整性”的值。

⑦ 如果扫描产生错误的结果，可以修改“异常抑制方法”的参数。

⑧ 扫描运行的段和匹配边缘，可以直观地看到扫描的结果。

“边缘段定位”指令的具体操作步骤如下。

① 从本地计算机导入图片。

② 双击指令栏中“形状拟合定位”按钮，在弹出的对话框里双击“边缘段定位”按钮。单击“边缘段定位”属性栏中“输入图像”一行中的按钮，链接到模拟相机的输出图像（0001. outImage）。

③ 单击“边缘段定位”属性栏中“区域”一行中的按钮，在弹出的“图形编辑”窗口，绘制需要定位线段的粗略区域，如图 3-14 所示。绘制扫描区域，横向扫描区域的宽度需小于线段长度，按绘制扫描区域方向从左到右检测匹配的线段。

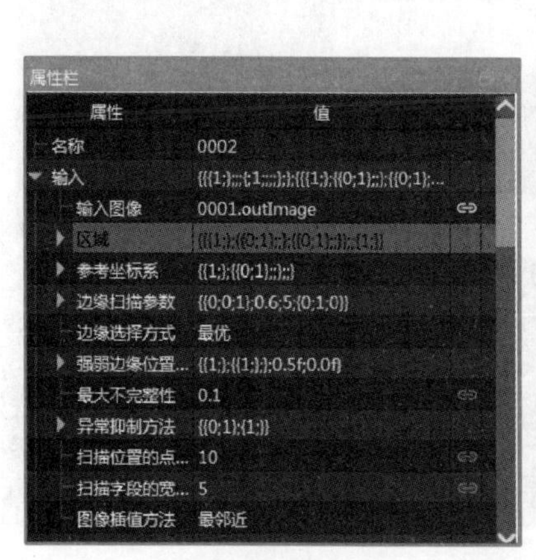

(a) 选择“区域”

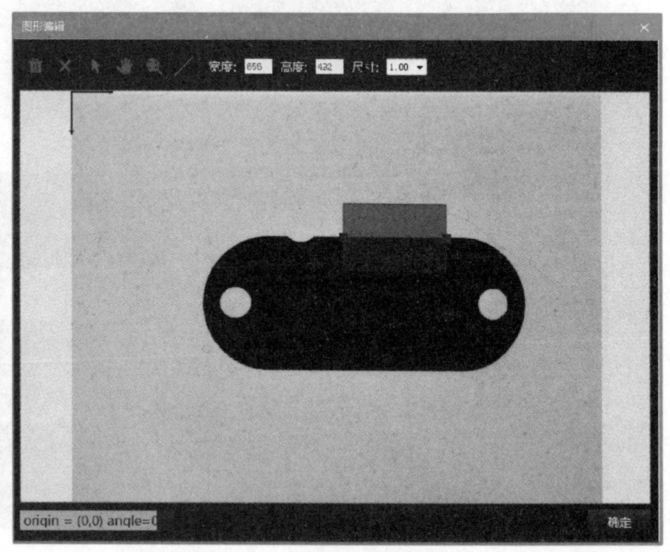

(b) 图形编辑窗口

图 3-14 在图形编辑窗口中绘制需要定位的线段区域

④ 将属性栏“边缘扫描参数”中“边缘类型”设置为由白到黑，如图 3-15 所示。将图形显示属性栏中“背景图”中的“输入数据 1”和“输入数据 2”标签，分别与检测到的区域（0002. out. outSegment）和边缘（0002. out. outEdges）相连，如图 3-16 所示。

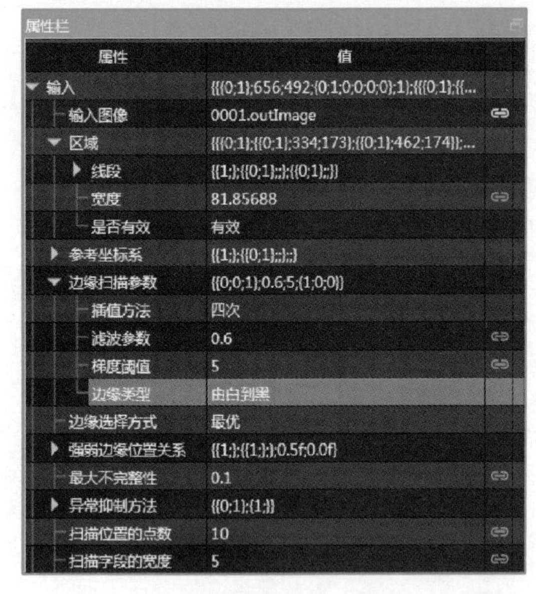

图 3-15 设置边缘类型

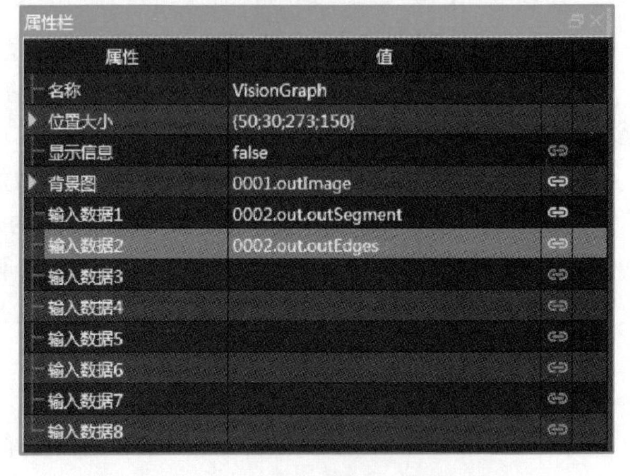

图 3-16 图形显示输入数据链接

⑤ 单击“单次”按钮，单张显示。“边缘段定位”指令的实际显示效果如图 3-17 所示。

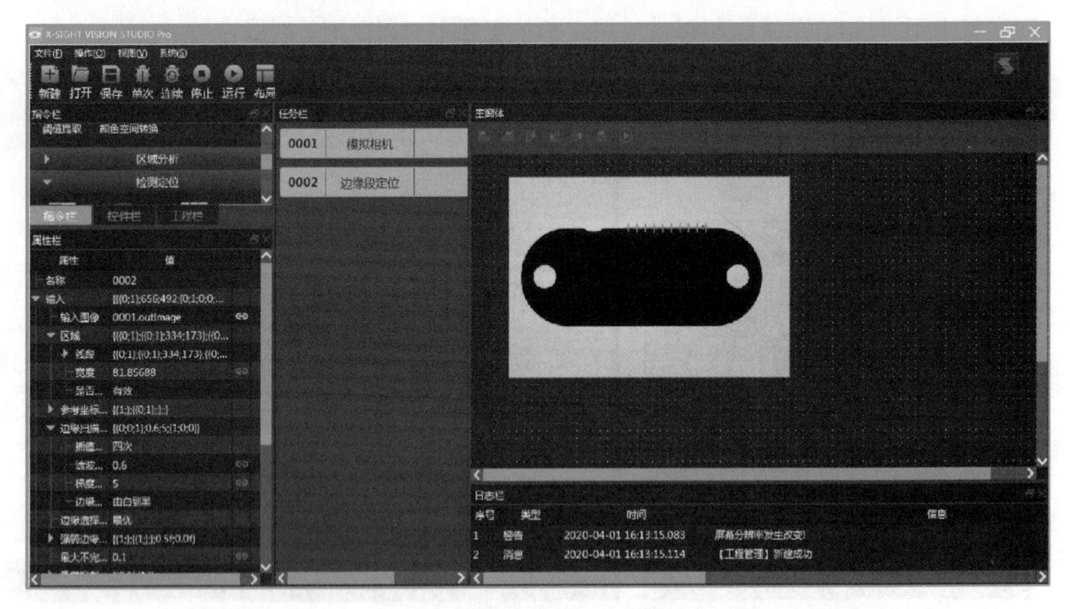

图 3-17 “边缘段定位”指令检测工件的实际显示效果

2. 条纹段定位

“条纹段定位”指令用来执行一系列的单条纹检测，并找到与检测到的点最匹配的段，主要应用于精确检测到直条纹，其粗略位置事先可知，其属性与“边缘段定位”指令类似。

该指令用来将给定的段拟合到图像中。在内部，它使用“单条纹检测”指令，沿着扫描位置的点数特定扫描段,执行一系列的扫描,其长度始终等于区域宽度。

该指令的操作注意事项和操作步骤与“边缘段定位”指令相似。

3.2.3 圆定位

1. “圆定位”指令

“圆定位”指令用来执行一系列边缘检测,并找到与检测到的点最匹配的圆,主要应用在精确检测圆形物体或孔,其粗略位置事先已知,其工具属性与边缘段定位类似。

微课 圆定位

该指令将给定的圆拟合到图像的边缘。在内部,它使用单边缘检测指令沿着扫描位置的点数特定扫描段,执行一系列扫描,其长度始终等于区域的宽度,然后使用找到的点来确定图像中圆的实际位置。

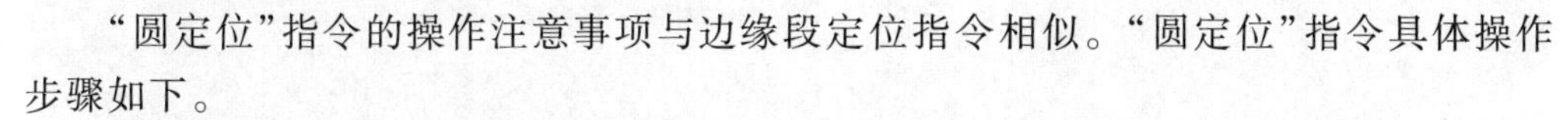

“圆定位”指令的操作注意事项与边缘段定位指令相似。“圆定位”指令具体操作步骤如下。

① 从本地计算机导入图片。

② 双击指令栏中“形状拟合定位”按钮,在弹出的对话框中双击“圆定位”图标。单击“圆定位”属性栏中“输入图像”一行中的按钮,链接到模拟相机的输出图像(0001. outImage)。

③ 单击“圆定位”属性栏中“区域”一行中的按钮,在弹出的“图形编辑”窗口中绘制需要定位圆的粗略区域,如图3-18所示。圆定位区域由大圆包围小圆组成,大圆需包含所定位圆的外部,小圆需被所定位的圆包含。

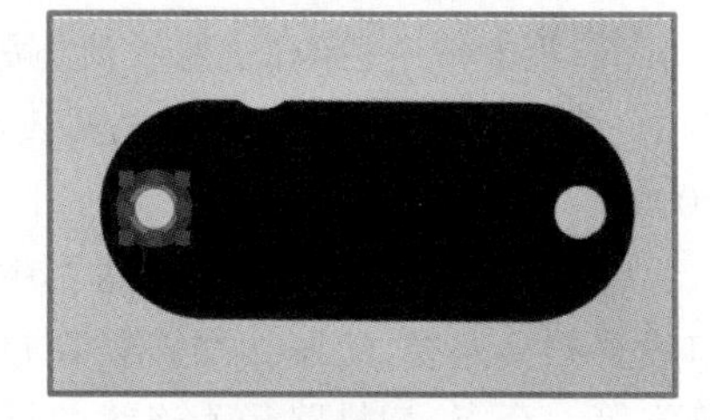

图3-18 在图形编辑窗口中绘制需要定位的圆

④ 将属性栏中“边缘扫描参数”中“边缘类型”设置为由白到黑,并将图形显示属性栏“背景图”中的“输入数据1”和“输入数据2”标签,分别与检测到的圆(0002. out. outCircle)和边缘(0002. out. outEdges)相连。

⑤ 单击“单次”按钮,单张显示。“圆定位”指令的实际显示效果如图3-19所示。

2. “圆弧定位”指令

“圆弧定位”指令用来执行一系列边缘检测并找到与检测到的点最匹配的圆弧,主要应用在精确检测圆弧边缘,其粗略位置已知。

该指令的操作注意事项和操作步骤与“圆定位”指令相似。

任务实施

3.2.4 软件点、线、圆定位

1. 点定位

以“单边缘检测”指令为例,进行点定位。“单边缘检测”指令主要用于图像中灰度变化边缘点的定位,并在图像显示窗口中用绿色“+”标示寻找到的拟合边界点。

微课 软件点、线、圆定位

具体操作步骤如下。

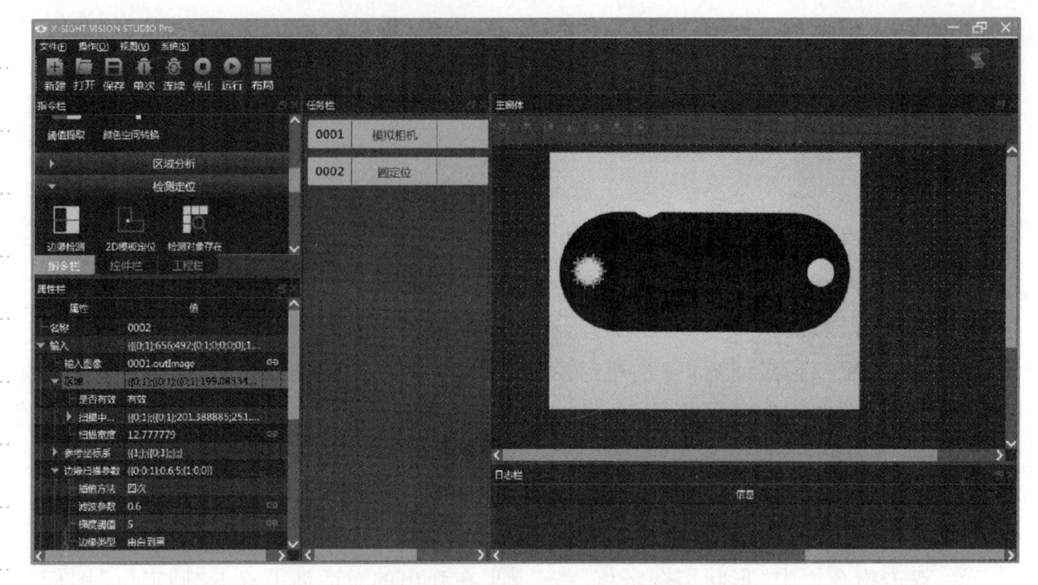

图 3-19 “圆定位”指令检测工件的实际显示效果

① 从本地计算机导入图片。

② 双击指令栏中“边缘检测”按钮，在弹出的对话框里双击“单边缘检测”按钮。单击“单边缘检测”属性栏中“输入图像”中的按钮，链接到模拟相机的输出图像(0001. outImage)。

③ 单击“单边缘检测”属性栏中“扫描路径”后面的按钮，在弹出的图形编辑窗口设置扫描路径，绘制扫描路径穿过所需定位边缘点的线或其他图形边缘，单击鼠标确定第一个点，扫描路径为连续的折线，右击鼠标结束路径绘制，如图 3-20 所示。

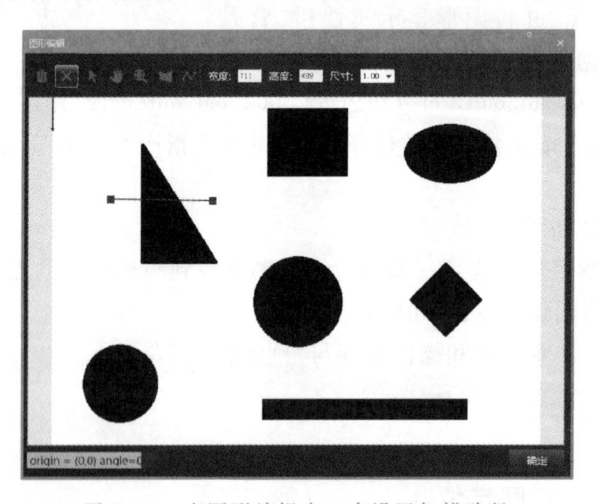

图 3-20 在图形编辑窗口中设置扫描路径

④ 将属性栏“边缘扫描参数”中“边缘类型”设置为由白到黑，将图形显示属性栏中“背景图”的“输入数据 1”和“输入数据 2”标签，分别与检测到的边缘点(0002. out. outEdge. point)和扫描路径(0002. out. outAlignedScanPath)相连。

⑤ 单击“单次”按钮，单张显示，实际显示效果如图 3-21 所示。

图 3-21　示例图片点定位效果

2. 线定位

以“边缘段定位”为例，进行线定位。此指令用于定位直线型边界线段（由于拟合出的边界线是直线，若物体本身边界线不是直线，则计算出的拟合边界线会有误差）。根据绘制工具方向不同，定位的线段方向也不同。

具体操作步骤如下。

① 从本地计算机导入图片。

② 双击指令栏中“形状拟合定位”按钮，在弹出的对话框里双击“边缘段定位”按钮。单击“边缘段定位”属性栏中“输入图像”中的按钮，链接到模拟相机的输出图像（0001. outImage）。

③ 单击“边缘段定位”属性栏中“区域”后面的按钮，在弹出的图形编辑窗口，绘制需要定位线段的粗略区域，如图 3-22 所示。绘制扫描区域，横向扫描区域的宽度需小于线段长度，按绘制扫描区域方向从左到右检测匹配的线段。

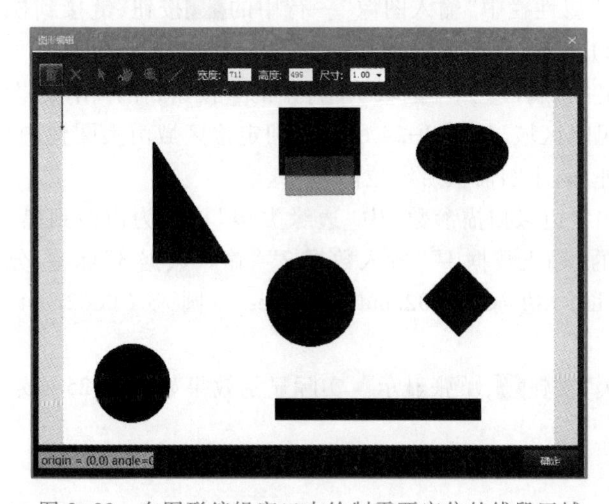

图 3-22　在图形编辑窗口中绘制需要定位的线段区域

④ 将属性栏“边缘扫描参数”中“边缘类型”设置为由白到黑，将图形显示属性栏中“背景图”中的“输入数据 1”和“输入数据 2”标签，分别与检测到的区域(0002. out. outSegment)和边缘(0002. out. outEdges)相连。

⑤ 单击“单次”按钮，单张显示，实际显示效果如图 3-23 所示。

图 3-23 示例图片段定位效果

3. 圆定位

“圆定位”指令用来定位圆。由于拟合出的圆是正圆，若物体本身非正圆，则计算出的拟合圆及其圆心会有误差。

具体操作步骤如下。

① 从本地计算机导入图片。

② 双击指令栏中的“形状拟合定位”图标，在弹出的对话框中双击“圆定位”图标。单击“圆定位”属性栏中“输入图像”一行中的按钮，链接到模拟相机的输出图像(0001. outImage)。

③ 单击“圆定位”属性栏中“区域”一行中的按钮，在弹出的“图形编辑”窗口，绘制需要定位圆的粗略区域，如图 3-24 所示。圆定位区域由大圆包围小圆组成，大圆需包含所定位圆的外部，小圆需被所定位圆包含。

④ 将属性栏中“边缘扫描参数”中“边缘类型”设置为由白到黑，并将图形显示属性栏“背景图”中的“输入数据 1”“输入数据 2”“输入数据 3”标签，分别与检测到的圆(0002. out. outCircle)、边缘(0002. out. outEdges)、圆心(0002. out. outCircle. center)相连。

⑤ 单击“单次”按钮，单张显示。实际显示效果如图 3-25 所示。

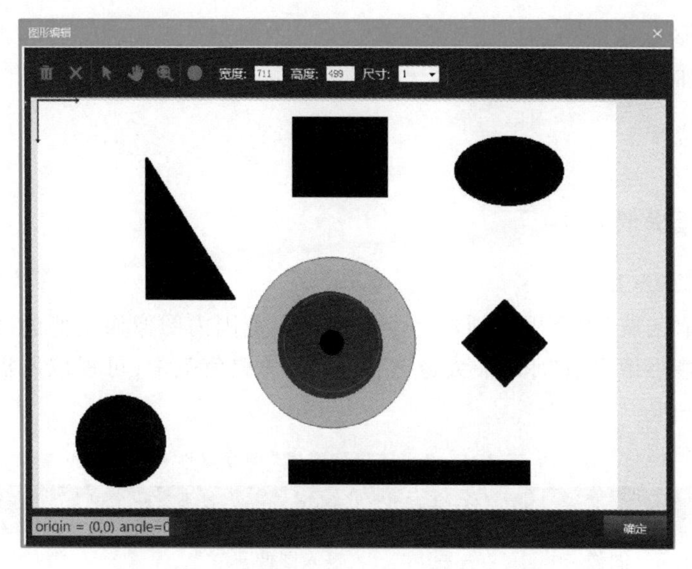

图 3-24　在图形编辑窗口中绘制需要定位的圆

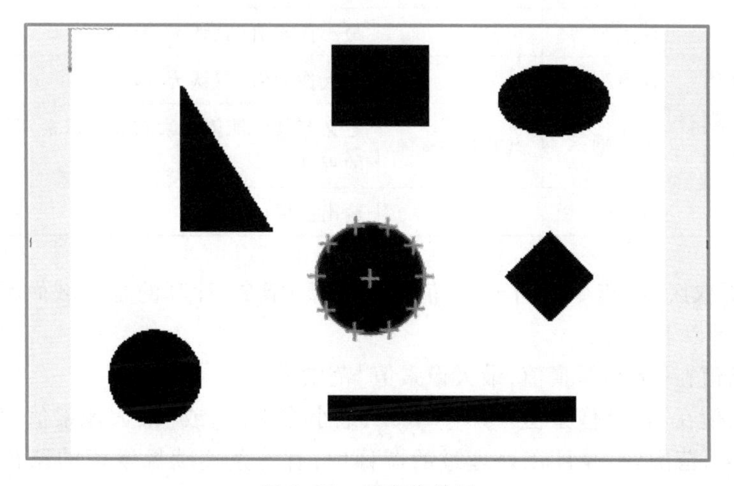

图 3-25　圆定位效果

任务 3　多尺度圆定位

任务分析

对图 3-26 所示示例图片进行仿真训练，对视野中多尺度的圆进行定位，区分各圆区域并获得各圆的中心。通过完成此任务，可以掌握"提取区域""提取动态区域"指令；掌握区域特征工具的使用，包括"区域面积""区域外接矩形""区域外接框""区域外接圆""区域中心"

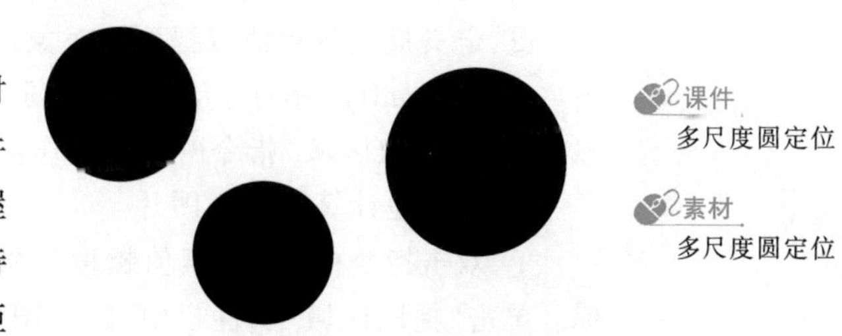

图 3-26　多尺度圆定位

课件
多尺度圆定位

素材
多尺度圆定位

“分割区域”“区域轮廓”指令；掌握数据的创建、赋值；掌握数组的创建、数组长度、获取数组项、添加数组项。

相关知识

3.3.1 阈值提取

1. 阈值提取区域

微课
阈值提取

“阈值提取区域”指令用来创建一个包含指定范围内图像像素值的区域。通过修改属性栏中“最小像素值”和“最大像素值”参数的取值范围，可提取所需区域。其工具属性见表3-6。

表3-6 “阈值提取区域”指令属性

属性	类型	取值范围	描述
输入图像	图像	—	输入图像
输入区域	区域	—	感兴趣的区域
最小像素值	浮点型	—	最小像素值(默认为-∞)
最大像素值	浮点型	—	最大像素值(默认为+∞)
inHysteresis	浮点型	0.0~+∞	定义与其他期望像素相邻的像素，降低阈值标准的程度
输出区域	区域	—	输出区域

“阈值提取区域”指令不同于“阈值提取图像”指令，计算的是区域而不是图像，得到的区域满足以下条件：

① 像素值在[最小像素值，最大像素值]范围内。

② 像素值在[最小像素值-inHysteresis，最小像素值]或[最大像素值，最大像素值+inHysteresis]范围内，并且在处理过的图像中，有一条连续像素值的路径，其范围为[最小像素值-inHysteresis，最大像素值+inHysteresis]，连接像素值在[最小像素值，最大像素值]范围内的任何像素。

如果没有设置“最小像素值”和“最大像素值”参数，那么默认为-∞或+∞。在多通道图像中，操作使用每个像素中的平均通道值。

使用“阈值提取区域”指令时，需要注意：

① 定义最小像素值以提取明亮的对象(比指定的值更亮)。

② 定义最大像素值以提取暗对象(比指定的值更暗)。

③ 使用inHysteresis，允许阈值较弱的像素与已经提取的像素相邻。

“阈值提取区域”指令的具体操作步骤如下。

① 从本地计算机导入图片。

② 双击指令栏中的“阈值提取”图标，在弹出的对话框中双击“提取区域”图标。单击“提取区域”属性栏中“输入图像”一行中的按钮，链接到模拟相机的输出图像(0001.outImage)。

③ 单击“提取区域”属性栏中“输入区域”一行中的…按钮，在弹出的“图形编辑”窗口选择需要提取的区域，如图 3-27 所示。

属性栏

属性	值
名称	0002
输入	{{{1;};;;{;1;;;;};};{{1;};;;};{{1;0};0};{{0;...
输入图像	0001.outImage
输入区域	{{1;};;;}
最小像素值	{{1;0};0}
最大像素值	{{0;1};115}
inHysteresis	0
输出区域	{{1;};;;}

(a) “提取区域” 属性栏

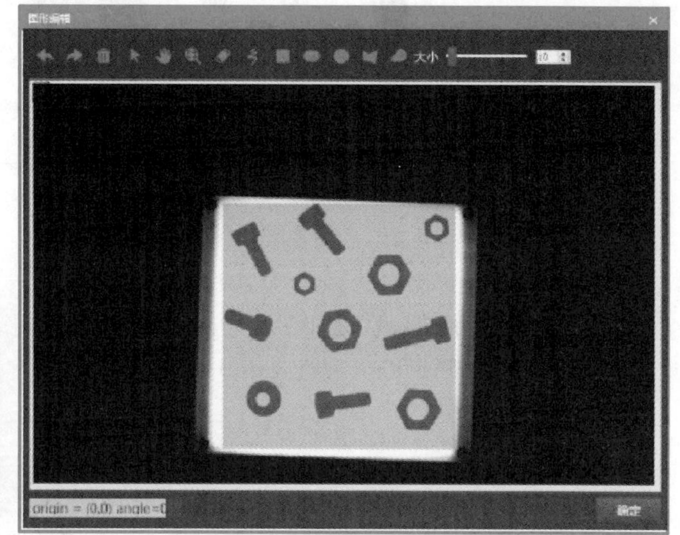

(b) “图形编辑” 窗口

图 3-27 在“图形编辑”窗口选择需要提取的区域

④ 设置“最小像素值”“最大像素值”参数值。将“提取区域”属性栏中的“最小像素值”设置为 0，“最大像素值”设置为 115，如图 3-28 所示。

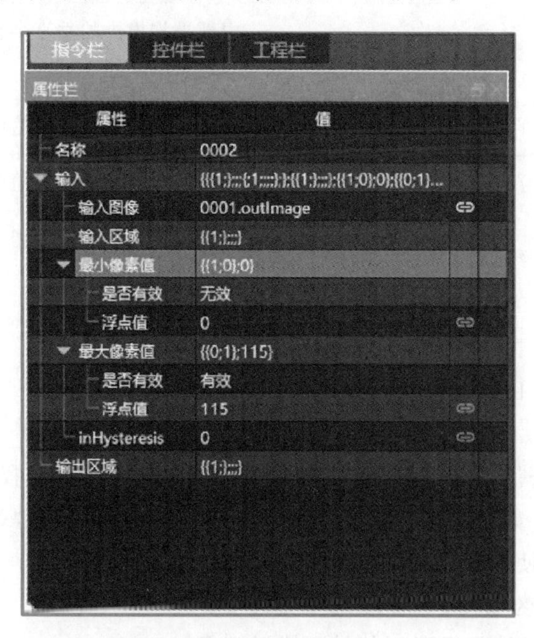

图 3-28 设置“最小像素值”和“最大像素值”参数值

⑤ 将图形显示属性栏中“背景图”中的“输入数据 1”标签，与提取区域的输出区域(0002. outRegion)相连。单击“单次”按钮，其显示效果如图 3-29 所示。

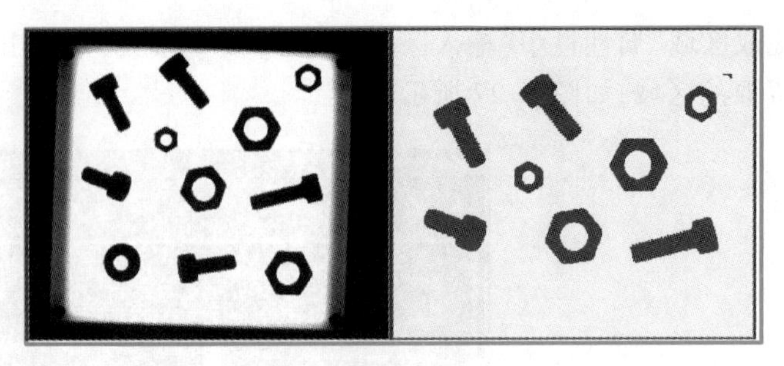

图 3-29 阈值提取显示效果

2. 提取动态区域

"提取动态区域"是相对于局部矩形区域中的平均像素阈值的图像,主要在照明不均匀的条件下使用,其属性见表 3-7。

表 3-7 "提取动态区域"指令属性

属性	类型	取值范围	描述
输入图像	图像	—	输入图像
像素写入的区域	区域	—	像素写入的区域
读取像素的区域	区域	—	读取像素的区域
水平半径	整型	0~65 536	内部平均模糊的水平半径
垂直半径	整型	0~65 536	内部平均模糊的垂直半径(自动=内部平均模糊的水平半径)
最小相对值	浮点型	—	期望像素的最小相对值(默认为-∞)
最大相对值	浮点型	—	期望像素的最大相对值(默认为+∞)
inHysteresis	浮点型	0.0~∞	定义与其他期望像素相邻的像素,降低阈值标准的强度。
输出区域	区域	—	输出区域
诊断模糊图像	图像	—	诊断模糊图像

图像动态范围阈值提取区域不同于动态阈值提取图像。该操作计算的是一个区域而不是一个图像。如果没有设置最小相对值和最大相对值,则默认为-∞ 和+∞ 。在多通道图像中,操作使用每个像素中通道值的平均值。

使用"提取动态区域"指令时,需要注意:

① 定义最小相对值来提取比邻域更亮的对象。

② 定义最大相对值来提取比邻域更暗的对象。

③ 增加水平半径(以及可选的垂直半径)来定义一个更大的领域。

"提取动态区域"指令的具体操作步骤如下。

① 从本地计算机导入图片。

② 双击指令栏中"阈值提取"按钮，在弹出的对话框里双击"提取动态区域"按钮。单击"提取动态区域"属性栏中"输入图像"一行中的按钮，链接到模拟相机的输出图像(0001. outImage)。

③ 单击"提取动态区域"属性栏中"像素写入的区域"一行中的按钮，在弹出的"图形编辑"窗口选择需要提取的区域，如图 3-30 所示。

图 3-30 在图形编辑窗口选择需要提取的区域

④ 将图形显示属性栏中"背景图"中的"输入数据1"标签，与提取动态区域的输出区域(0002. outRegion)相连。单击"单次"按钮，其显示效果如图 3-31 所示。

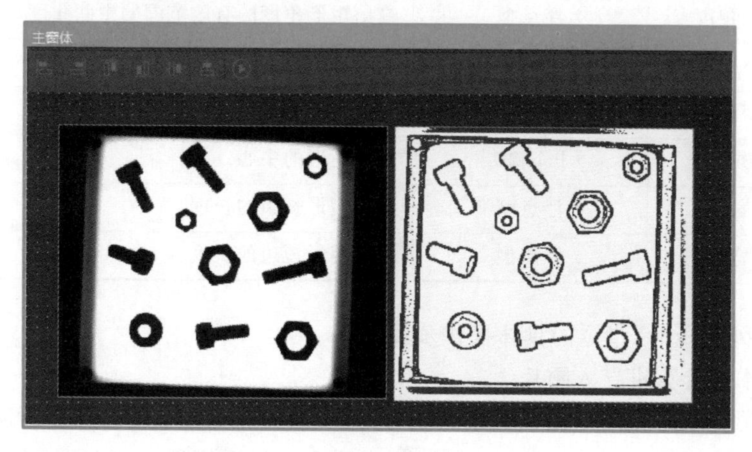

图 3-31 提取动态区域显示效果

3.3.2 区域特征

1. 区域面积

"区域面积"指令计算区域中包含的像素数，其属性见表 3-8。

表 3-8 "区域面积"指令属性

属性	类型	描述
输入区域	区域	输入区域
输出面积	整型	

"区域面积"指令的具体操作步骤如下。

① 从本地计算机导入图片，操作步骤如模拟相机的操作步骤所示。

② 使用"提取区域"指令提取对象区域，操作步骤如提取区域的操作步骤所示。

③ 双击指令栏中"区域特征"按钮，在弹出的对话框里双击"区域面积"按钮。将"区域面积"属性栏中"输入区域"与提取区域指令的输出区域(0002. outRegion)相

连，单击“单次”按钮，其效果如图 3-32 所示。

图 3-32 区域面积输出效果

2. 区域外接矩形

“区域外接矩形”指令计算包含区域的最小矩形。该指令计算具有最小可能选定特征的矩形，该特征包含属于输入区域的所有像素，然后将生成的矩阵的角度标准化，其工具属性见表 3-9。

表 3-9 “区域外接矩形”指令属性

属性	类型	描述
输入区域	区域	输入区域
外接矩形	外接矩形	确定将计算哪种类型的边界矩形
矩形中间角度	浮点型	输出矩形角度的有效范围的中间角度
矩形方向	矩形方向	输出矩形的方向
外接矩形	2D 矩形	输入区域的最小边界矩形
外接矩形中心	Point2D	边界矩形的中心
矩形长	浮点型	边界矩形长边的长度
矩形宽	浮点型	边界矩形短边的长度

“区域外接矩形”指令的具体操作步骤如下。

① 从本地计算机导入图片。

② 使用提取区域指令提取对象区域，操作步骤如提取区域的操作步骤所示。

③ 双击指令栏中“区域特征”按钮，在弹出的对话框里双击“区域外接矩形”按钮。将“区域外接矩形”属性栏中“输入区域”与提取区域指令的输出区域(0002. outRegion)相连。

④ 将图形显示控件属性栏中“输入数据 1”标签，与区域外接矩形的输出矩形(0003. out. outBoundingRectangle)相连。单击“单次”按钮，其效果如图 3-33 所示。

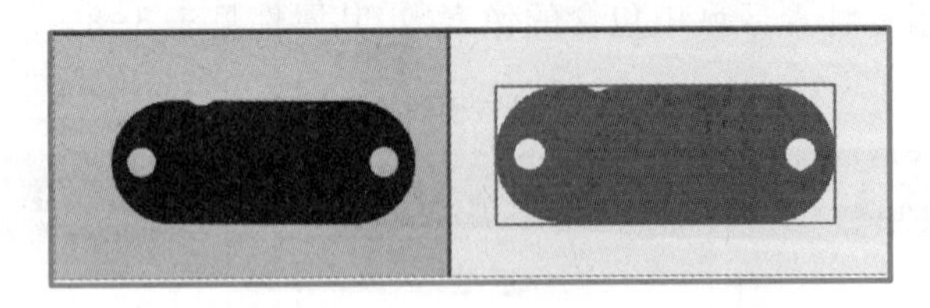

图 3-33 区域外接矩形显示效果

3. 区域外接框

“区域外接框”指令用来计算包含区域的最小框，如图 3-34 所示。此指令的操作步骤与“区域外接矩形”指令的操作步骤相似。

4. 区域外接圆

“区域外接圆”指令用来计算包围区域的最小圆，如图 3-35 所示。该指令的操作步骤与“区域外接矩形”指令的操作步骤相似。

图 3-34 区域外接框显示效果

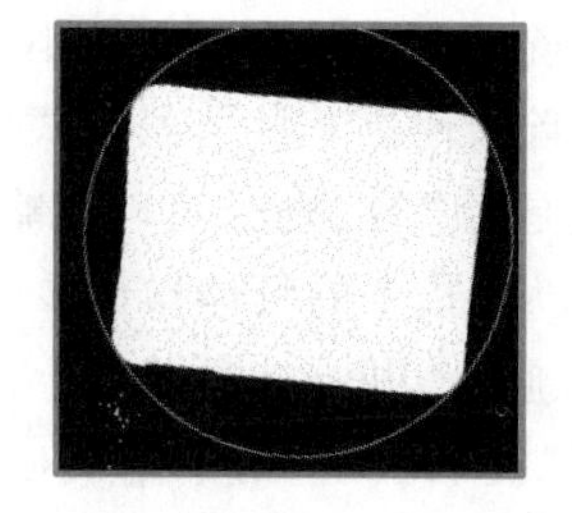

图 3-35 区域外接圆显示效果

5. 区域重心

“区域重心”指令用来计算坐标等于区域像素平均坐标的点。该操作计算区域中包含的所有像素位置的平均值。

“区域重心”指令的具体操作步骤如下。

① 从本地计算机导入图片。

② 使用“提取区域”指令提取对象区域。

③ 双击指令栏中“区域特征”按钮，在弹出的对话框里双击“区域重心”按钮。将“区域重心”属性栏中“输入区域”与“提取区域”指令的输出区域(0002. outRegion)相连。单击“单次”按钮，其效果如图 3-36 所示。

属性	值
名称	0004
输入区域	0002.outRegion
输出重心	{(0;1);;}
是否...	有效
X	361.211731
Y	252.965225

图 3-36 区域重心输出效果

6. 分割区域

“分割区域”指令是将区域拆分为与其连接组件对应的区域阵列，主要应用于当对象不相互接触时，将区域分割成单个对象。该指令计算与输入区域像素的连通分量对应的连接区域的阵列。结果数组中的每个区域的尺寸都与输入区域的尺寸相等。

生成的数组仅包含在范围内的区域的最小面积和最大面积，其属性见表 3-10。

表 3-10 “分割区域”指令属性

属性	类型	取值范围	描述
输入区域	区域	—	输入区域
像素连接	区域链接性	—	用于区域的连接类型
最小面积	浮点型	0~+∞	产生的斑点的最小面积
最大面积	浮点型	0~+∞	产生的斑点的最大面积
是否忽略斑点	Bool	—	指示是否应移除输入区域边界上的斑点的标记
输出斑点	区域数组	—	

使用“分割区域”指令时，需要注意：

① 多数情况下，此操作不需要任何参数化即可运行。只需将单个区域连接到输入区域即可。

② 要排除通常由噪声引起的小斑点,需要定义最小面积。

③ 要排除有时因某些背景模式而出现的大斑点,需要定义最大面积。

④ 设置是否忽略斑点,可以忽略部分可见的斑点。

“分割区域”指令的具体操作步骤如下。

① 从本地计算机导入图片。

② 使用“提取区域”指令提取对象区域,操作步骤如提取区域的操作步骤所示。

③ 双击指令栏中“区域特征”按钮,在弹出的对话框里双击“分割区域”按钮。单击“分割区域”属性栏中“输入区域”中的按钮,链接到“提取区域”指令的输出区域(0002. outRegion)。

④ 将图形显示属性栏中“输入数据 1”标签,与分割区域的输出区域数组(0003. out. outBlobs)相连。单击“单次”按钮,其显示效果如图 3-37 所示。

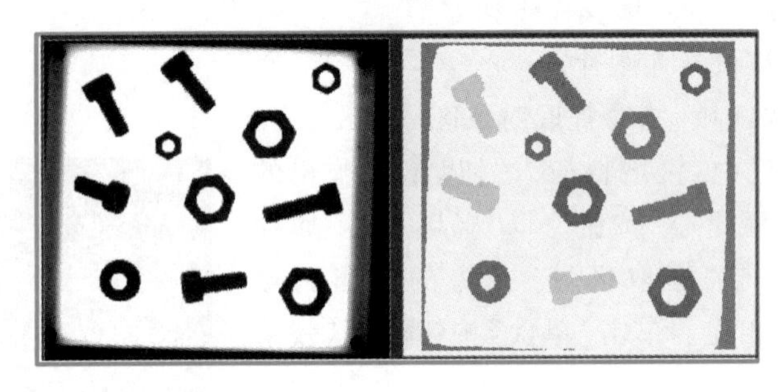

图 3-37 分割区域显示效果

7. 区域轮廓

“区域轮廓”指令计算与输入区域的轮廓相对应的闭合路径数组。此指令形成一个路径数组,具体取决于区域轮廓模式参数的值。如果区域轮廓模式设置为像素中心,则穿过区域的边界像素的中心。如果区域轮廓模式设置为像素边缘,则沿区域边界像素的边缘运行。其属性见表 3-11。

表 3-11 “区域轮廓”指令属性

属性	类型	描述
输入区域	区域	输入区域
区域轮廓模式	区域轮廓模式	
像素连接类型	区域连接性	区域连接语义
轮廓路径数组	路径数组	

“区域轮廓”指令的具体操作步骤如下。

① 从本地计算机导入图片。

② 使用“提取区域”指令提取对象区域,操作步骤如提取区域的操作步骤所示。

③ 双击指令栏中“区域特征”按钮,在弹出的对话框里双击“区域轮廓”按钮。单击“区域轮廓”属性栏中“输入区域”中的按钮,链接到“提取区域”指令的输出区域(0002. outRegion)。

④ 将图形显示属性栏中“输入数据 1”标签,与区域轮廓指令的输出轮廓(0003. out. outContours. array)相连。单击“单次”按钮,其显示效果如图 3-38 所示。

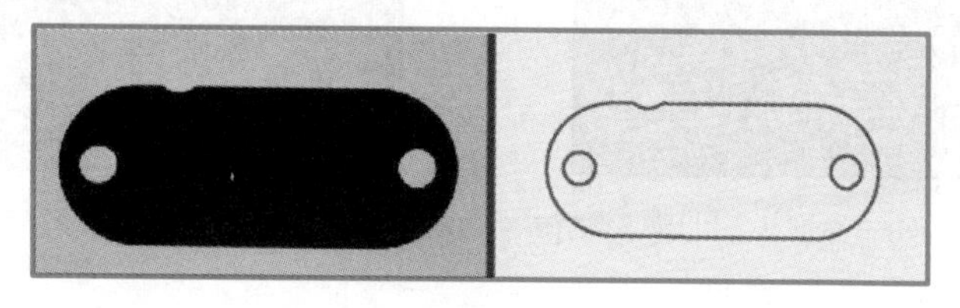

图 3-38 区域轮廓显示效果

3.3.3 基础数据

1. 创建数据

“创建数据”指令的具体操作步骤如下。

微课 基础数据与数组

① 双击指令栏中“基础数据”按钮,在弹出的对话框里双击“创建数据”按钮。双击任务栏中的“创建数据”指令,在弹出的“数组类型选择”窗口中选择数据类型,以 string 类型为例,如图 3-39 所示。

② 在属性栏“输入值”中输入 abc,单击“单次”按钮,其显示效果如图 3-40 所示。

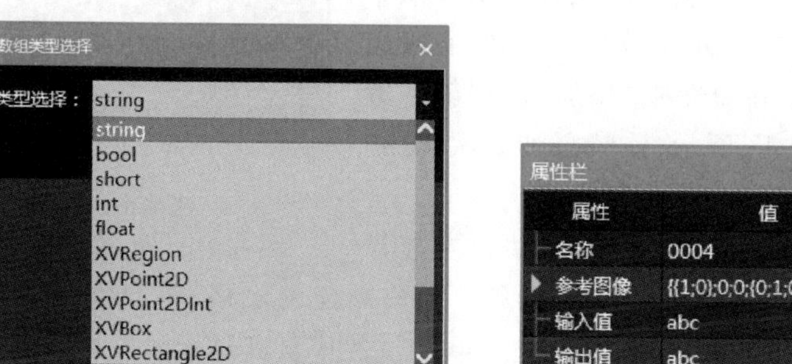

图 3-39 以 string 类型为例创建数据

图 3-40 以 string 类型为例创建数据输出效果

2. 变量赋值

“变量赋值”指令的具体操作步骤如下。

① 使用“创建数据”指令创建数据,操作步骤如“创建数据”指令操作步骤所示。

② 双击指令栏中“基础数据”按钮,在弹出的对话框里双击“变量赋值”按钮。双击任务栏中的“变量赋值”指令,在弹出的“数组类型选择”窗口中选择 string 类型。将属性栏“链接变量”与创建数据 0001. outValue 相连,在属性栏“值”中输入 string 类型的值,如“xinjie”,如图 3-41 所示。单击“单次”按钮,其显示效果如图 3-42 所示。

3.3.4 数组

1. 创建数组

创建数组,一般需要注意输入输出数组的数据类型和长度。

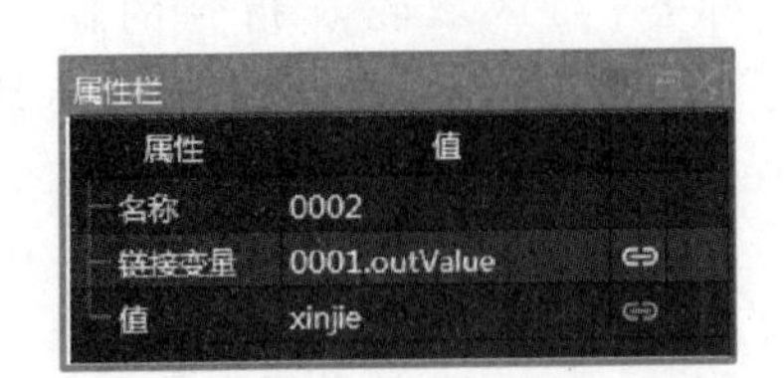

图 3-41 以 string 类型为例向变量赋值

图 3-42 创建变量的输出值

2. 数组长度

数组长度是返回数组中的元素数。

3. 获取数组项

获取数组项是从指定数组中提取单个元素。

4. 添加数组项

添加数组项是在指定数组中添加单个元素。

数组的 4 种指令具体操作步骤如下。

① 双击指令栏中"数组"图标，在弹出的对话框里双击"创建数组"按钮。双击任务栏中的"创建数组"指令，在弹出的"数组类型选择"窗口中选择 string 类型。

② 双击指令栏中"数组"图标，在弹出的对话框里双击"添加数组项"按钮。设置数组类型为 string 类型，将属性栏"输入数组"与创建数组 0001. outArray 相连。在属性栏"添加值"中输入数组元素的值，如图 3-43 所示，连续添加 3 次，分别为 xinjie1、xinjie2、xinjie3。

图 3-43 添加数组项中添加值的编辑

③ 将控件栏中的"表格"控件拖动到主窗口中，显示的表格大小可根据需求任意调整。选中新建的表格，将属性栏中"输入数据 1"与创建数组 0001. outArray 相连。单击"单次"按钮，其显示效果如图 3-44 所示。

图 3-44 三次添加数组项后表格形式输出效果

④ 双击指令栏中的"数组"图标，在弹出的对话框里双击"获取数组项"按钮。设置数组类型为 string 类型，将属性栏"输入数组"与创建数组 0001. outArray 相连，设置需要获取的数组序号（数组序号从 0 开始），如图 3-45 所示，为不同序号数组的输出值。

⑤ 双击指令栏中的"数组"图标，在弹出的对话框里双击"选择数组长度"按钮。设置数组类型为 string 类型，将属性栏"输入数组"与创建数组 0001. outArray 相连，其输出效果如图 3-46 所示。

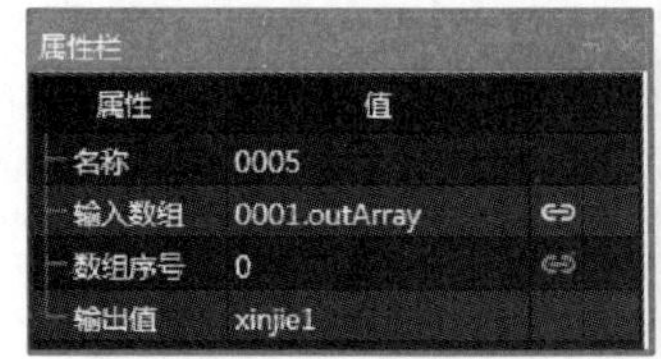

(a) 数组序号为0

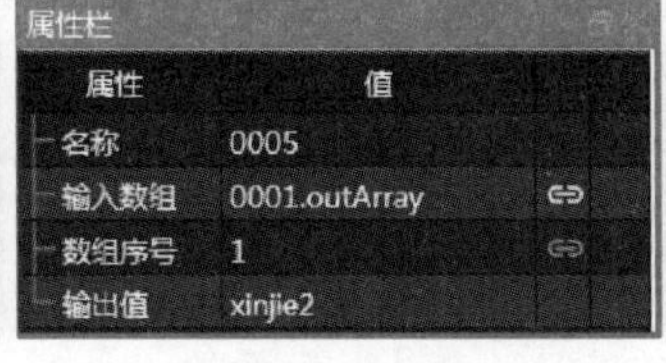

(b) 数组序号为1

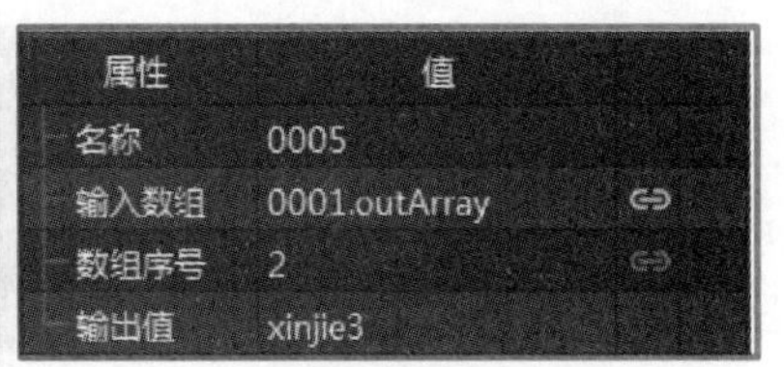

(c) 数组序号为2

图 3-45　不同序号数组的输出值

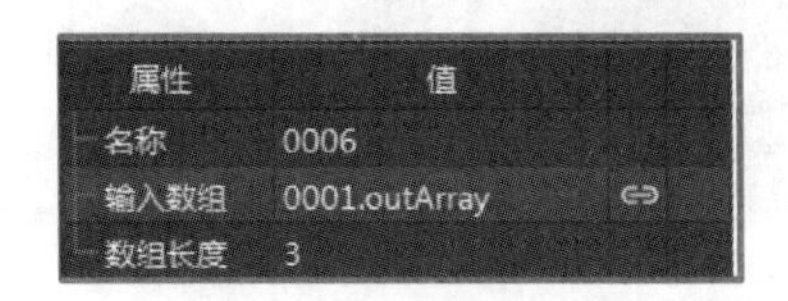

图 3-46　获取数组长度

提示
前后数组类型必须一致。

任务实施

3.3.5　定位并获取各圆重心

微课
定位并获取各圆重心

① 从本地计算机导入图片。

② 使用“提取区域”指令提取对象区域。

③ 双击指令栏中“区域特征”按钮，在弹出的对话框里双击“分割区域”按钮。单击“分割区域”属性栏中“输入区域”中的按钮，链接到提取区域指令的输出区域(0002. outRegion)。

④ 将图形显示属性栏中“输入数据 1”标签，与分割区域的输出区域数组(0003. out. outBlobs)相连。单击“单次”按钮，其显示效果如图3-47所示。

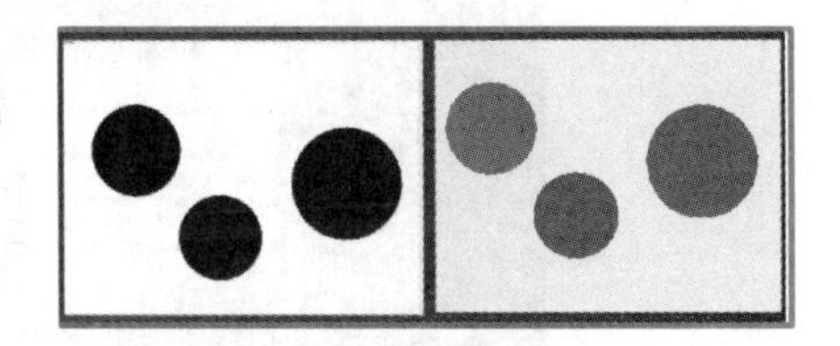

图 3-47　多尺度圆分割效果

⑤ 双击指令栏中“数组”按钮，在弹出的对话框里双击“获取数组项”按钮。双击任务栏中“获取数组项”指令，在弹出对话框中将类型修改为 XVRegion。将“获取数组项”属性栏中“输入数组”与分割区域 0003. out. outBlobs 相连，数组序号决定提取的分割区域中的不同区域。

⑥ 从控件栏中拖动“图形显示”控件到主窗体，并将“图像显示”属性栏中“输入数据 1”标签，与获取数组项路径 0004. outValue 相连。

⑦ 单击“单次”按钮，调试图像，新“图形显示”窗口显示数组序号区域，数组序号从 0 到 2，其显示效果如图 3-48 所示。

⑧ 双击指令栏中“区域特征”按钮，在弹出的对话框里双击“区域重心”按钮。将“区域重心”属性栏中“输入区域”与获取数组项路径 0004. outValue 相连。

⑨ 单击“单次”按钮，“区域重心”属性中“输出重心”显示所选区域重心的 *XY* 坐标，如图 3-49 所示。*XY* 坐标系以左上角为原点，坐标数值为像素值，非实际值。

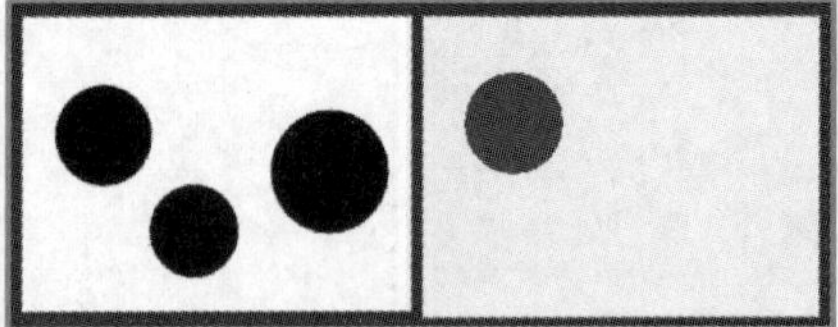

(a) 序号为0时，所获取的区域数组图像

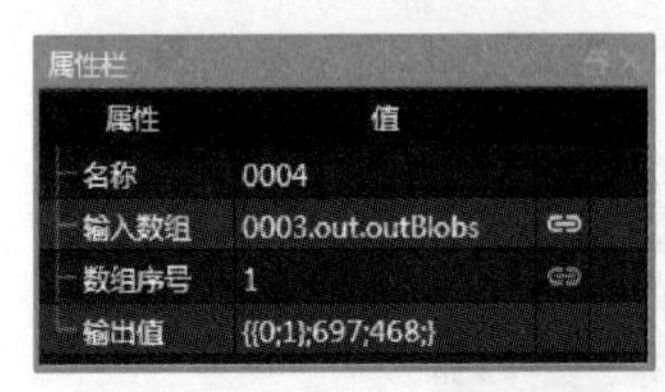

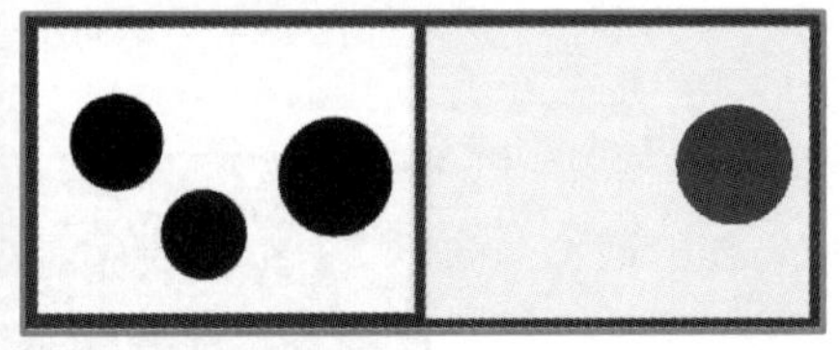

(b) 序号为1时，所获取的区域数组图像

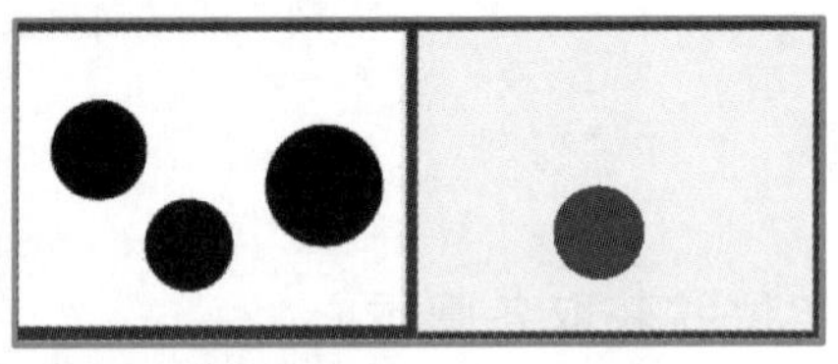

(c) 序号为2时，所获取的区域数组图像

图 3-48 获取数组项后，不同序号对应的区域数组图像

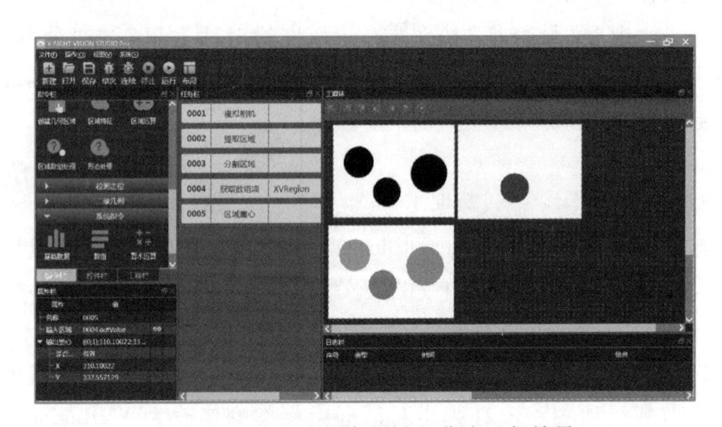

图 3-49 多尺度圆各圆重心获取运行效果

课件 模板匹配

微课 模板匹配

任务 4 模板匹配

任务分析

对示例图片进行仿真训练，对视野中目标图形（回形针）进行定位，确认目标图形信息，增加目标识别数量，区分标准件与非标准件，并获取所有标准件的位置信息。通过完成此学习任务，可以掌握单目标定位、多目标定位、提取边缘区域，从而掌握模板匹配。

相关知识

3.4.1 模板匹配

1. 单目标定位

“单目标定位”指令通过比较物体边缘,在图像中查找预定义模板的单个匹配项,主要应用于检测轮廓清晰且刚性的物体。该指令将对象模型,轮廓模板与输入图像进行匹配。搜索区域限制搜索范围,以便在该区域中呈现对象的中心。最小得分参数确定有效对象出现的最低分数,其属性见表3-12。

表3-12 “单目标定位”指令属性

属性	类型	取值范围	描述
输入图像	图像	—	将搜索对象出现的图像
搜索区域	区域	—	可能对象的中心区域
轮廓模板	轮廓模板	—	搜索对象的模板
最小层	整型	0~12	定义对象位置仍然处于优化状态的最低层
最大层	整型	0~12	定义可用于加速计算的降低分辨率级别的总数
边缘提取阈值	浮点型	0.01~∞	用于与模板匹配的边缘的最小强度
忽略边缘极性	Bool	—	指示是否应忽略极性边缘的标志
忽略边缘目标	Bool	—	指示是否应忽略跨越图像边界的对象的标志
最小得分	浮点型	0.0~1.0	每层接受的候选对象的最低分数
加速最高等级	整型	—	用于加速计算的最高等级
目标对象	2D目标对象	—	找到的对象信息
目标边缘	路径数组	—	找到的对象轮廓

在输入图像中,具有至少边缘提取阈值的梯度幅度的每个像素,被认为是边缘像素。如果设置了忽略边缘极性参数,则输入图像中出现的对象,不一定与模板图像中的对象有相同的对比度。该指令的计算时间取决于模型的大小,输入图像的大小和搜索区域的大小,还取决于最小得分的值。

使用“单目标定位”指令时需要注意:

① 单击“轮廓模板”参数组中的...按钮,打开创建模板匹配模型的用户界面。在屏幕上选择的模板区域应该包含对象的特征边,不应该过大。在大多数情况下,不应该在这里选择整个对象。模板区域应该包含检测到边缘周围10~30个像素的干净边缘,以便在较高层(当模板图像被下采样时)也能正确检测到这些边缘。

② 如果未检测到对象,首先试图减小最大层,然后试图减小最小得分。

③ 如果所有预期的对象被成功检测到,试图增加最大层和最小得分来获得更高的性能。

④ 如果匹配精度不是很重要,可以通过增加最小层来获得一些性能。

⑤ 如果被检测到的对象比不同图像的背景更暗或更亮,将忽略边缘极性参数设置为 True。

"单轮廓定位"指令的具体操作步骤如下。

① 从本地计算机导入图片。

② 使用"提取区域"指令提取对象区域。

③ 双击指令栏中"模板匹配"按钮,在弹出的对话框里双击"单目标定位"按钮。单击"单目标定位"属性栏中"输入图像"中的按钮,链接到模拟相机的输出图像(0001. outImage)。单击"单目标定位"属性栏"搜索区域"后面的按钮,在弹出的图形编辑窗口设置搜索区域,如图 3-50 所示。

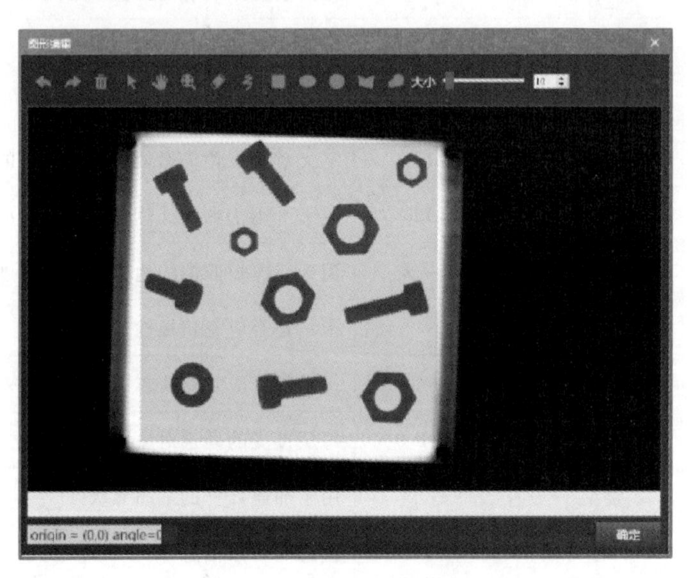

图 3-50 搜索区域设置

④ 单击"单目标定位"属性栏"轮廓模板"后面的按钮,在弹出的定义边缘模型窗口设置轮廓模板,如图 3-51 所示,单击画面空白处,确认学习框。

其中各参数含义如下。

最小加速层:定义被细化目标位置的最低"金字塔等级"。

最大加速层:定义可用于加速计算的降低分辨率级别的总数。

高斯滤波:用于亮度轮廓的高斯平滑参数,参数越大图像边缘越模糊。

边缘阈值:用于与模型匹配的边缘阈值的最小强度。

最小、最大角度:与目标模板的角度差。

角精度:角度识别的最小精度。

最小、最大比例:与目标模板的比例差。

比例精度:比例识别的最小精度。

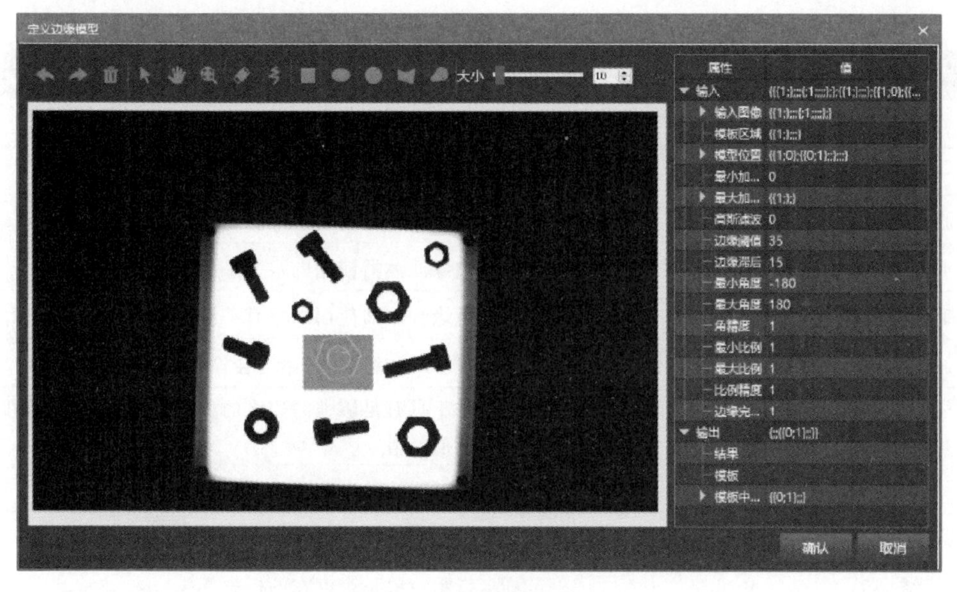

图 3-51　轮廓模板设置

边缘完整性:边缘出现断开或不完整时是否忽略。

⑤ 将图形显示控件“背景图”中的“输入数据 1”标签,与单轮廓定位指令所定位到的对象(0003. out. outObject. match)相连。单击“单次”按钮,实际显示效果如图 3-52 所示。

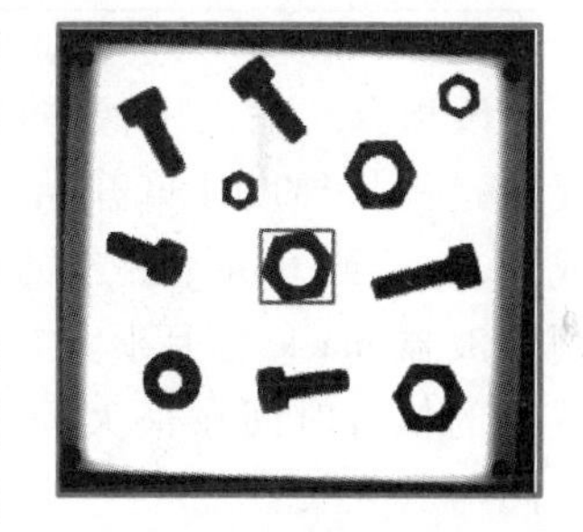

图 3-52　轮廓模板匹配效果

2. 多目标定位

“多目标定位”指令通过比较对象边缘在图像上查找预定义模板的多个匹配项,主要应用于检测轮廓清晰且刚性的多个物体。该操作将对象模型,轮廓模板与输入图像进行匹配。搜索区域限制要搜索的区域,以便在该区域可以呈现对象的中心。最小得分确定有效对象出现的最低分数。最小距离确定任何两个有效对象之间的最小距离(如果两个对象的距离比最小距离还小,则得分更高的那个是有效的),其属性和“单目标定位”类似。

在输入图像中,具有至少为边缘提取阈值的梯度幅度的每个像素被认为是边缘像素,只能在匹配过程之后使用。如果设置了是否忽略边缘极性参数,输入图像中出现的对象不一定与模板图像中的对象有相同的对比度。该指令的计算时间取决于模板的大小,输入图像的大小和搜索区域的大小,还取决于最小得分的值。

该指令的操作步骤与“单目标定位”指令的操作步骤相似。

3.4.2　提取边缘区域

“提取边缘区域”指令是提取连续边缘的像素精确区域,应用于一致地检测属于可变或不可预测形状的轮廓像素,其属性见表 3-13。

表 3-13 "提取边缘区域"指令属性

属性	类型	取值范围	描述
输入图像	图像	—	将从中提取边缘的图像
输入区域	区域	—	将从中提取边缘的图像区域
滤波器类型	滤波器类型	—	用于计算梯度的边缘滤波器类型
水平滤波器	浮点型	0.0~∞	边缘滤波器使用的水平平滑量
垂直滤波器	浮点型	0.0~∞	边缘滤波器使用的垂直平滑量
梯度阈值	浮点型	—	足够的边缘强度,始终会检测到该强度的边缘
平衡值	浮点型	0.0~∞	对于具有足够强的边缘的相邻边缘点,降低梯度阈值的值
最大距离	浮点型	0.0~∞	可以连接的边之间的最大距离
最小面积	整型	0~∞	边缘斑点的最小区域
结果	Bool	—	指示对象是否存在的标志
边缘区域	区域	—	找到边缘的区域
幅值图像	图像	—	梯度幅度的可视化

该指令从输入图像中的输入区域提取边缘,并且将结果存储到边缘区域中。提取过程从梯度计算开始。根据选择的边缘滤波器,梯度计算使用递归(Deriche或Lanser)或Canny提出的标准非递归滤波器。水平滤波器和垂直滤波器参数控制滤波器mask的大小。它们的值越大,该尺寸也越大。应该注意的是,非递归滤波器的执行时间在很大程度上取决于滤波器mask的大小,而递归滤波器的执行时间与其无关。

使用"提取边缘区域"指令时需要注意:

① 从平衡值=0开始并且设置梯度阈值,以便至少部分检测到每一个重要的边缘。然后继续增加平衡值,直到完全检测到边缘。

② 如果边缘粗糙或者假边太多,那么尝试增加水平滤波器。

③ 不要更改滤波器类型。

"提取边缘区域"指令的具体操作步骤如下。

① 从本地计算机导入图片。

② 双击指令栏中"提取边缘"按钮,在弹出的对话框里双击"提取边缘区域"按钮。单击"提取边缘区域"属性栏中"输入图像"中的按钮,链接到模拟相机的输出图像(0001. outImage)。

③ 单击"提取边缘区域"属性栏"输入区域"后面的"..."按钮,在弹出的图形编辑窗口画出提取区域。

④ 从控件栏中拖动"图形显示"控件到主窗体,并将其属性栏中"输入数据1"标签,与提取边缘区域指令的输出区域(0002. out. outEdgeRegion)相连。单击"单次"按钮,其显示效果如图3-53所示。

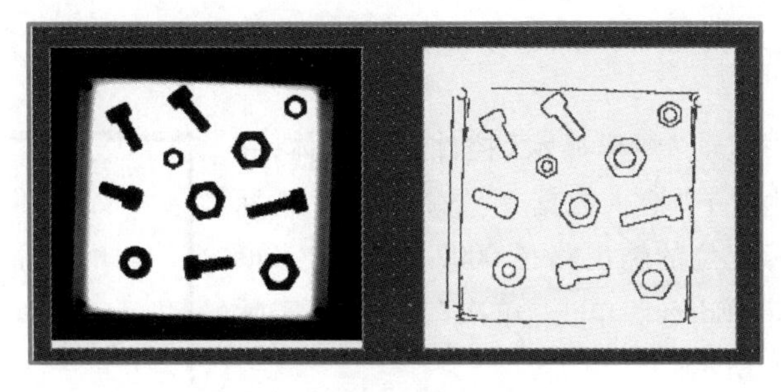

图 3-53　提取边缘区域效果

任务实施

3.4.3　单目标定位回形针

"单目标定位"指令通过比较对象边缘,查找图像上预定义的单个模板情况。相比"区域区分"等指令,本指令定位更精确便捷,但同时它所占的内存远远大于其他指令,会影响整个项目的运行速度和效率,实际项目中选择指令时,在不影响定位精度及用户需求的前提下,需多方位考虑项目细节,选择最优指令搭配。

微课

单目标、多目标定位回形针

"单目标定位"指令的具体操作步骤如下。

① 从本地计算机导入图片。

② 使用"提取区域"指令提取对象区域。

③ 双击指令栏中"模板匹配"按钮,在弹出的对话框里双击"单目标定位"按钮。单击"单目标定位"属性栏中"输入图像"中的按钮,链接到模拟相机的输出图像(0001. outImage)。单击"单目标定位"属性栏"搜索区域"一行中的按钮,在弹出的图形编辑窗口设置搜索区域。

④ 单击"单目标定位"属性栏"轮廓模板"一行中的按钮,在弹出的"定义边缘模型"窗口设置轮廓模板,选择合适的工具,框选出需要学习的模板,如图 3-54 所示,单击画面空白处,确认选择。

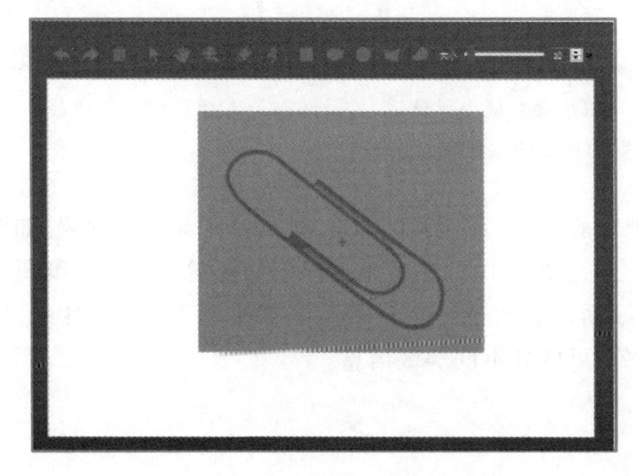

图 3-54　以回形针为样品采集单目标效果

⑤ 在“定义边缘模型”窗口中，修改右侧属性参数，可对模型对象进行定义，单击确认。

⑥ 从控件栏中拖动“图形显示”控件到主窗体，并将“图形显示”属性栏中“输入数据 1”“输入数据 2”标签，分别链接单目标定位的输出路径 0002. out. outPoints 和 0002. out. outObjectEdges。单击“单次”按钮，实际显示效果如图 3-55 所示。

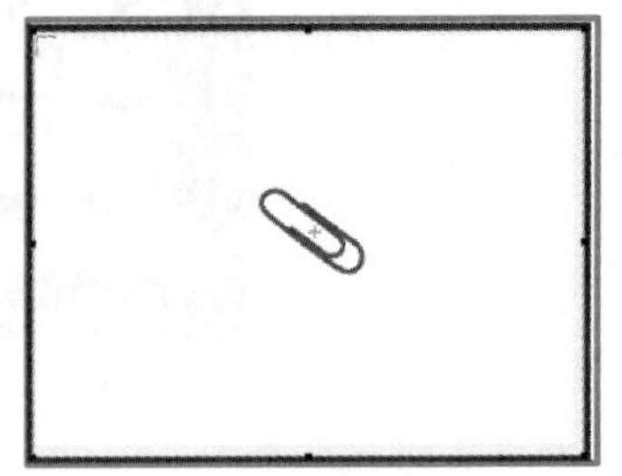

图 3-55 回形针为样品的目标图形

移动目标位置，重新单击“单次”按钮，程序自动定位目标轮廓。在目标有轮廓变化的情况下，可以调节最小得分参数定位所需目标。“单目标定位”属性栏的输出目标对象包含目标的坐标、角度、得分等图像信息，这些信息可配合应用于其他指令的计算、检测等环节。

3.4.4 多目标定位回形针

“多目标定位”指令通过比较对象边缘，查找图像上预定义的所有模板情况。其操作方法和“单目标定位”相同，在学习完单个目标模板信息后，程序搜索图像中的搜索区域，找到多个与目标相似的图形。通过参数调节，筛选出所需要的目标，其结果在“多目标定位”属性栏的输出中显示。

在实际操作的过程中，减小参数最小得分会导致程序重复搜索同一个目标，如图 3-56所示，可通过调节最小距离参数排除距离相近的重复目标。

将“最小得分”参数修改为 0.5，“最小距离”参数修改为 50 后，识别的 3 个目标信息，如图 3-57 所示。

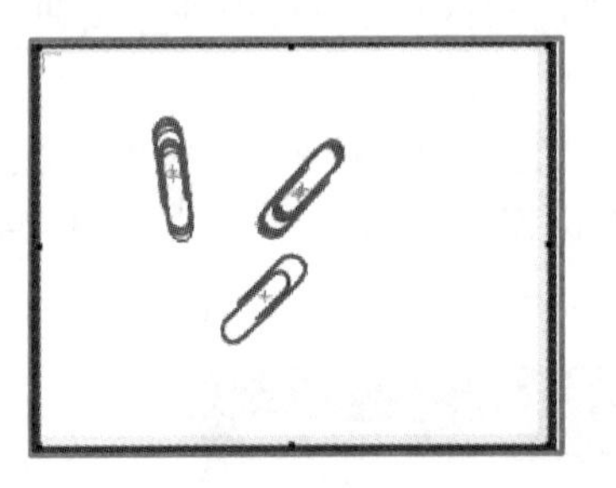

图 3-56 减小参数最小得分后出现的重复搜索现象

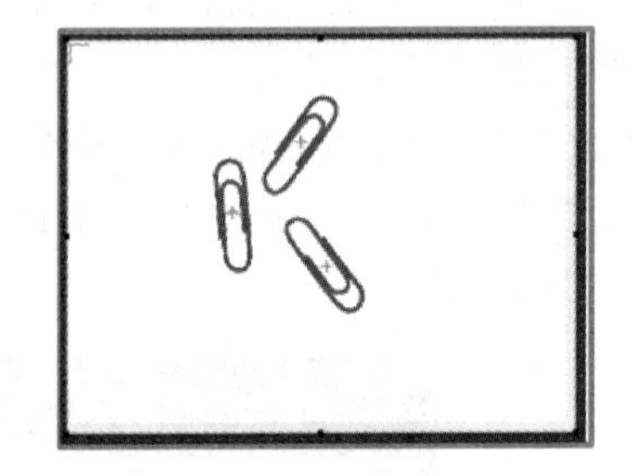

图 3-57 修改最小得分参数后的效果

当图像中出现瑕疵件时，重新调试图像，则瑕疵件无法被搜索，如图 3-58 所示。

修改“最小得分”参数为 0.3，则瑕疵件能正常搜索，如图 3-59 所示。

工业生产中，根据瑕疵的不同定义修改各参数信息，可对良品、次品进行快速分类，根据不同的得分，可区分不同等级信息。

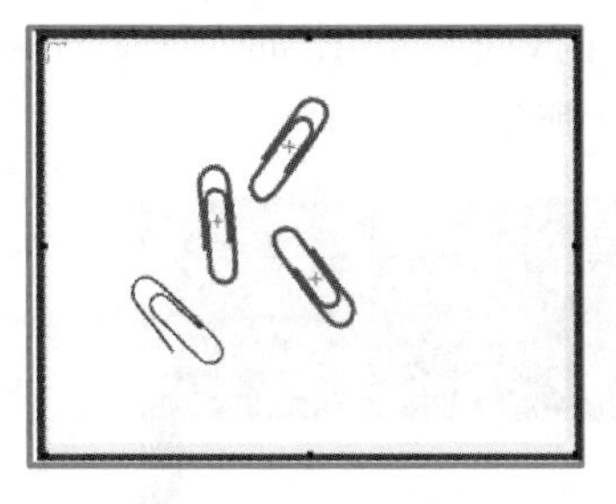

图 3-58 出现瑕疵件时的情况

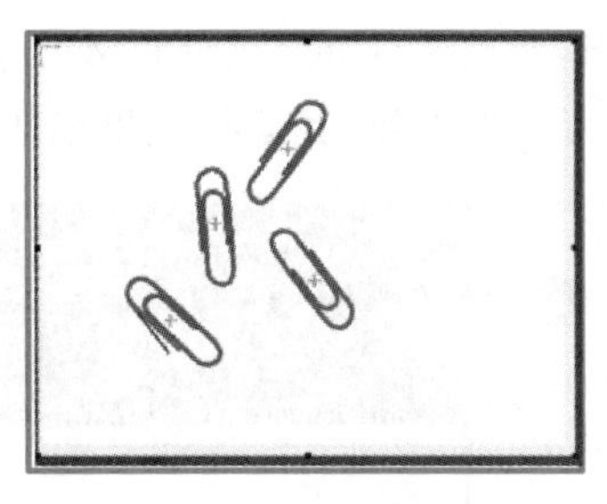

图 3-59 修改最小得分为 0.3 后瑕疵件的效果

任务5 瓶盖密封性检测

任务分析

如图 3-60 所示,在生产线上对瓶盖拍照,获取瓶盖图像,对瓶盖是否密封拧紧进行识别。输入图像,图像中瓶子的位置是可变的。同时显示检查结果,如果瓶盖密封拧紧则显示为 True,否则显示为 False。

课件
瓶盖密封性检测

素材
瓶盖密封性检测

图 3-60 生产线拍摄的瓶盖图像

通过完成此学习任务,可以掌握基于点和基于矩形的坐标系创建,掌握流程结构的创建与使用,掌握各种指令的综合使用。通过本任务的实施,从任务分析、硬件选型、硬件搭建到软件实施,可以系统掌握实际机器视觉定位项目实施的方法。

相关知识

3.5.1 创建坐标系

1. 基于矩形

“基于矩形”指令利用矩形创建坐标系,最常用于类似区域边界矩形的过滤器定义对象对齐。

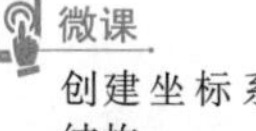

微课
创建坐标系、流程结构

使用“基于矩形”指令时需要注意:

① 将矩形输入连接到表示新坐标系的计算矩形。

② 可选择设置比例和比例因子来获得自定义比例。

③ 可选择设置相对角度来修改旋转。

“基于矩形”指令的具体操作步骤如下。

① 双击指令栏中“创建形状”图标■,在弹出的对话框中双击“矩形”图标,或利用现成的矩形。

② 双击指令栏中“创建坐标系”图标■,在弹出的对话框中双击“基于矩形”图标。将“基于矩形”属性栏中的“矩形输入”与创建的矩形(0001. out. outRectangle)相连,并根据需求设置其他参数,其运行效果如图 3-61 所示。

图 3-61 基于矩形建立的坐标系

2. 基于点

“基于点”指令用来创建具有指定原点的坐标系,最常用于根据 1D 边缘检测或者 Blob 分析的结果定义对象对齐。

使用“基于点”指令时需要注意:

① 将输入点连接到计算点,在计算点上锚定新的坐标系。

② 可选择设置相对角度以定义旋转。

③ 可选择设置比例和比例因子来获得自定义比例。

此指令的操作步骤与“基于矩形”指令的操作步骤相似。

3.5.2 流程结构

1. 条件分支 if

“条件分支 if”指令根据条件判断以下指令是否执行(if 语句)。

具体操作步骤如下。

① 在指令栏中,双击“条件分支 if”图标■。

② 双击任务栏中的“条件分支 if”图标,弹出“表达式编辑”窗口。

③ 在“表达式编辑”窗口中,单击“添加”按钮,在“选择链接的属性节点”中选择所需要的属性节点,然后单击“选择”按钮,其界面如图 3-62 所示。

④ 双击要添加的属性节点变量,如图 3-63 所示,单击“选中”按钮。

⑤ 在文本框中输入条件表达式,单击“确定”按钮。

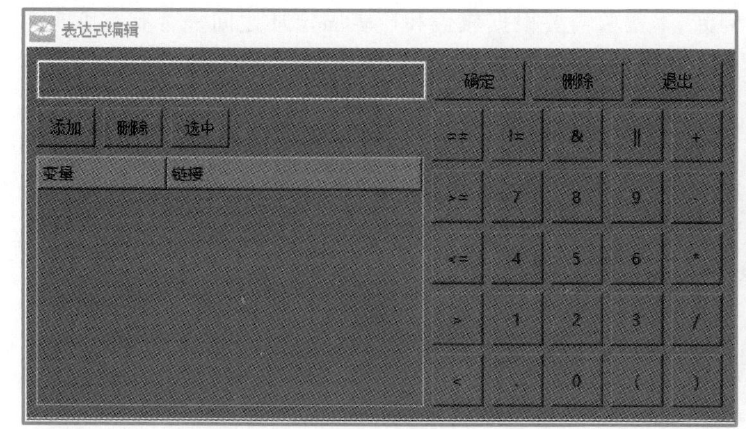

图 3-62　条件分支“表达式编辑”界面

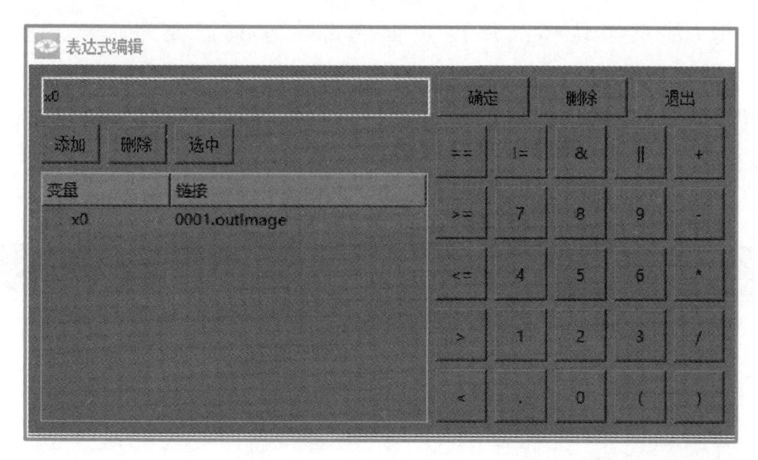

图 3-63　添加属性节点变量

2. 步进循环 for

“步进循环 for”指令循环执行特定次数（for 循环）。

具体操作步骤如下。

① 在指令栏中，双击“步进循环 for”图标。

② 在“步进循环 for”属性栏中选择相应的参数，其属性栏界面如图 3-64 所示。

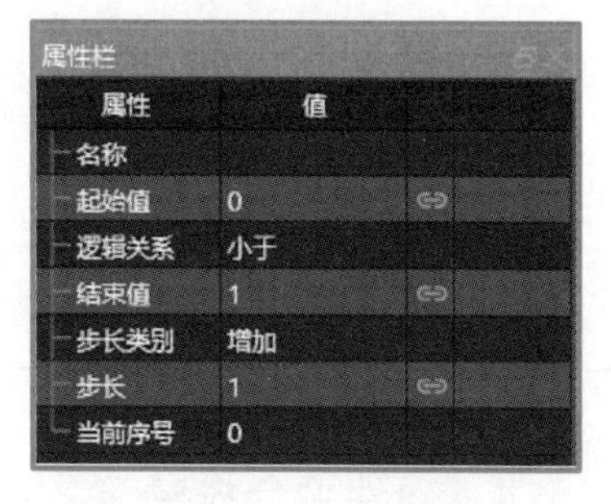

图 3-64　“步进循环 for”指令属性栏

3.5.3　硬件选型

微课

硬件选型与搭建

1. 相机选型

在实验室环境下，首先确认视野范围及检测精度等需求，通过计算公式反推出相机的分辨率选型范围。以拍摄视野 55 mm×40 mm，精度要求 0.1 mm 为例，代入公式 55/分辨率长×n=精度，则相机的分辨率在 550×400 以上就可达到要求。通过观察实验物品之间的特征差异判断,本实验需要根据瓶盖和瓶盖固定环之间是否有空隙来判断瓶盖是否不良,分辨率高一些有助于实验效果,因此选择 160 万(1 440×1 088)像素的智能相机。

2. 镜头选型

在物距为有限的情况下,根据视野与焦距的运算公式,计算出焦距的大约取值范围,焦距越小,拍摄视野越大,畸变也越大。由于此实验对视野与物距的取值没有严格的要求,此处镜头选择为 8 mm 低畸变工业镜头。

3. 光源选型

由于实验可能需要根据瓶盖和瓶盖固定环之间是否有空隙,来判断瓶盖是否不良,因此需要能够清晰地得到不良品的缝隙,由于缝隙本就很小且瓶盖上有密集竖条纹,若使用环光的正面照射,会使图片亮暗条纹众多,且无法突出缝隙特征。通过简单测试可得知面光源背部打光的方式获得的图片效果最好,所以此实验选择面光源(注意确认样品厚度),面光源大小只需要略大于拍摄特征区域即可。

4. 选型清单

根据硬件选型,确定项目硬件清单见表 3-14。

表 3-14 瓶盖密封性检测硬件选型清单

序号	名称	规格	参考型号
1	相机	分辨率 1 440×1 088 帧率 107 f/s 曝光方式 全局曝光 靶面 1/3 in	SV-RS160C-C
2	镜头	类型 普通定焦镜头 焦距 8 mm	SL-LF08-C
3	光源	类型 背光源 尺寸 160 mm×160 mm 颜色 白色 功率 20 W	SI-JB160160-W

3.5.4 硬件平台搭建

1. 架设高度

在视野与焦距确定的情况下,根据运算公式,可计算出物距的大约取值范围,三者相互影响,实际工业现场可根据架设高度及定位精度等需求选择适合的硬件选型。

2. 硬件连接

硬件连接如图 3-65 所示,其视野范围为 55 mm×40 mm,工作距离为 100 mm。

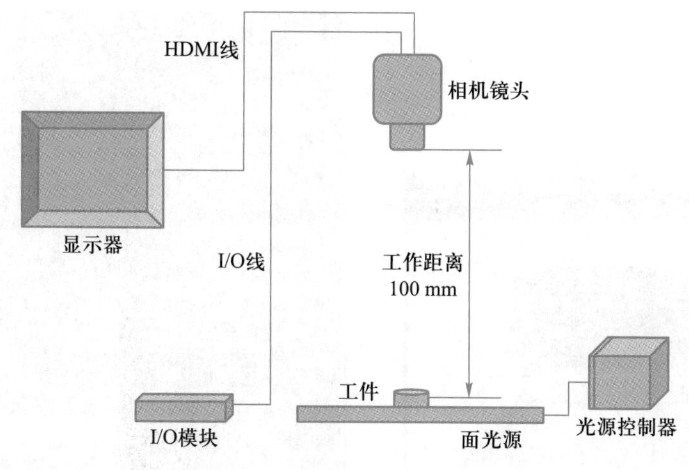

图 3-65　硬件连接示意图

3. 图像显示

将“WP 相机”指令拖动至任务栏，将控件栏中的“图形显示”控件拖动至主窗口，大小可根据需求任意调整。将图形显示属性中“背景图”链接到 WP 相机路径（0001. outImage），单击“运行”按钮，相机将连续拍照，单击“单次”按钮，可单张拍照。修改 WP 相机的曝光时间，可调节相机进光亮，通过调节镜头光圈及焦距、光源亮度等参数，将视野画面调节清楚，拍摄效果如图 3-66 所示。

图 3-66　瓶盖实际拍摄效果

任务实施

3.5.5　软件检测瓶盖

微课
软件检测瓶盖

由于图像中瓶子沿着水平方向移动，且瓶盖的颜色一致，因此可以使用单边缘检测指令检测瓶盖的边缘点，然后基于这个边缘点创建瓶子的相对坐标系。使用单边缘检测指令检测瓶盖与下面的塑料圈是否有缝隙，如果没有缝隙，则瓶盖密封拧紧，反之没有拧紧。

本例以实际采集的图片为例，进行软件图像处理，具体操作步骤如下。

① 使用“模拟相机”指令加载本地计算机图像。

② 使用“单边缘检测”指令检测瓶盖的边缘点。

双击指令栏中“边缘检测”按钮，在弹出的对话框里双击“单边缘检测”图标。单击“单边缘检测”属性栏中“输入图像”一行中的按钮，链接到模拟相机的输出图像（0001. outImage）。

单击“单边缘检测”属性栏中“扫描路径”后面的，弹出图像编辑窗口，在该窗口绘制扫描路径，如图 3-67 所示。

将“单边缘检测”属性栏“边缘扫描参数”中边缘类型设置为由白到黑，如图 3-68 所示。

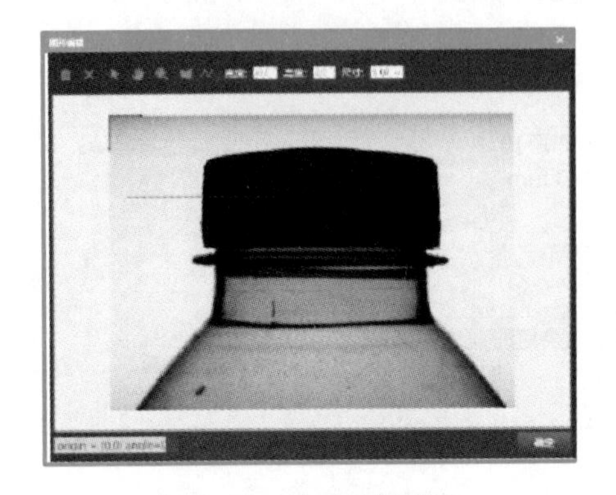

图 3-67 绘制扫描路径

图 3-68 设置边缘类型

③ 使用基于点指令创建相对坐标系。双击指令栏中“创建坐标系”按钮■,在弹出的对话框里双击“基于点”按钮。将“基于点”属性栏中的“点输入”与单边缘检测到的点(0002. out. outEdge. Point)相连,其设置与效果如图 3-69 所示。

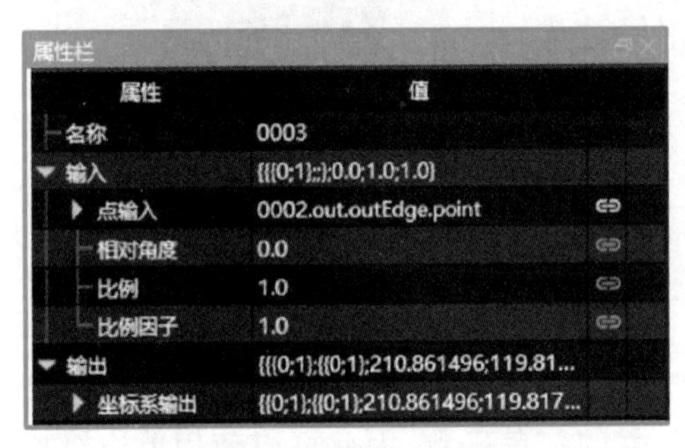

(a) 基于点的坐标系设置

(b) 基于点的坐标系效果

图 3-69 创建基于点的坐标系

④ 使用单边缘检测指令检测左侧瓶盖与塑料圈之间是否有缝隙。

双击指令栏中“边缘检测”按钮■,在弹出的对话框里双击“单边缘检测”按钮。单击“单边缘检测”属性栏中“输入图像”中的■按钮,链接到模拟相机的输出图像(0001. outImage)。将“单边缘检测”属性栏“参考坐标系”与基于点创建的相对坐标系相连。

单击“单边缘检测”属性栏“扫描路径”后面的■,弹出图像编辑窗口,在该窗口绘制扫描路径,如图 3-70 所示。

将“单边缘检测”属性栏“边缘扫描参数”中边缘类型设置为由黑到白。

⑤ 使用“单边缘检测”指令检测瓶盖中间与塑料圈之间是否有缝隙,其操作方法与④ 相似,瓶盖中间检测如图 3-71 所示。

图 3-70 左侧瓶盖绘制扫描路径

图 3-71 瓶盖中间绘制扫描路径

⑥ 使用“单边缘检测”指令检测右侧瓶盖与塑料圈之间是否有缝隙，其操作方法与④ 相似，右侧瓶盖检测如图 3-72 所示。

图 3-72 瓶盖中间绘制扫描路径

⑦ 根据“单边缘检测”属性栏中输出结果可以看到：当检测到边缘点时，显示为 true，反之显示为 false。也就是说输出结果为 True 时，瓶盖没有密封拧紧，反之瓶盖拧紧。因此使用“条件分支”指令判断瓶盖是否密封拧紧。

当 3 个单边缘检测的输出结果都为 false 时，则该瓶盖密封拧紧，主窗口显示“OK”。

使用“条件分支 if”指令，在指令栏中双击“条件分支 if”按钮。双击任务栏中的“条件分支 if”指令，弹出“表达式编辑”窗口，其设置如图 3-73 所示。

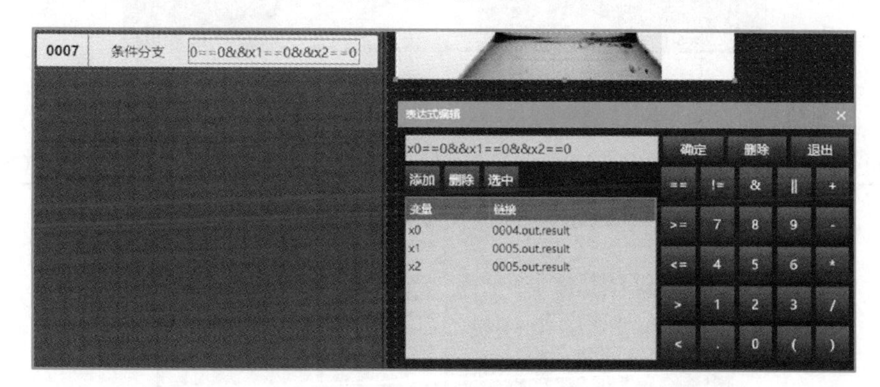

图 3-73 合格时条件分支设置

创建 string 类型数据，并将“OK”赋值给该数据。在“模拟相机”指令下一行，双击指令栏中的“基础数据”图标，在弹出的对话框里双击“创建数据”按钮。双击任务栏中的“创建数据”指令，在弹出的“数组类型选择”窗口中选择 string 数据类型。在“条件分支”指令下一行，双击指令栏中“基础数据”按钮，在弹出的对话框里双击“变量赋值”按钮。双击任务栏中的“变量赋值”指令，在弹出的“数组类型选择”窗口中选择 string 类型。将属性栏“链接变量”与创建数据 0002. outValue 相连，在属性栏“值”中输入 string 类型的值“OK”，如图 3-74 所示。

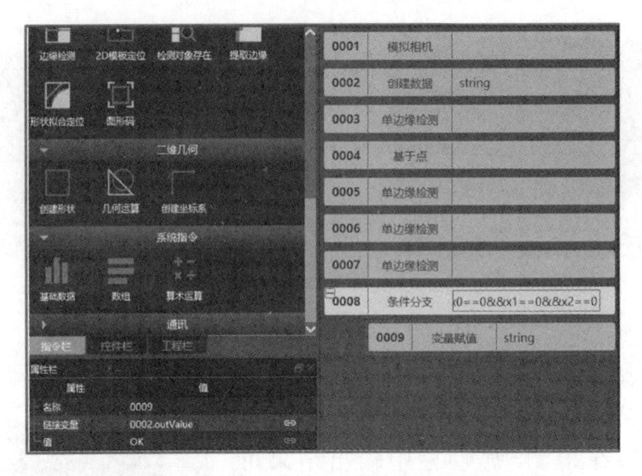

图 3-74 创建 string 类型数据并赋值“OK”

当 3 个单边缘检测的输出结果中有一个为 true 时，则瓶盖没有密封拧紧。使用“条件分支 if”指令，与前面“条件分支 if”设置类似，如图 3-75 所示。

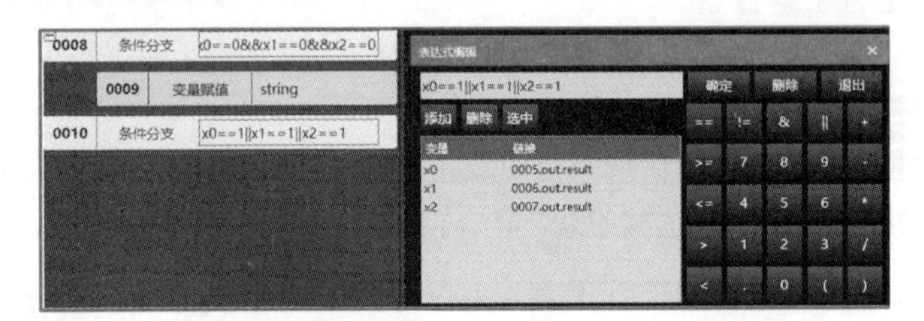

图 3-75 不合格时条件分支设置

将“NO OK”赋值给创建的 string 数据，与前面赋值“OK”类似，如图 3-76 所示。

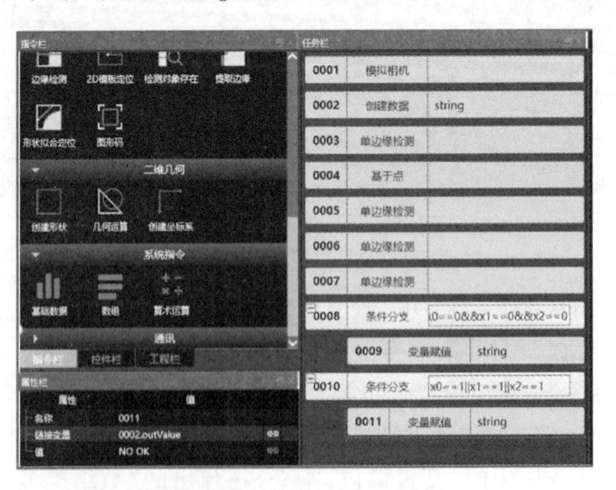

图 3-76 创建 string 类型数据并赋值“NO OK”

⑧ 为了将检测结果显示在主窗口，从控件栏中拖动“文本编辑框”标签到主窗口，并将“文本编辑框”属性栏中文本与创建的 string 类型数据相连。单击“单次”按钮或者“连续”按钮，实际显示效果如图 3-77 所示。

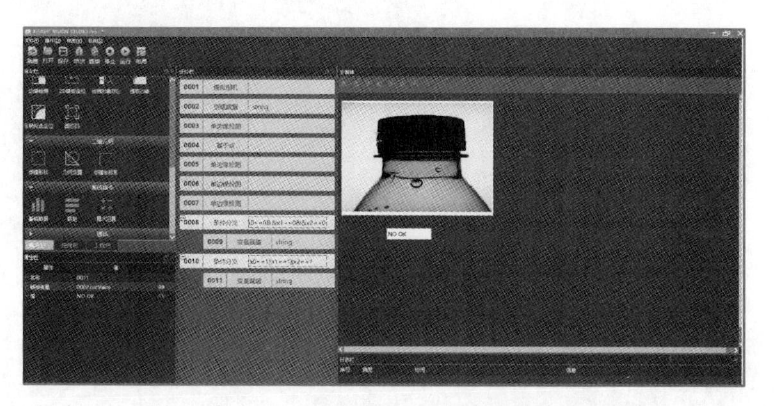

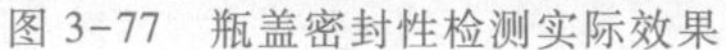
图 3-77 瓶盖密封性检测实际效果

素材
企业工程师——定位测量 stamping

总结

本项目主要介绍视觉定位，主要包括 X-SIGHT 软件入门、几何基元定位、多尺度圆定位、模板匹配以及检测瓶盖密封性。包括 X-SIGHT 软件的使用，四种点定位、两种线定位、两种圆定位，提取区域、提取动态区域，以及区域特征，包括区域面积、区域外接矩形、区域外接框、区域外接圆、区域中心、分割区域、区域轮廓；学习了数据的创建、赋值与编辑，数组的创建、数组长度、获取数组项、添加数组项，单目标定位、多目标定位以及提取边缘区域。综合项目检测瓶盖密封性，学习了基于点和基于矩形的坐标系创建，流程结构的创建与使用，通过综合项目检测瓶盖密封性的实施，从任务分析、硬件选型、硬件搭建到软件实施，可以系统掌握实际机器视觉定位项目的实施方法。

习题

如图 3-78 所示，输入图像中对象的位置和方向是可变的，利用软件 X-SIGHT 定位垫圈，并获取大圆的重心。

图 3-78 垫圈定位

项目 4

视觉检测

视觉检测一般包括缺陷检测和零件分类。缺陷检测是对物品表面缺陷的检测，如工件表面的斑点、凹坑、划痕、色差、缺损等；零件分类一般是指对不同类型的零件进行分类，并检测零件有无缺陷。然而因为实际应用环境的复杂性，如相似色干扰、光照变化、遮挡、被检测物差异等因素的影响，给目标检测的实时稳定性带来了巨大的挑战。本项目以零件分类、典型零件的缺陷检测为例，讲解视觉检测相关知识。

知识目标

（1）掌握“获取像素”“获取区域像素”“像素值之和”“像素强度”4 种指令的使用。

（2）掌握区域数组处理，包括“区域分类”“最大特征区域”“最小特征区域”“区域数组排序”指令。

（3）掌握形态学处理，包括“区域形态膨胀”“区域形态腐蚀”“区域形态关闭”“区域形态开口”“区域形态增宽”“区域形态收窄”“移除像素分支”“区域孔洞填充”指令。

技能目标

（1）能够利用像素统计判断工件有无、是否存在缺陷。

（2）能够对不同的零件进行分类。

（3）能够多次使用分割区域，选择合适的硬件系统并搭建硬件平台，综合使用各种图像处理指令，完成熔断器的缺陷检测。

（4）能够利用形态学处理指令，选择合适的硬件系统并搭建硬件平台，综合使用各种图像处理指令，完成金属零件的缺陷检测。

技能树

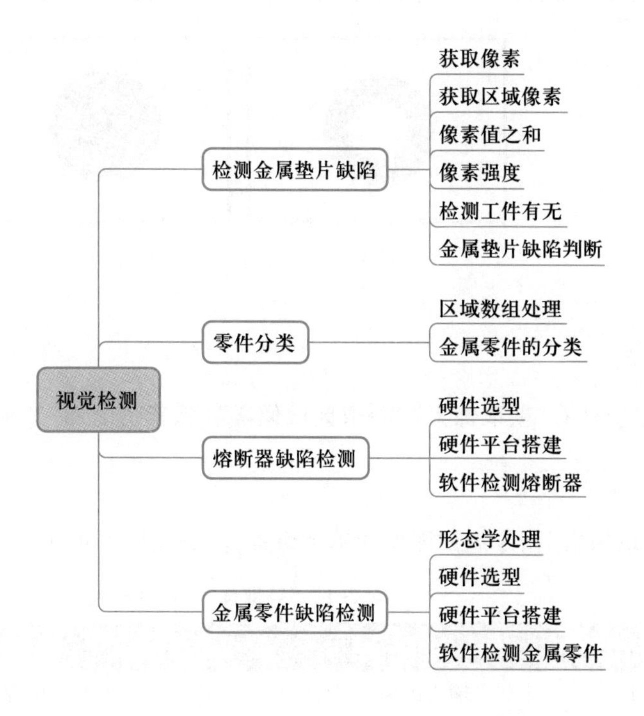
视觉检测
检测金属垫片缺陷
获取像素
获取区域像素
像素值之和
像素强度
检测工件有无
金属垫片缺陷判断
零件分类
区域数组处理
金属零件的分类
熔断器缺陷检测
硬件选型
硬件平台搭建
软件检测熔断器
金属零件缺陷检测
形态学处理
硬件选型
硬件平台搭建
软件检测金属零件

任务 1 检测金属垫片缺陷

任务分析

课件
检测金属垫片缺陷

素材
检测金属垫片缺陷

对图 4-1 所示金属垫片检测示例图片进行仿真训练，运用简单的像素检测工具，对搜索框内的图像进行像素统计，完成金属垫片缺陷的检测。通过完成此学习任务，可以掌握像素统计的 3 种指令，即“获取像素”“获取区域像素”“像素值之和”。

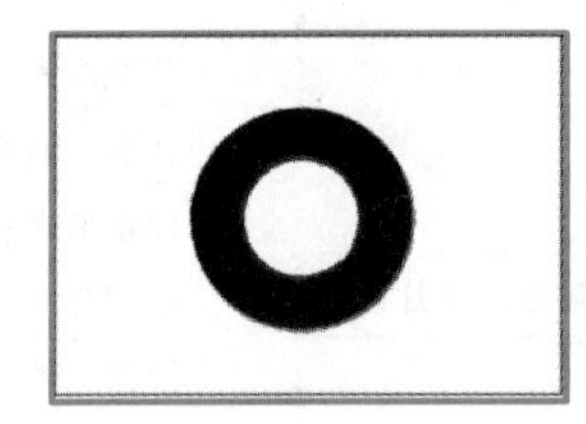
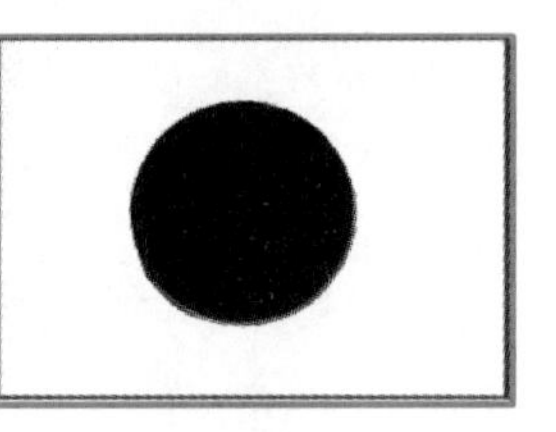

图 4-1 金属垫片检测示例图片

相关知识

像素统计有“获取像素”“获取区域像素”“像素值之和”3 种工具，下面逐一介绍。

4.1.1 获取像素

微课
像素统计与像素强度

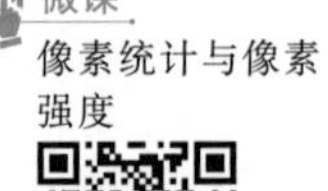

“获取像素”指令返回图像的单个像素，其属性见表 4-1。

表 4-1 “获取像素”指令属性

序号	属性	类型	描述
1	输入图像	图像	输入图像
2	输入点	位置	要访问像素的位置
3	输出像素	像素	输出像素
4	输出值	浮点型	平均像素值

“获取像素”指令的具体操作步骤如下。

① 从本地计算机导入图片。

② 双击指令栏中“像素统计”按钮，在弹出的对话框里双击“获取像素”按钮。单击“获取像素”属性栏中“输入图像”一行中的按钮，链接到模拟相机的输出图像(0001. outImage)，如图 4-2 所示。

③ 单击“获取像素”属性栏中“输入点”一行中的按钮，如图 4-3 所示。在弹出的“图形编辑”窗口中设置输入点，如图 4-4 所示。

④ 单击“单次”按钮，单张显示，获取像素值如图 4-5 所示。

图像预处理
滤镜　像素统计　转灰度
像素统计
获取像素　获取区域像素　像素值之和

(a)“获取像素”按钮

属性栏

属性	值
名称	0002
输入图像	0001.outImage
输入点	{{0;1};0;0}
输出像素	{{1;};;;;}
输出值	

(b)“获取像素”属性栏

图 4-2　“获取像素”按钮及属性栏

图 4-3　选择输入点

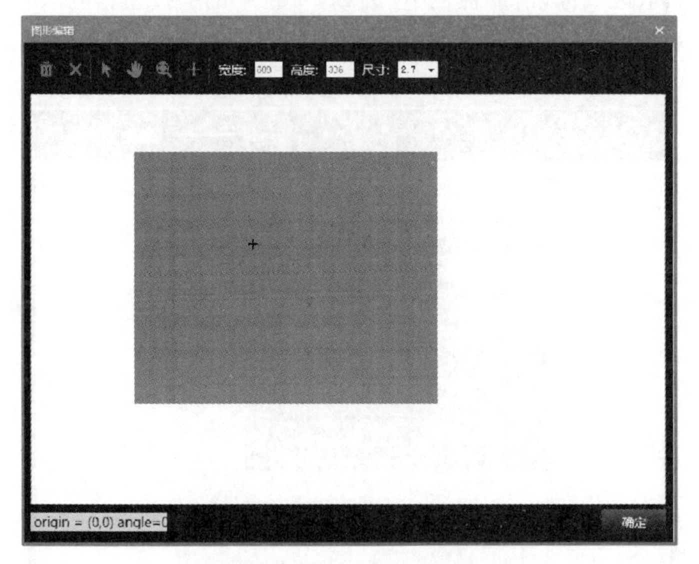

图 4-4　在“图形编辑”窗口中设置输入点

属性栏

属性	值
名称	0002
输入图像	0001.outImage
输入点	{{0;1};224;152}
输出像素	{{1;};;;;}
输出值	95

图 4-5　获取像素值

4.1.2 获取区域像素

“获取区域像素”指令返回输入图像中的像素数组，其属性见表 4-2。

表 4-2 “获取区域像素”指令属性

序号	属性	类型	描述
1	输入图像	图像	输入图像
2	区域	区域	要处理的像素范围
3	像素	像素数组	

“获取区域像素”指令的具体操作步骤如下。

① 从本地计算机导入图片。

② 双击指令栏中的“像素统计”按钮，在弹出的对话框里双击“获取区域像素”按钮。单击“获取区域像素”属性栏中“输入图像”一行中的按钮，链接到模拟相机的输出图像(0001. outImage)。

③ 单击“获取区域像素”属性栏中“区域”一行中的按钮，在弹出的“图形编辑”窗口中选择区域，如图 4-6 所示。

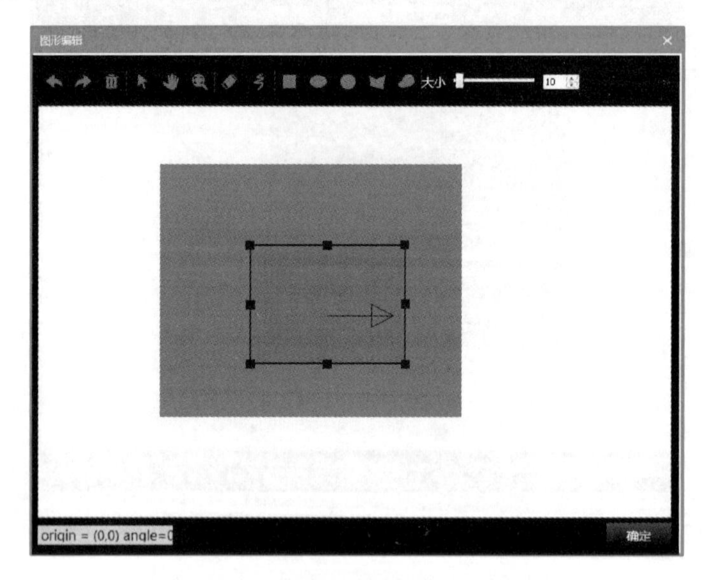

图 4-6 在“图形编辑”窗口中选择区域

④ 从控件栏拖动“表格”控件到主窗体，将“表格”属性栏中的“输入数据”标签与获取区域像素的输出值(0002. out. outPixels)相连。单击“单次”按钮，获取区域像素值如图 4-7 所示。

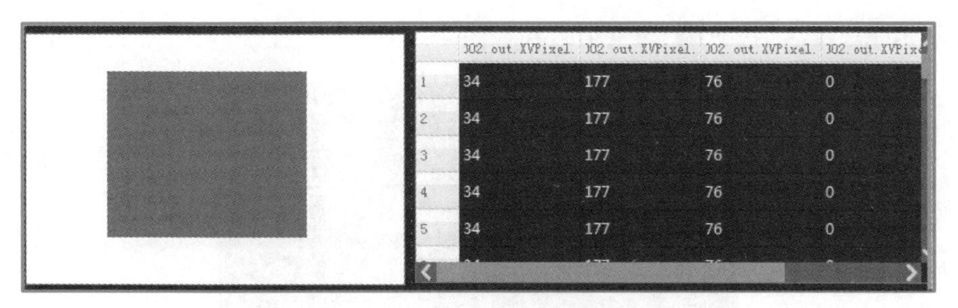

图 4-7　获取区域像素值

4.1.3　像素值之和

“像素值之和”指令计算图像像素值之和，其属性见表 4-3。

表 4-3　“像素值之和”指令属性

序号	属性	类型	描述
1	输入图像	图像	输入图像
2	区域	区域	要处理的像素范围
3	合计像素	像素	
4	合计像素值	浮点型	

“像素值之和”指令的具体操作步骤如下。

① 从本地计算机导入图片。

② 双击指令栏中的“像素统计”按钮，在弹出的对话框里双击“像素值之和”按钮。单击“像素值之和”属性栏中“输入图像”一行中的按钮，链接到模拟相机的输出图像(0001. outImage)。

③ 单击“像素值之和”属性栏中“区域”一行中的按钮，在弹出的“图形编辑”窗口中选择区域，如图 4-8 所示。

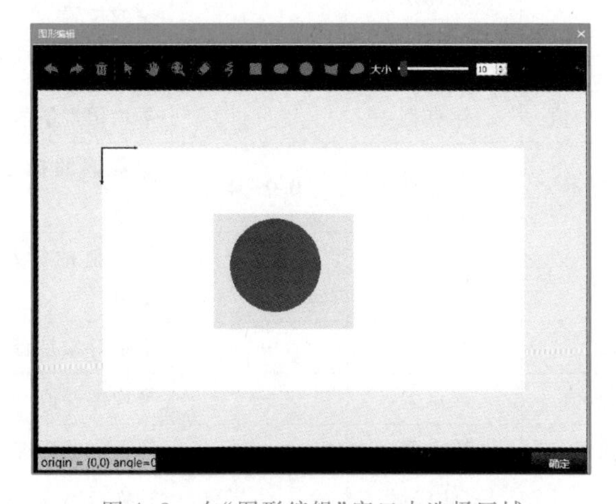

图 4-8　在“图形编辑”窗口中选择区域

④ 单击“单次”按钮，像素值之和如图 4-9 所示。

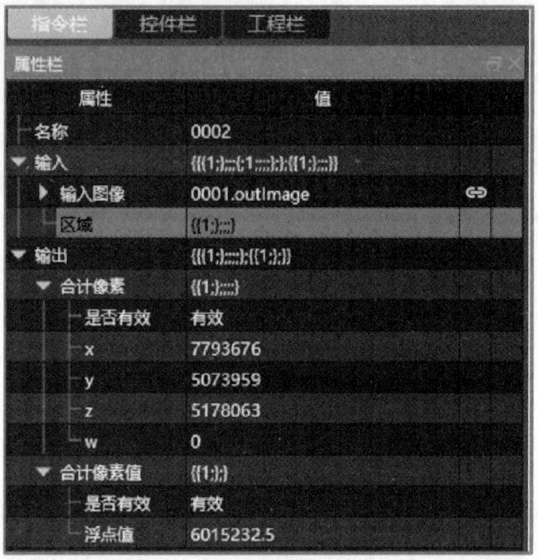

图 4-9 像素值之和

4.1.4 像素强度

“像素强度”指令通过分析指定区域中的像素强度来验证对象存在，是一种快速、简便的验证工具。该指令计算所选区域的图像像素的基本统计信息，并检查它们是否适合定义的范围，其属性见表 4-4。使用的统计数据是像素值的平均值和标准偏差。

表 4-4 “像素强度”指令属性

序号	属性	类型	取值范围	描述
1	输入图像	图像	—	输入图像
2	输入形状	形状区域	—	检查对象存在的位置
3	坐标	坐标系	—	将感兴趣的区域调整到被检查对象的位置
4	最小灰度均值	浮点型	—	平均像素值的最低可接受值
5	最大灰度均值	浮点型	—	平均像素值的最高可接受值
6	最小灰度标准差	浮点型	0. 0~∞	像素值的标准偏差的最低可接受值
7	最大灰度标准差	浮点型	0. 0~∞	像素值的标准偏差的最高可接受值
8	结果	Bool	—	指示对象是否存在的标志
9	平均像素值	浮点型	—	平均像素值
10	像素标准偏差	浮点型	—	像素值的标准偏差
11	变换坐标	形状区域	—	转换后输入 ROI(在图像坐标中)

使用“像素强度”指令时需要注意：

① 如果对象的位置是可变的，可链接坐标；

② 定义输入形状以指定将检查对象存在的图像位置；

③ 检查平均像素值和像素标准偏差两个参数的输出值。使用此信息将最小灰度均值、最大灰度均值、最小灰度标准差、最大灰度标准差设置为适合正确对象的值。

“像素强度”指令的具体操作步骤如下。

① 从本地计算机导入图片。

② 双击指令栏中的“检测对象存在”按钮，在弹出的对话框里双击“像素强度”按钮。单击“像素强度”属性栏中“输入图像”一行中的按钮，链接到模拟相机的输出图像（0001. outImage）。

③ 单击“像素强度”属性栏中“输入形状”一行中的按钮，在弹出的“图形编辑”窗口中选择区域，如图 4-10 所示。

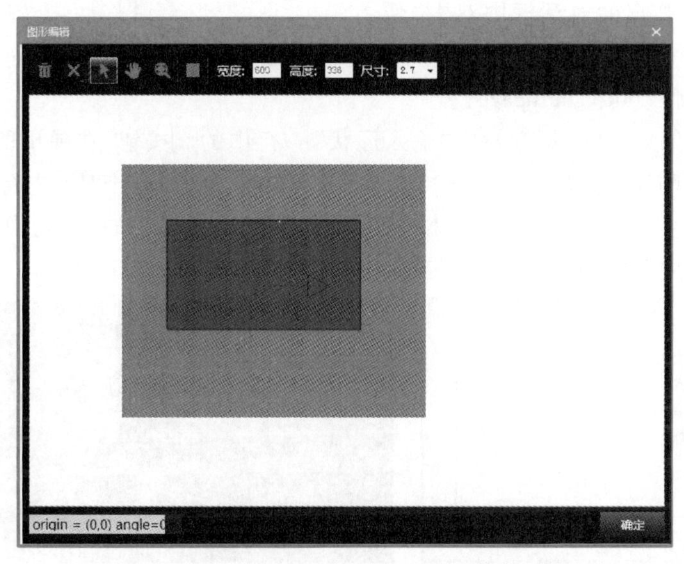

图 4-10 在“图形编辑”窗口中框选检测区域

④ 单击“单次”按钮，像素强度值如图 4-11 所示。

属性	值
输出	{true;{{0;1};95.666664};{{0;1};0.666...
结果	true
平均像素值	{{0;1};95.666664}
是否有效	有效
浮点值	95.666664
像素标准偏差	{{0;1};0.666664}
是否有效	有效
浮点值	0.666664
变换坐标	{{1;};{{1;0};{{0;1};;};;;};{1;0}}

图 4-11 像素强度值

任务实施

4.1.5 检测工件有无

对图 4-12 所示图片进行仿真训练，运用简单的像素检测工具，对搜索框内的图像进行像素统计，判别工件有无。

根据像素强度验证对象存在，属于检测定位类工具，通过区域平均像素灰度值的大小，判断区域内某一段灰度值范围的像素强度，从而区分检测目标的有无。其具体操作步骤如下。

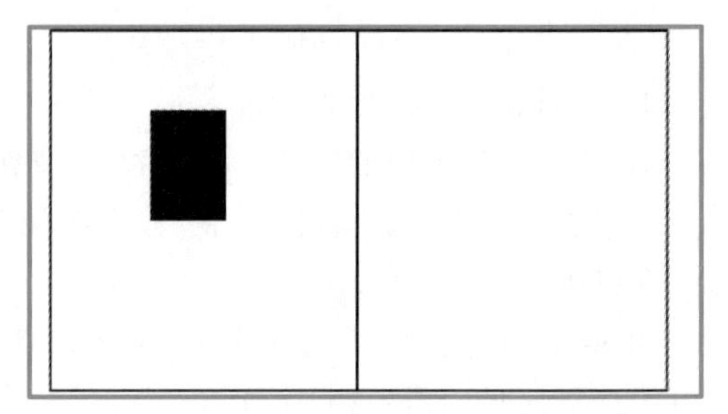

图 4-12 检测工件有无示例图片

① 从本地计算机导入图片。

② 双击指令栏中的“检测对象存在”按钮，在弹出的对话框中双击“像素强度”按钮。单击“像素强度”属性栏中“输入图像”一行中的按钮，链接到模拟相机的输出图像（0001. outImage）。

③ 单击“像素强度”属性栏中“输入形状”一行中的按钮，在弹出的“图形编辑”窗口中选择左侧检测区域，如图 4-13（a）所示。单击“单次”按钮，进行调试，其像素强度输出如图 4-13（b）所示。“像素强度”属性栏输出结果中的“平均像素值”即框选区域内像素灰度值的平均值，框选左侧区域平均像素值为 181. 172821。

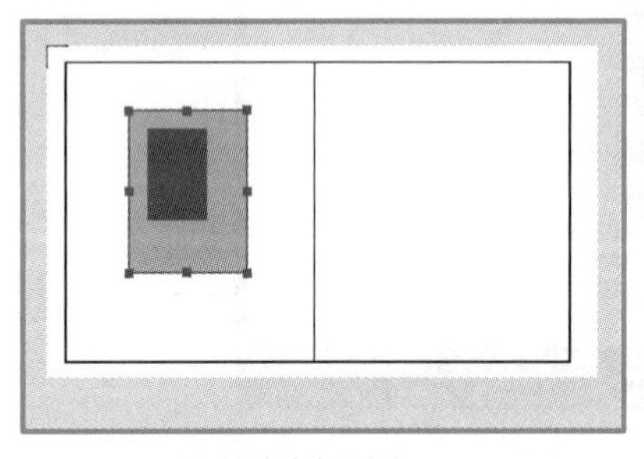

(a) 框选左侧区域

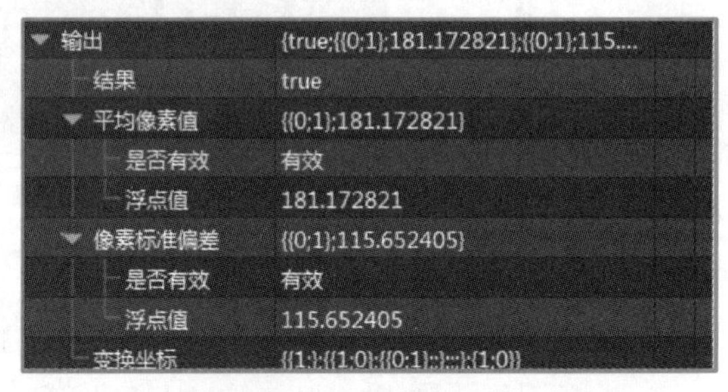

(b) 框选左侧区域后像素强度输出结果

图 4-13 框选左侧区域及像素强度输出

④ 框选右侧区域进行检测，其操作方法与上一步相似，像素强度输出如图 4-14 所示，框选右侧区域平均像素值为 255。

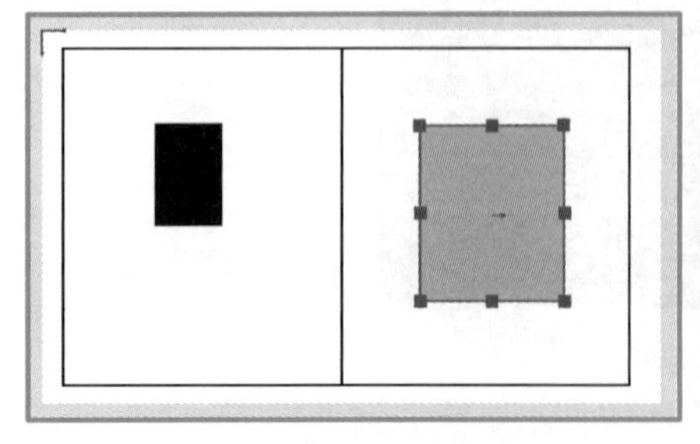

(a) 框选右侧区域

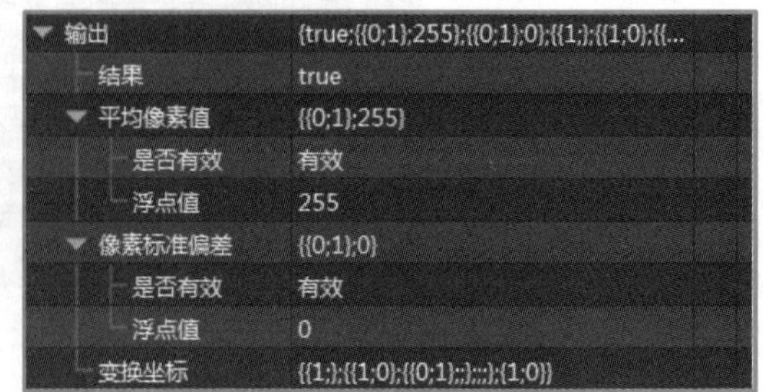

(b) 框选右侧区域后像素强度输出结果

图 4-14 框选右侧区域及像素强度输出

⑤ 当框选区域内黑白像素占比出现偏差，即可通过属性栏“最小灰度均值”和“最大灰度均值”的区域，判断检测像素是否存在。如将“像素强度”属性栏中“最大灰度均值”改为 200，“最小灰度均值”改为 0，单击“单次”按钮，调试图像，则框选左侧区域的输出结果为 true，如图 4-15 所示；框选右侧区域的输出结果为 false，如图 4-16 所示。

图 4-15　框选左侧区域的输出结果

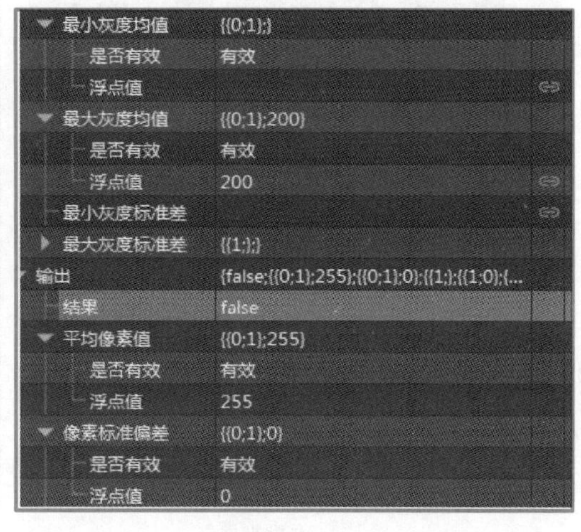

图 4-16　框选右侧区域的输出结果

4.1.6　金属垫片缺陷判断

以金属垫片为例，分别拍摄标准件与瑕疵件，并确定其平均像素值，拍摄图像效果如图 4-17 所示。

微课
金属垫片缺陷判断

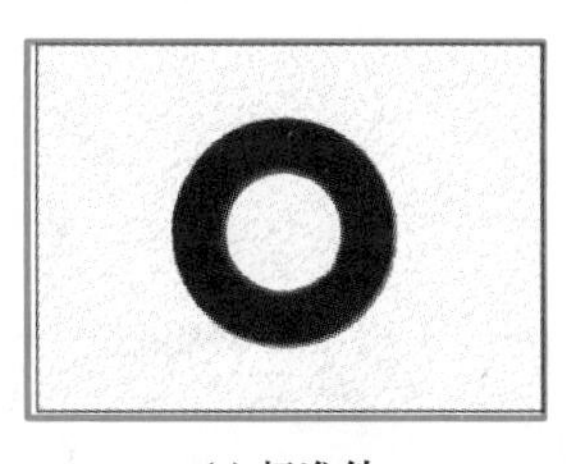

(a) 标准件

(b) 瑕疵件

图 4-17　金属垫片标准件与瑕疵件

经过比对标准件和瑕疵件灰度平均值的大小，设定最大灰度均值和最小灰度均值，从而判断工件是否为瑕疵件。其具体操作步骤如下。

① 从本地计算机导入图片。

② 双击指令栏中的“检测对象存在”按钮，在弹出的对话框中双击“像素强度”按钮。单击“像素强度”属性栏中“输入图像”一行中的按钮，链接到模拟相机的输出图像（0001. outImage）。

③ 对两个黑色垫片的位置分别进行像素强度学习。单击“像素强度”属性栏中“输入形状”一行中的按钮，在弹出的“图形编辑”窗口中选择被检测区域。其中标准

件平均像素值为 161.477，非标准件平均像素值为 125.319。取中间值为 144，将“最小灰度均值”设为 144，将“最大灰度均值”设为 180，则第一类标准件的输出结果为 true，第二类瑕疵件的输出结果为 false，如图 4-18 所示。

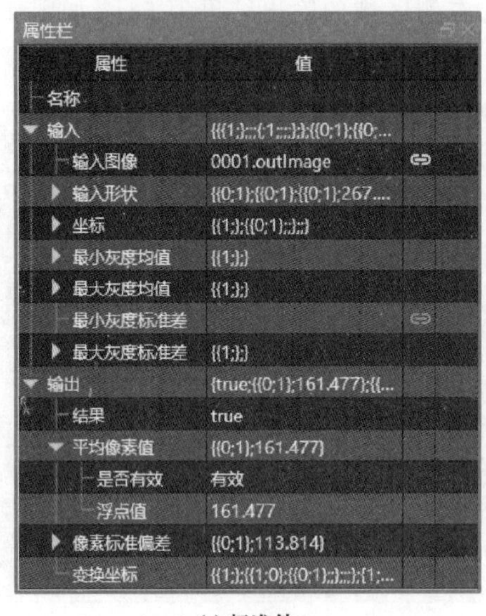

(a) 标准件

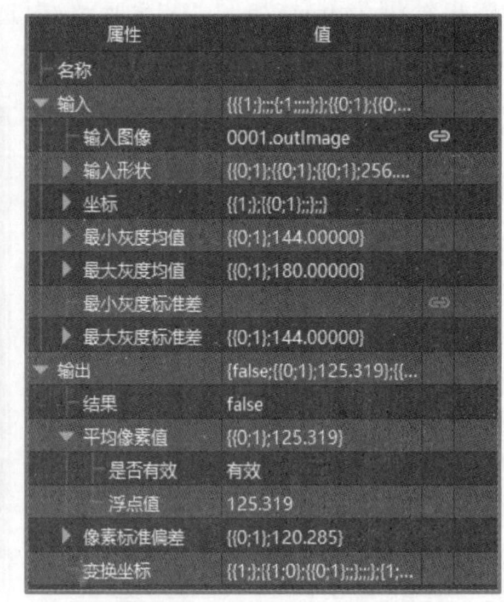

(b) 瑕疵件

图 4-18 金属垫片标准件与瑕疵件的平均像素值

在工业现场实际应用中，由于瑕疵件的种类与占比面积不同，最小、最大灰度值的取值需经过较多的样品数值对比，以保证检测的稳定性。

任务 2 零件分类

任务分析

课件 零件分类

素材 零件分类

如图 4-19 所示，对视野中的目标图形进行分类，区分钉子、螺钉和螺母。通过完成此学习任务，可以掌握区域运算，包括“区域交集”“差集”“并集”“对称差集”“数组并集”指令；掌握区域数组处理，包括“区域分类”“最大特征区域”“最小特征区域”“区域数组排序”指令。

图 4-19 区分钉子、螺钉、螺母

微课 区域数组处理

相关知识

4.2.1 区域数组处理

1. 区域分类

“区域分类”指令将所选的特征和范围拆分为区域数组。如果对一个区域数组，需要获取其中一些小的区域，以进行进一步处理，可以选择该指令。

① 此指令接受一个区域数组并将其拆分为输出数组，具体取决于每个计算的特征值怎么适合（特征值的最小值，特征值的最大值）这个范围。对于特征值低于特征值的最小值的区域，将传递到数组区域（Reject）和数组区域（Below）。对于特征值在（特征值的最小值，特征值的最大值）范围内的区域，将传递到数组区域（Accept）。对于特征值高于特征值的最大值的区域，将传递到数组区域（Reject）和数组区域（Above）。

② 在特征值的最小值大于特征值的最大值的特殊情况下，使用第一个匹配条件，这意味着将高于特征值的最大值和低于特征值的最小值的值的对象传递到数组区域（Below）。

"区域分类"指令属性见表4-5。

表4-5 "区域分类"指令属性

序号	属性	类型	描述
1	输入数组区域	区域数组	输入区域
2	特征值	区域特征	要计算的区域特征值
3	最小值	浮点型	范围的最低值
4	最大值	浮点型	范围的最高值
5	数组区域（Accept）	区域数组	在范围内的特征值区域
6	数组区域（Reject）	区域数组	特征值超出范围的区域
7	数组区域（Below）	区域数组	特征值低于最小值的区域
8	数组区域（Above）	区域数组	特征值高于最大值的区域
9	特征值	浮点型数组	计算特征值

使用"区域分类"指令时需要注意：

① 使用特征值输入选择功能能够很好地分离感兴趣对象的特征。

② 设置特征值的最小值和最大值的范围，定义可接受的对象。参考输出区域的特征值，可以得到所有输入对象的特征值。

"区域分类"指令的具体操作步骤如下。

① 从本地计算机导入图片。

② 使用"提取区域"指令提取对象区域。

③ 使用"分割区域"指令来分割区域。

④ 双击指令栏中的"区域数组处理"按钮，在弹出的对话框中双击"区域分类"按钮。单击"区域分类"属性栏中"输入数组区域"一行中的按钮，与"分割区域"指令的输出区域数组（0003. out. outBlobs）相连，如图4-20所示。

⑤ 由于图像中每个对象区域长度与宽度的比例相差较大，在"区域分类"属性栏"特征值"下拉列表中选择"长度与宽度的比率"项，"最小值"设置为10。单击"单次"

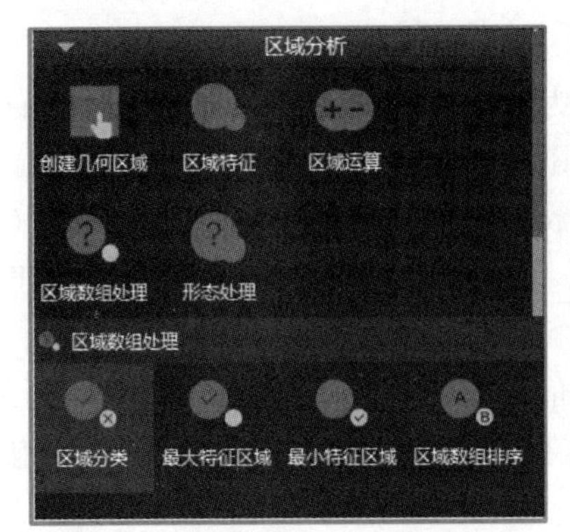

(a) “区域分类”按钮

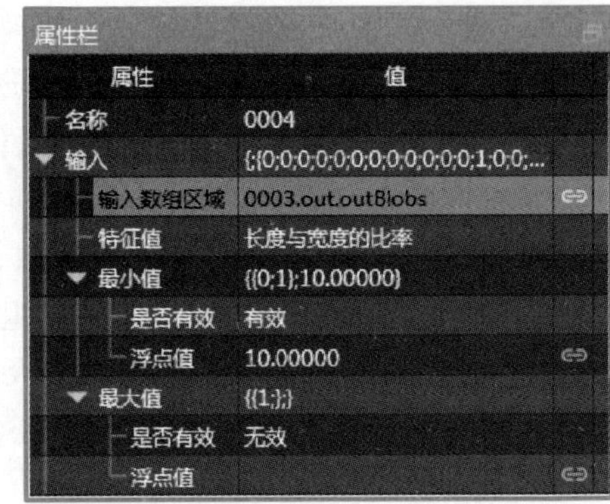

(b) “区域分类”属性栏

图 4-20 “区域分类”按钮及属性栏

按钮,实际显示效果如图 4-21 所示。

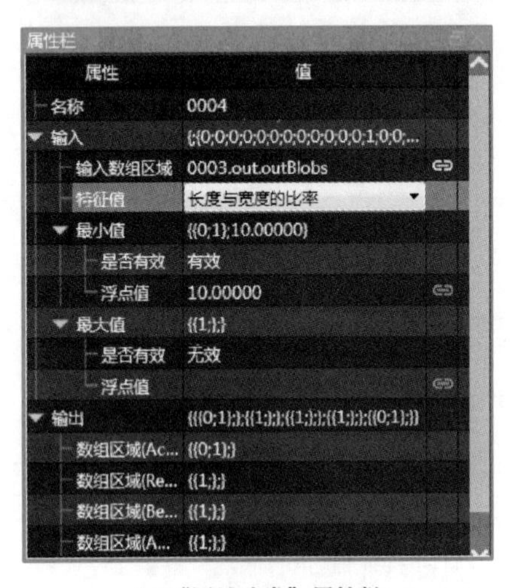

(a) “区域分类”属性栏

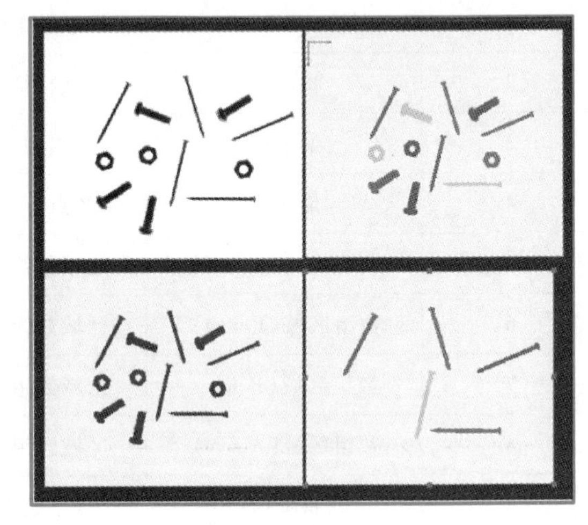

(b) 各操作步骤显示效果

图 4-21 “长度与宽度的比率”最小值设置为 10 后的运行效果

2. 最大特征区域

“最大特征区域”指令用来返回输入区域数组中“最大计算特征值”的区域。对一个区域数组,想从中选择一个最符合某个条件的区域,可以使用该指令。该指令计算每个输入区域选定的特征值,并返回最大的那一个。

具体操作步骤如下。

① 从本地计算机导入图片。

② 使用“提取区域”指令提取对象区域。

③ 使用“分割区域”指令来分割区域。

④ 双击指令栏中的“区域数组处理”按钮,在弹出的对话框里双击“最大特征区域”按钮。单击“最大特征区域”属性栏中“输入数组区域”一行中的按钮,与分割区域指令的输出区域数组(0003. out. outBlobs)相连。

⑤ 将“最大特征区域”属性栏中的“特征值”设置为“长度与宽度的比率”。单击“单次”按钮，实际显示效果如图 4-22 所示。

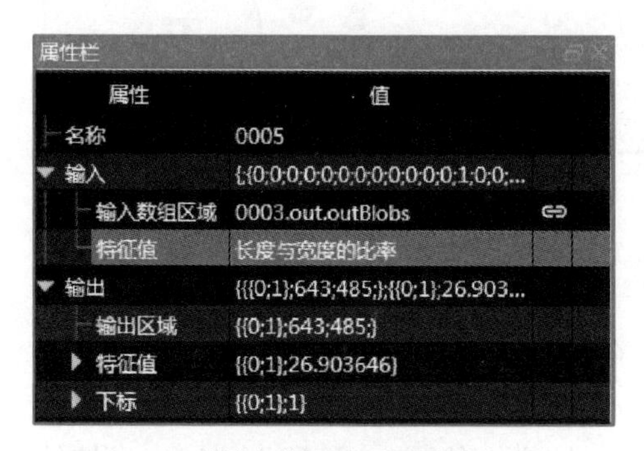

(a) “最大特征区域”属性栏

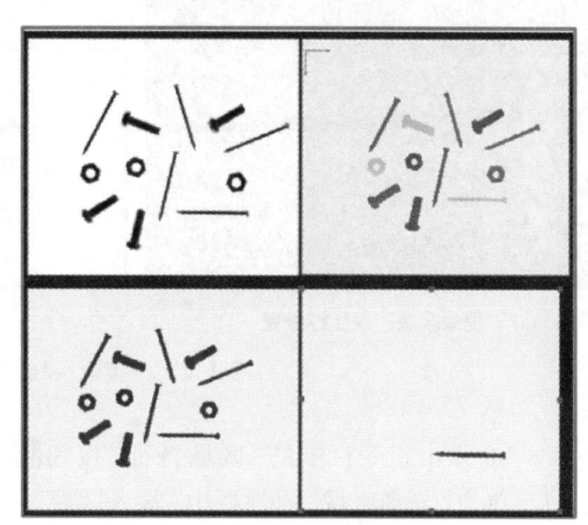

(b) 各操作步骤显示效果

图 4-22　选择“长度与宽度的比率”后的运行效果

3. 最小特征区域

“最小特征区域”指令用来返回输入区域数组中“最小计算特征值”的区域。对一个区域数组，想从中选择一个最不符合某个条件的区域，可以使用该指令。该指令计算每个输入区域选定的特征值，并返回最小的那一个。

此指令的操作步骤与“最大特征区域”指令的操作步骤相似。

4. 区域数组排序

“区域数组排序”指令用来将输入的区域数组的顺序根据其计算的特征值升序或降序排列。该操作根据每个输入区域计算的所选特征值对输入区域阵列进行排序。

此指令的操作步骤与“最大特征区域”指令的操作步骤相似。

任务实施

4.2.2　金属零件的分类

① 从本地计算机导入图片。

② 双击指令栏中的“阈值提取”按钮，在弹出的对话框中双击“提取区域”按钮。单击“提取区域”属性栏中“输入图像”一行中的按钮，链接到模拟相机的输出图像(0001. outImage)。单击“提取区域”属性栏中“输入区域”一行中的按钮，在弹出的“图形编辑”窗口选择需要提取的区域。将“提取区域”属性栏中的“最小像素值”设置为 0，“最大像素值”设置为 200。将控件栏中“图形显示”控件拖动到主窗口，将“图形显示”属性栏中“背景图”中的“输入数据 1”标签与提取区域的输出区域(0002. outRegion)相连。单击“单次”按钮，其设置与效果如图 4-23 所示。

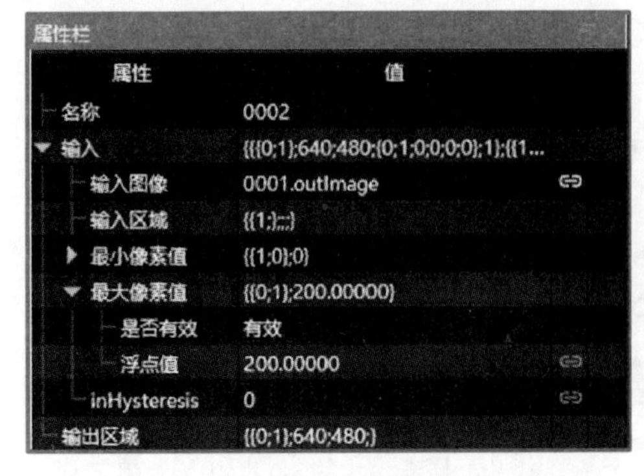

(a) “提取区域” 属性栏设置

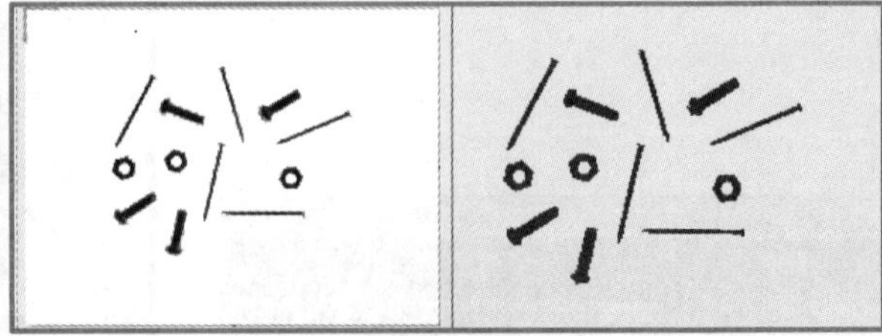

(b) 提取区域效果

图 4-23　“提取区域”设置与效果

③ 双击指令栏中的“区域特征”按钮，在弹出的对话框中双击“分割区域”按钮。单击“分割区域”属性栏中“输入区域”一行中的按钮，链接到“提取区域”指令的输出区域(0002. outRegion)，设置“分割区域”属性栏中的“最小面积”为 10。将控件栏中的“图形显示”控件拖动到主窗口，将“图形显示”属性栏中的“输入数据 1”标签与分割区域的输出区域数组(0003. out. outBlobs)相连，其设置与效果如图 4-24 所示。

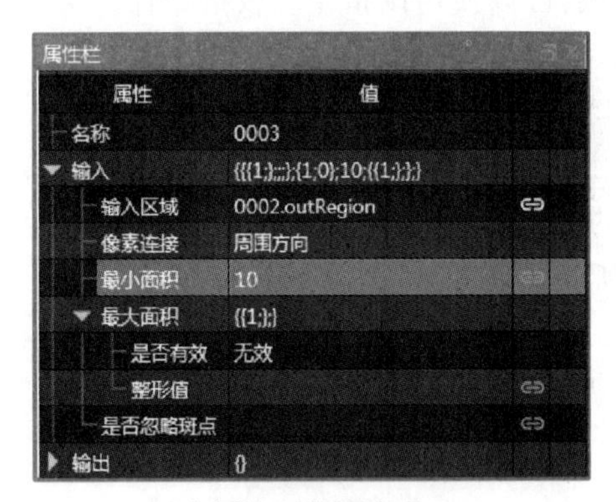

(a) “分割区域”属性栏设置

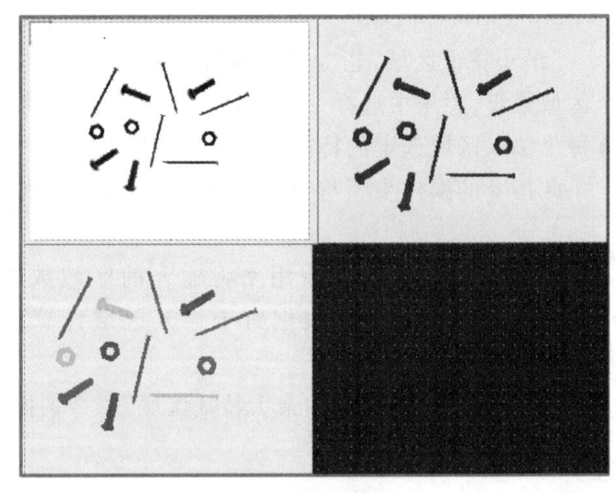

(b) 分割区域效果

图 4-24　“分割区域”设置与效果

④ 双击指令栏中的“区域数组处理”按钮，在弹出的对话框中双击“区域分类”按钮。单击“区域分类”属性栏中的“输入数组区域”一行中的按钮，与“分割区域”指令的输出区域数组(0003. out. outBlobs)相连。由于钉子、螺钉和螺母面积不一样，将“区域分类”属性栏中的“特征值”选择为“总面积”。多次调试后，发现“总面积”大于 700 为螺钉，600~700 之间为螺母，小于 600 为钉子，其分类效果如图 4-25 所示。

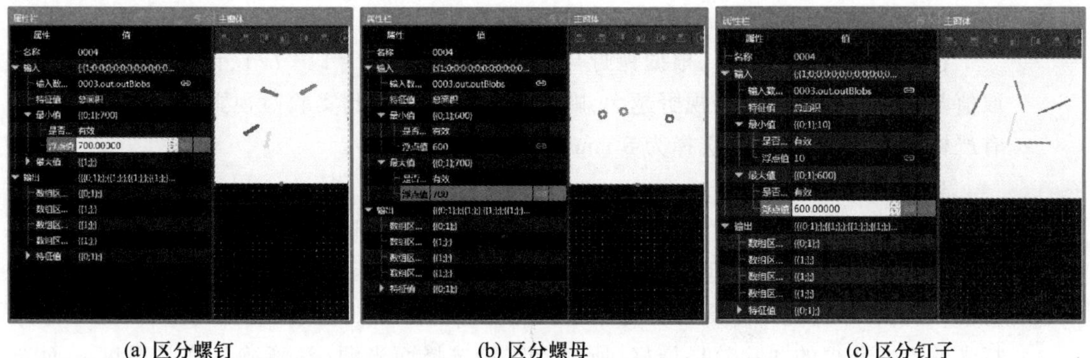

(a) 区分螺钉　　(b) 区分螺母　　(c) 区分钉子

图 4-25　区分出钉子、螺母、螺钉

任务 3　熔断器缺陷检测

任务分析

检测图 4-26 所示熔断器两引脚之间的导线是否断开。要求将检查结果绘制在图像上。如果熔断器损坏,则绘制一个圆圈将其圈出,反之则不绘制。通过任务分析、硬件选型、硬件搭建到软件实施,可以系统掌握实际缺陷检测项目的实施。

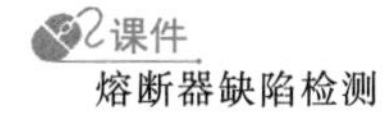

课件
熔断器缺陷检测

素材
熔断器缺陷检测

(a) 检测前

(b) 检测后

图 4-26　熔断器缺陷检测

任务实施

微课
熔断器检测硬件选型及搭建

4.3.1　硬件选型

1. 相机选型

在实验室环境中,首先确认视野范围及检测精度等需求,通过计算公式反推出相机的分辨率选型范围。以拍摄视野 55 mm×40 mm,精度要求 0.1 mm 为例,代入公式 55/分辨率长×n=精度,则相机的分辨率在 550×400 以上就可达到要求。通过观察实验物品之间的特征差异,本实验需要通过一些区域处理工具区分出合格品与不良品之间的差异,分辨率高一些有助于取得更好的实验效果。因此,选择分辨率为 160 万像素(1 440×1 088)的智能相机。

2. 镜头选型

在物距有限的情况下，根据视野与焦距的运算公式 $f=Y' \cdot L/Y$，计算出焦距的大概取值范围，焦距越小，拍摄视野越大，畸变也越大。由于此实验对视野和物距的取值没有严格的要求，此处镜头选择为 8 mm 低畸变工业镜头。

3. 光源选型

观察检测物品可以发现，熔断器断开时，物品金属部分被分成完全独立的两个部分，可以通过多个区域处理工具的配合实现检测功能，因此打光效果需要突出断裂的特征，且能将不透光的金属部分与半透明部分区分开来。通过试验法得知面光源背部打光的方式获得的图片效果最好，所以此实验选择面光源（注意确认样品厚度），面光源大小只需略大于拍摄特征区域即可。

4. 选型清单

根据硬件选型确定项目硬件清单，见表 4-6。

表 4-6 项目硬件清单

序号	名称	规格	参考型号
1	相机	分辨率 1 440×1 088 帧率 107 f/s 曝光方式 全局曝光 靶面 1/3 in	SV-RS160C-C
2	镜头	类型 普通定焦镜头 焦距 8 mm	SL-LF08-C
3	光源	类型 背光源 尺寸 160 mm×160 mm 颜色 白色 功率 20W	SI-JB160160-W

4.3.2 硬件平台搭建

1. 架设高度

在视野与焦距确定的情况下，根据运算公式 $f=Y' \cdot L/Y$，可计算出物距的大约取值范围，三者相互影响。实际工业现场可根据架设高度及定位精度等需求选择适合的硬件。

2. 硬件连接

硬件连接如图 4-27 所示，其视野范围为 55 mm×40 mm，工作距离为 100 mm。

3. 图像显示

将“WP 相机”指令拖动至任务栏，将控件栏中“图形显示”控件拖动到主窗口，大小可根据需求任意调整。将“图形显示”属性栏中的“背景图”链接到 WP 相机路径 0001. outImage，单击“运行”按钮，相机将连续拍照，单击“单次”按钮可单张拍照。修改“WP 相机”指令的“曝光时间”属性，可调节相机进光量。通过调节镜头光圈及焦

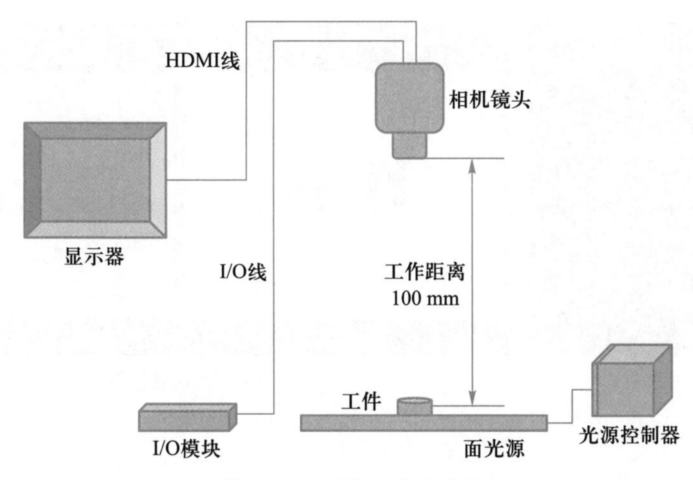

图 4-27 硬件连接示意图

距、光源亮度等参数，将视野画面调节清楚，拍摄效果如图4-28所示。

图 4-28 熔断器实际拍摄效果

4.3.3 软件检测熔断器

缺陷产品的区域数会比合格产品多，可以多次使用“分割区域”指令进行检测，再使用区域数组来获取区域数，并判断出缺陷产品。

本例以实际采集的图片为例，进行软件图像处理，具体操作步骤如下。

① 从本地计算机导入图片。

② 双击指令栏中的“阈值提取”按钮，在弹出的对话框中双击“提取区域”按钮。单击“提取区域”属性栏中“输入图像”一行中的按钮，链接到模拟相机的输出图像(0001. outImage)。单击“提取区域”属性栏中“输入区域”一行中的按钮，在弹出的“图形编辑”窗口选择需要提取的区域。由于图片背景为白色，因此将“提取区域”属性栏中的“最小像素值”设置为0，“最大像素值”设置为248。将控件栏中的“图形显示”控件拖动到主窗口，将“图形显示”属性栏中“背景图”中的“输入数据1”标签与提取区域的输出区域(0002. outRegion)相连。单击“单次”按钮，设置与效果如图4-29所示。

③ 双击指令栏中的“区域特征”按钮，在弹出的对话框中双击“分割区域”按钮。单击“分割区域”属性栏中“输入区域”一行中的按钮，链接到“提取区域”指令的输出区域(0002. outRegion)。

④ 现在得到了一个区域数组。需要检查每一个熔断器是否断开，因此使用步进循环来分析每一个熔断器。循环次数是熔断器的个数(即区域数组的长度)，在这里可以使用“数组长度”指令来获得熔断器的个数。

a. 使用“数组长度”指令获得区域数组长度。双击指令栏中的“数组”按钮，在弹出的对话框中双击“选择数组长度”按钮。设置数组类型为XVRegion类型，将属性栏中的“输入数组”与分割区域0003. out. outBlobs相连，其设置如图4-30所示。

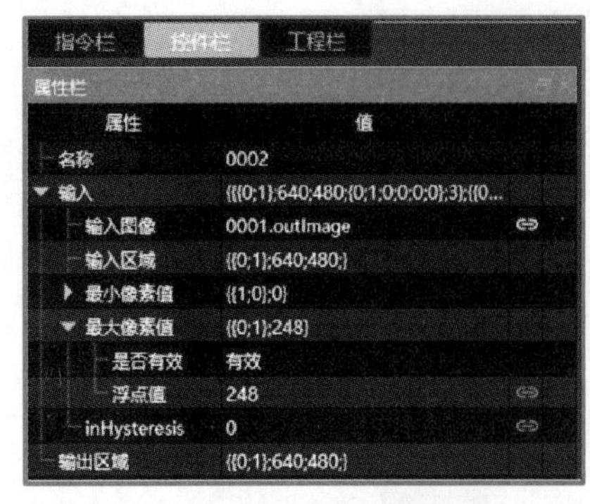

(a) “提取区域”属性栏设置

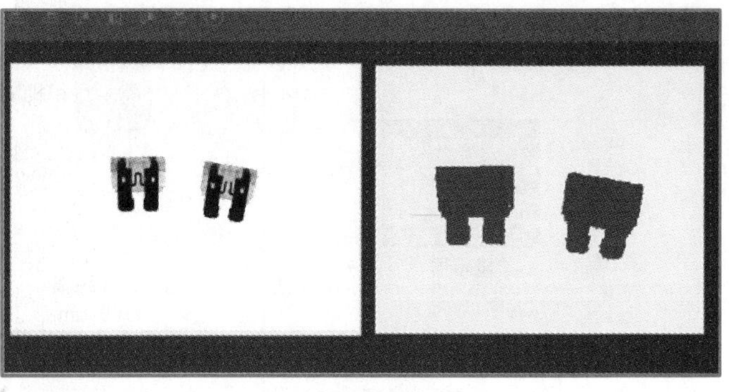

(b) 提取区域效果

图 4-29 “提取区域”指令设置与效果

图 4-30 获取区域数组长度

b. 使用步进循环 for 分析每一个熔断器，将“结束值”链接为数组长度。在指令栏中双击“步进循环 for”按钮，在“步进循环 for”属性栏中选择相应的参数，其属性栏界面如图 4-31 所示。

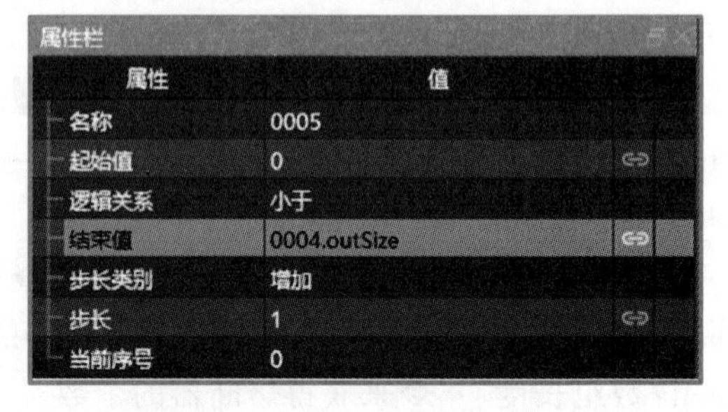

图 4-31 “步进循环 for”指令设置

⑤ 使用“获取数组项”指令（将数组类型改为 XVRegion）来获取区域数组中的一个区域，其中“数组序号”链接“步进循环 for”的值。双击指令栏中的“数组”按钮，在弹出的对话框中双击“获取数组项”按钮。设置数组类型为 XVRegion，将属性栏中的“输入数组”与分割区域 0003. out. outBlobs 相连，“数组序号”与步进循环 0005. outValue

相连，如图 4-32 所示。

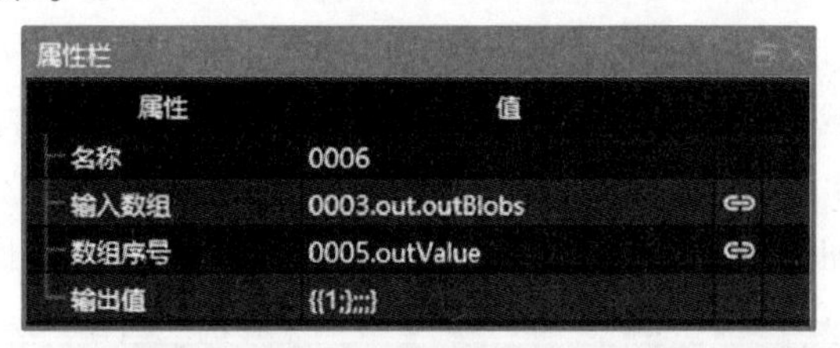

图 4-32　“获取数组项”指令设置

⑥ 再次使用“提取区域”指令，将输入区域与“获取数组项”的值相连。双击指令栏中的“阈值提取”按钮，在弹出的对话框中双击“提取区域”按钮。单击“提取区域”属性栏中“输入图像”一行中的按钮，链接到模拟相机的输出图像(0001. outImage)。单击“提取区域”属性栏中“输入区域”一行中的按钮，链接到获取数组项(0006. outValue)。由于需要判断是否断开，所以将“提取区域”属性栏中的“最小像素值”设置为 0，“最大像素值”设置为 86。将控件栏中的“图形显示”控件拖动到主窗口，将“图形显示”属性栏中“背景图”中的“输入数据 1”标签与提取区域的输出区域(0007. outRegion)相连。单击“单次”按钮，效果如图 4-33 所示。

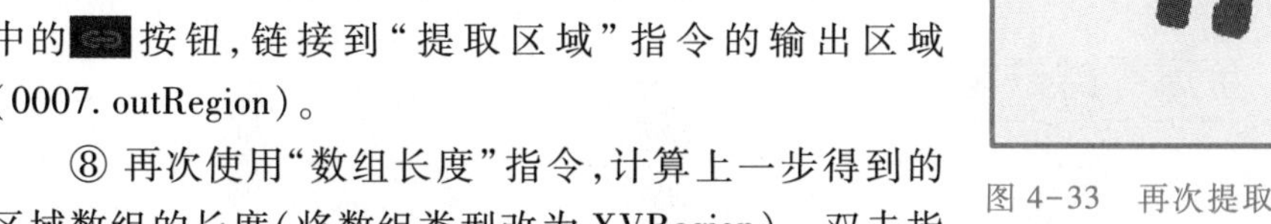

图 4-33　再次提取区域效果图

⑦ 再次使用“分割区域”指令。双击指令栏中的“区域特征”按钮，在弹出的对话框中双击“分割区域”按钮。单击“分割区域”属性栏中“输入区域”一行中的按钮，链接到“提取区域”指令的输出区域(0007. outRegion)。

⑧ 再次使用“数组长度”指令，计算上一步得到的区域数组的长度(将数组类型改为 XVRegion)。双击指令栏中的“数组”按钮，在弹出的对话框中双击“选择数组长度”按钮。设置数组类型为 XVRegion，将属性栏中的“输入数组”与分割区域 0008. out. outBlobs 相连。

⑨ 如果数组长度大于 1，则意味着引脚未连接在一起，因此该熔断器已损坏。在这里使用条件分支 if 来判断数组长度是否大于 1。在指令栏中，双击“条件分支 if”按钮，双击任务栏中的“条件分支 if”指令，弹出“表达式编辑”窗口。在“表达式编辑”窗口中添加变量及判断条件，如图 4-34 所示。

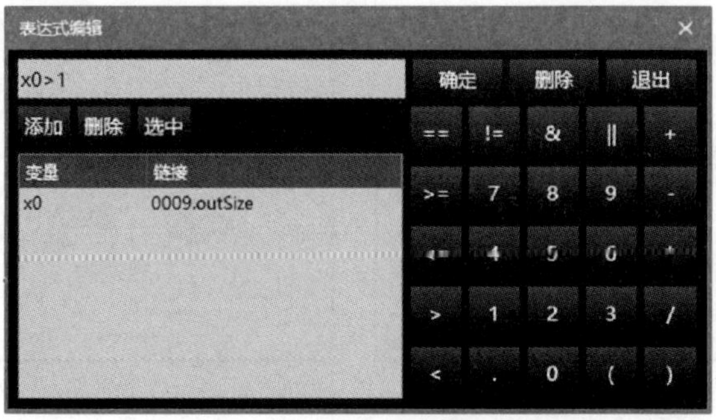

图 4-34　“表达式编辑”窗口

⑩ 使用“区域外接圆”指令将损坏的熔断器圈出来。双击指令栏中的“区域特征”按钮，在弹出的对话框中双击“区域外接圆”按钮。将“区域外接圆”属性栏中的“输入区域”与“提取区域”指令的输出区域(0007. outRegion)相连。将“图形显示”控件属性栏中的“输入数据 1”标签与“区域外接圆”的输出圆(00011. outBoundingCircle)相连。单击“单次”按钮，熔断器缺陷检测操作流程及最终效果如图 4-35 所示。

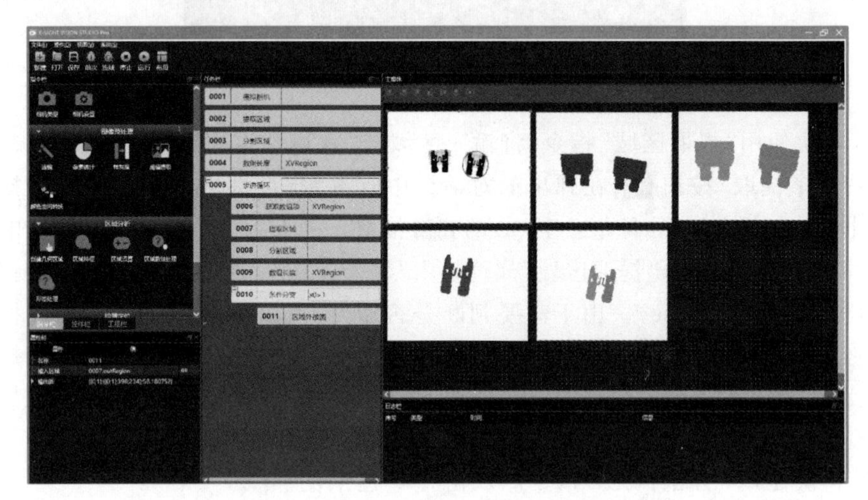

图 4-35 熔断器缺陷检测操作流程及最终效果

任务 4 金属零件缺陷检测

任务分析

课件 金属零件缺陷检测

素材 金属零件缺陷检测

检测图 4-36 所示的一组金属零件。要求将检查结果绘制在图像上。如果零件损坏，则绘制一个圆圈将其圈出，反之则不绘制。通过完成此学习任务，掌握形态学处理，包括“区域形态膨胀”“区域形态腐蚀”“区域形态关闭”“区域形态开口”“区域形态增宽”“区域形态收窄”“移除像素分支”“区域填充”指令。

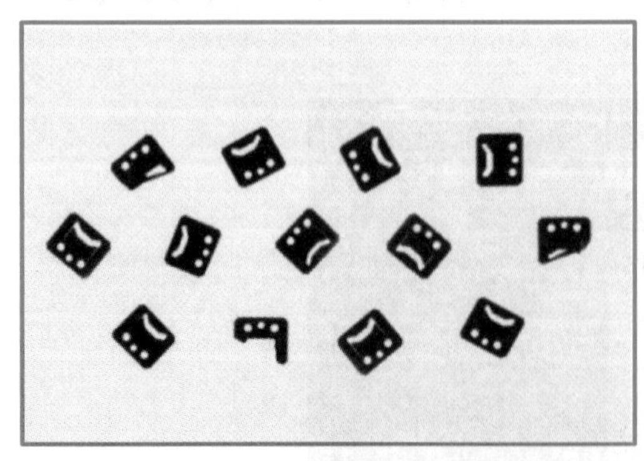

(a) 检测前

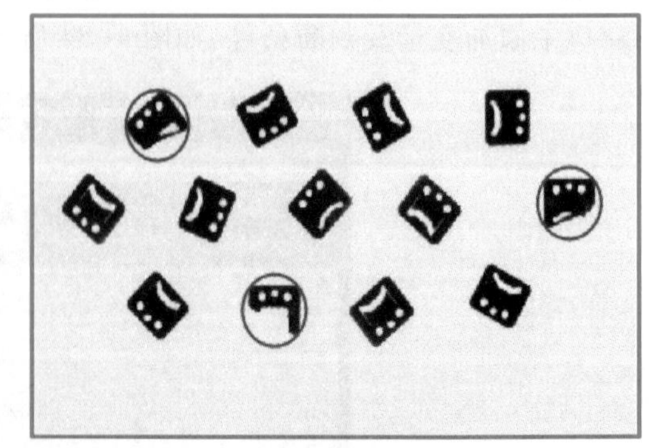

(b) 检测后

图 4-36 金属零件缺陷检测

相关知识

4.4.1 形态学处理

1. 区域形态膨胀

“区域形态膨胀”指令用来使用预定义内核在区域上执行形态扩张，主要应用于使区域更厚或者填充其中的小孔，如图 4-37 所示。

微课 形态学处理

(a) 膨胀前

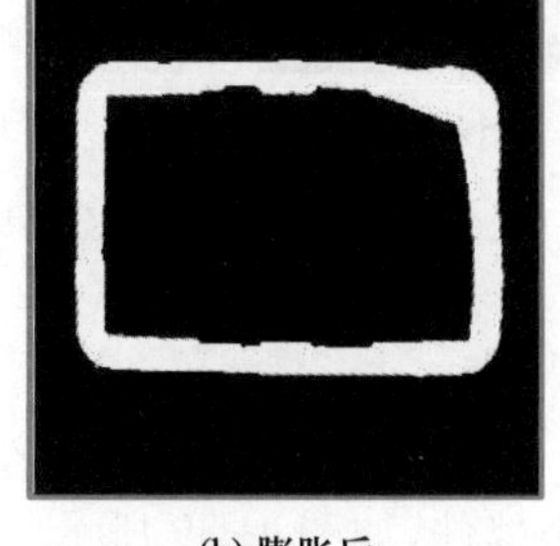

(b) 膨胀后

图 4-37 区域形态膨胀效果

该指令执行形态扩张，这是用于区域扩张的基本工具。与其他区域形态学操作相似，使用称为核（或者结构元素）的形状进行扩张。核在输入区域尺寸内的每个位置重复居中，其属性见表 4-7。

表 4-7 “区域形态膨胀”指令属性

属性	类型	范围	描述
输入区域	区域	—	输入区域
内核形状	内核形状	—	内核形状（预定义）
宽度	整型	0～∞	接近内核宽度的一半（$2\times R+1$）
高度	整型	0～∞	接近内核高度的一半（$2\times R+1$）或者与宽度相同
输出区域	区域	—	输出区域

参数“内核形状”用来选择核的形状，而参数“宽度”“高度”用来确定其尺寸。

使用“区域形态膨胀”指令时需要注意：

① 增加“宽度”使输出区域变得更厚。

② 将“内核形状”更改为椭圆，以使过滤器在每个方向上的强度相同（执行速度会变慢）。

“区域形态膨胀”指令的具体操作步骤如下。

① 从本地计算机导入图片。

② 使用“提取区域”指令提取对象区域。

③ 双击指令栏中的“形态处理”按钮，在弹出的对话框中双击“区域形态膨胀”按钮。单击“区域形态膨胀”属性栏中“区域”一行中的按钮，与提取指令的输出

(0002. outRegion)相连。根据需求设置内核形状、内核宽度、内核高度,其属性栏与膨胀效果如图 4-38 所示。

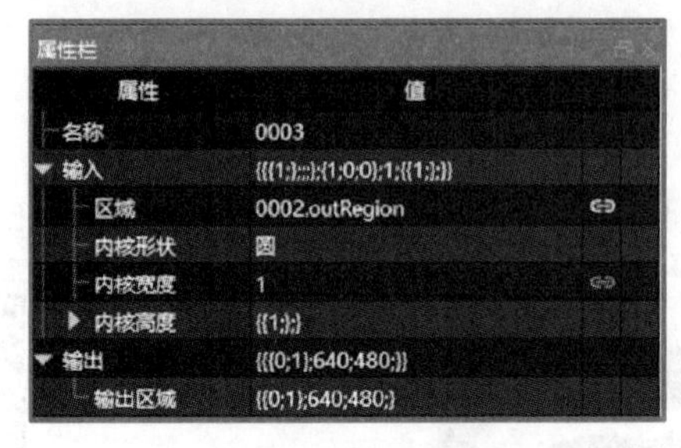

(a) “区域形态膨胀” 属性栏

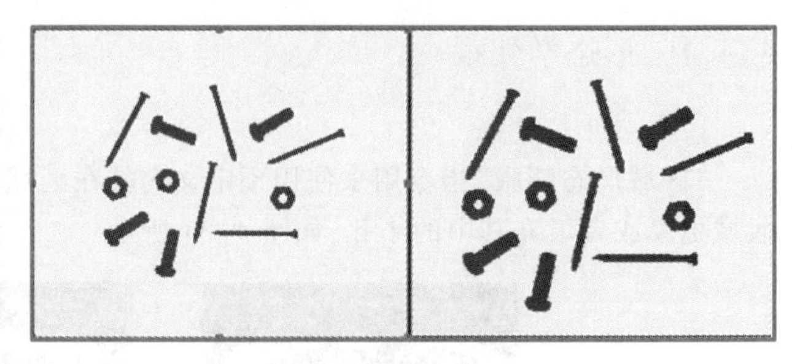

(b) 膨胀效果

图 4-38 “区域形态膨胀”属性栏及膨胀效果

2. 区域形态腐蚀

“区域形态腐蚀”指令用来使用预定义的内核对区域执行形态腐蚀,主要用于使区域更薄或者消除小部件,如图 4-39 所示。

(a) 腐蚀前

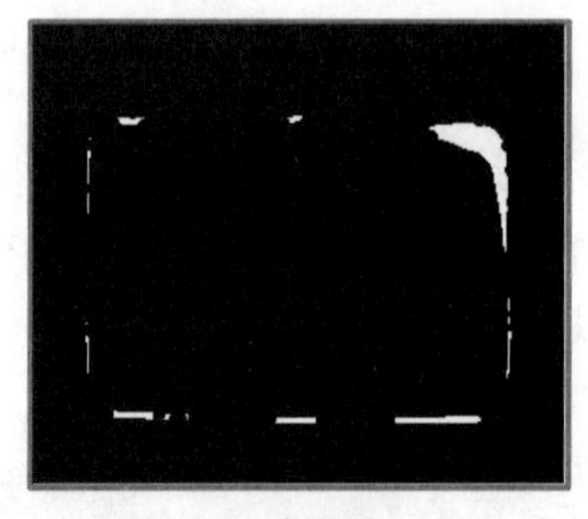

(b) 腐蚀后

图 4-39 区域形态腐蚀效果

该指令执行形态腐蚀,这是用于区域缩小的基本工具。与其他区域形态学操作相似,使用称为核(或者结构元素)的形状进行腐蚀。核在输入区域尺寸内的每个位置重复居中。参数“内核形状”用来选择核的形状,参数“宽度”“高度”用来确定它的大小。

使用“区域形态腐蚀”指令时应注意:

① 增加“宽度”使输入区域变得更薄。

② 将“内核形状”更改为椭圆,以使过滤器在每个方向上的工作同样强烈(执行速度会变慢)。

此指令的操作步骤与“区域形态膨胀”指令的操作步骤相似。

3. 区域形态关闭

“区域形态关闭”指令用来使用选定的预定义内核在区域上执行形态关闭,主要用于填充区域内的小缝隙,但是不会使它变厚,如图 4-40 所示。

该指令执行形态关闭,是用于填充区域内缝隙的工具。该指令是两个基本形态指令的卷积,首先使用“区域形态膨胀”指令扩大输入区域,然后使用“区域形态腐蚀”指令腐蚀结果区域。在扩张期间,足够小的缝隙实际上是闭合的,而进一步腐蚀确保区域肢体

图 4-40 区域形态关闭效果

的宽度能够保持。两个指令的操作都使用相同的“内核形状”“宽度”“高度”参数进行。

使用“区域形态关闭”指令时需要注意：

① 增加“宽度”来填充区域内最大的空白。

② 将“内核形状”更改为椭圆，以使过滤器在每个方向上的工作同样强烈（执行速度会变慢）。

此指令的操作步骤与“区域形态膨胀”指令的操作步骤相似。

4. 区域形态开口

“区域形态开口”指令用来使用预定义核在区域上执行形态开口，主要用于从区域中移除小部件，而且不会使它变薄，如图 4-41 所示。

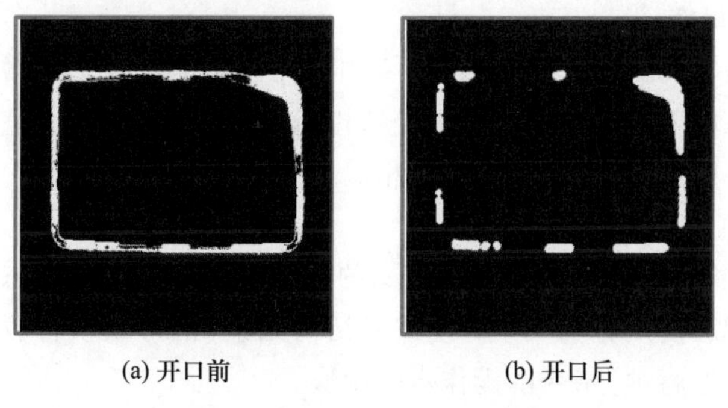

图 4-41 区域形态关闭效果

该指令执行形态开口，是从区域中移除小部件的工具。该指令是两个基本形态指令的卷积，首先使用“区域形态腐蚀”指令腐蚀输入区域，然后使用“区域形态膨胀”指令扩张生成的区域。在腐蚀期间，区域中薄的部分将会被消除，而进一步扩张确保区域肢体的宽度得以保留。两个指令都使用相同的“内核形状”“宽度”“高度”参数。

使用“区域形态开口”指令时需要注意：

① 增加“宽度”来从区域中消除更多小部件。

② 将“内核形状”更改为椭圆，以使过滤器在每个方向上的工作同样强烈（执行速度会变慢）。

该指令的操作步骤与“区域形态膨胀”指令的操作步骤相似。

5. 移除像素分支

“移除像素分支”指令用来从区域中移除一个像素宽度的分支。该指令将从输入区域中删除长度不超过最大长度的所有分支，如图 4-42 所示。

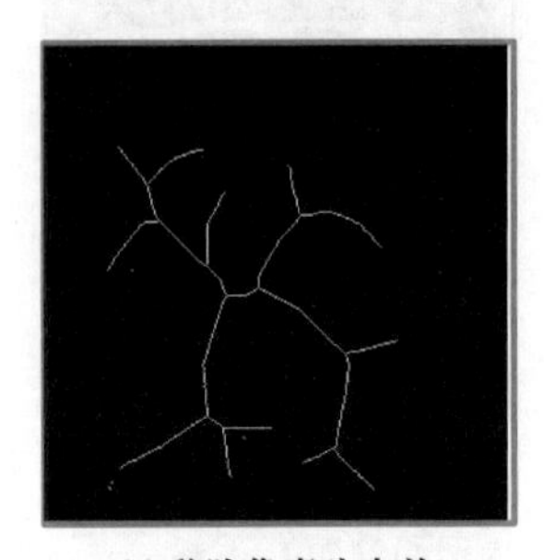

(a) 移除像素分支前

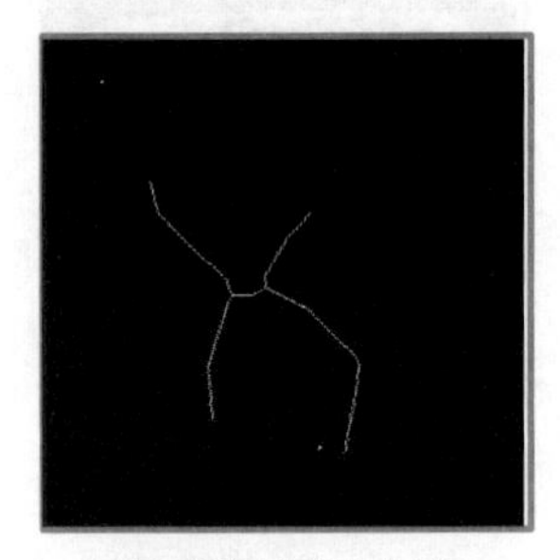

(b) 移除像素分支后

图 4-42 移除像素分支效果

该指令的操作步骤与“区域形态膨胀”指令的操作步骤相似，其属性见表 4-8。

表 4-8 “移除像素分支”指令属性

序号	属性	类型	范围	描述
1	区域	区域	—	输入区域
2	最大长度(删除)	整型	0～∞	要删除输入区域分支的最大强度
3	输出区域	区域	—	输出区域

6. 区域形态增宽

“区域形态增宽”指令用来使用预定义内核在区域上执行形态增宽。和其他区域形态学指令相似，使用称为“内核”(或者结构元素)的形状进行增宽。该指令的操作步骤与“区域形态腐蚀”指令的操作步骤相似。

7. 区域形态收窄

“区域形态收窄”指令用来使用预定义的内核在区域上执行形态收窄。和其他区域形态学指令相似，使用称为“内核”(或者结构元素)的形状执行收窄。该指令的操作步骤与“区域形态腐蚀”指令的操作步骤相似。

8. 区域孔洞填充

“区域孔洞填充”指令用来扩展输入区域，使其包含先前位于其孔中的所有像素。该指令扩展一个区域，以包含任何区域孔内的所有像素。区域的孔是像素的连接区域，不属于该区域，不接触区域框架的边界，如图 4-43 所示。

(a) 填充前

(b) 填充后

图 4-43 区域孔洞填充效果

“区域孔洞填充”指令属性见表 4-9。

表 4-9　“区域孔洞填充”指令属性

序号	属性	类型	取值范围	描述
1	区域输出	区域	—	输入区域
2	连接类型	区域链接性	—	区域的连接类型
3	最小面积	整型	0～∞	要填充孔的最小面积
4	最大面积	整型	0～∞	要填充孔的最大面积
5	输出区域	区域	—	输出区域

“区域孔洞填充”指令的具体操作步骤如下。

① 从本地计算机导入图片。

② 使用“提取区域”指令提取对象区域。

③ 双击指令栏中的“形态处理”按钮，在弹出的对话框中双击“区域孔洞填充”按钮。单击“区域孔洞填充”属性栏中“区域输入”一行中的按钮，与提取指令的输出(0002. outRegion)相连。根据需求设置属性栏中的“连接类型”“最小面积”“最大面积”参数，其属性栏与执行效果如图 4-44 所示。

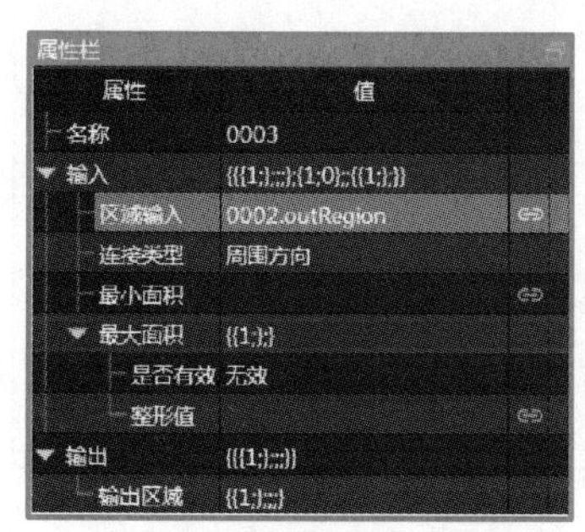

(a) “区域孔洞填充” 属性栏

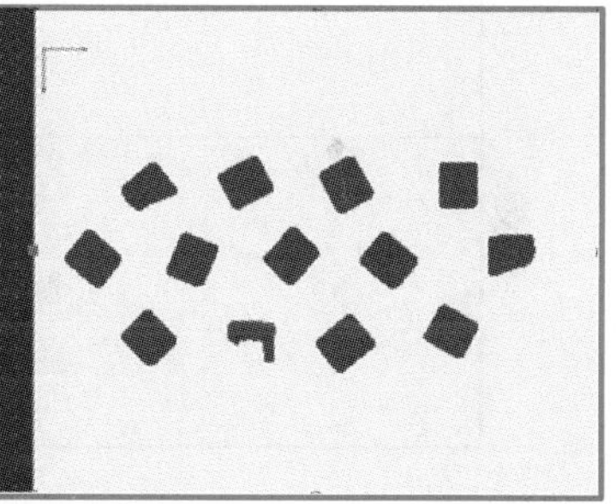

(b) 区域孔洞填充效果

图 4-44　“区域孔洞填充”属性栏及填充效果

任务实施

4.4.2　硬件选型

1. 相机选型

在实验室环境中，首先确认视野范围及检测精度等需求，通过计算公式反推出相机的分辨率选型范围。观察产品差异得知，实验需要通过区域分析分辨出合格和不合格产品，相机像素高有助于区分差异。以拍摄视野 120 mm×90 mm，精度要求 0.1 mm 为例，代入公式 120/分辨率长×n=精度，则相机的分辨率在 1 200×900 以上就可达到要求。因此，选择 160 万像素(1 440×1 088)的智能相机。

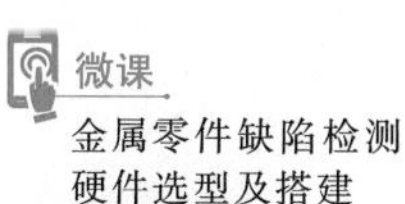

金属零件缺陷检测硬件选型及搭建

2. 镜头选型

在物距有限的情况下,计算出焦距的大约取值范围。焦距越小,拍摄视野越大,畸变也越大。由于此实验对视野与物距的取值没有严格的要求,此处镜头选择为 8 mm 低畸变工业镜头。

3. 光源选型

本实验需要通过多个区域工具配合实现功能。产品为金属薄片,由于金属反光特性,正面打光难以提取产品完整区域,通过测试可知,面光源打背光的方式得到的外轮廓和整体区域效果最好,所以此实验选择面光源(注意确认样品厚度)。面光源大小只需略大于拍摄特征区域即可。

4. 选型清单

根据硬件选型,确定项目硬件清单,见表 4-10。

表 4-10 项目硬件清单

序号	名称	规格	参考型号
1	相机	分辨率 1 440×1 088 帧率 107 f/s 曝光方式 全局曝光 靶面 1/3 in	SV-RS160C-C
2	镜头	类型 普通定焦镜头 焦距 8 mm	SL-LF08-C
3	光源	类型 背光源 尺寸 160 mm×160 mm 颜色 白色 功率 20 W	SI-JB160160-W

4.4.3 硬件平台搭建

1. 架设高度

在视野与焦距确定的情况下,计算出物距的大致取值范围,三者相互影响,实际工业现场可根据架设高度及定位精度等需求选择适合的硬件。

2. 硬件连接

硬件连接示意图如图 4-45 所示,其视野范围为 120 mm×90 mm,工作距离为 200 mm。

3. 图像显示

将“WP 相机”指令拖动至任务栏,将控件栏中的“图形显示”控件拖动到主窗口,大小可根据需求任意调整。将“图形显示”属性栏中的“背景图”链接到“WP 相机”路径(0001. outImage),单击“运行”按钮,相机将连续拍照。单击“单次”按钮,可单张拍照。修改“WP 相机”指令的“曝光时间”属性可调节相机进光量,通过调节镜头光圈及焦距、光源亮度等参数将视野画面调节清楚，拍摄效果如图 4-46 所示。

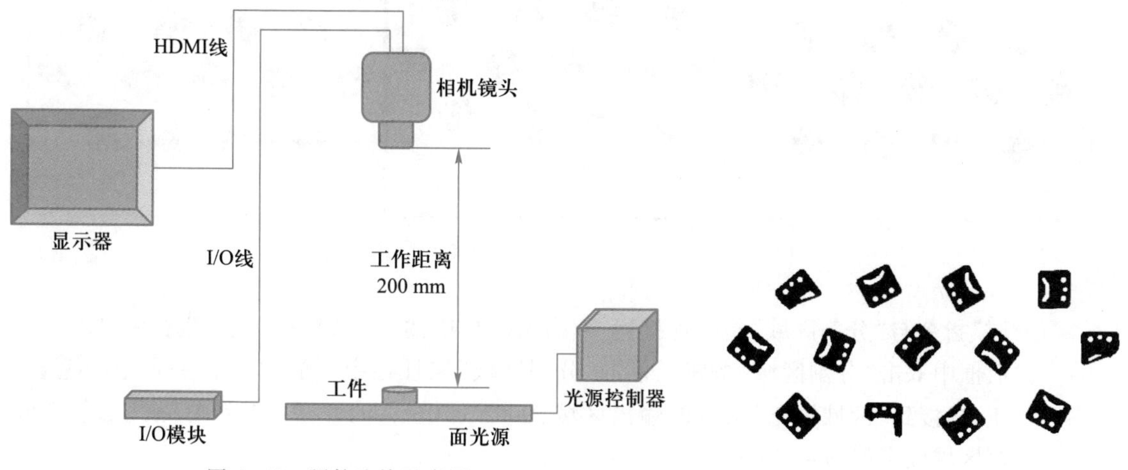

图 4-45　硬件连接示意图

图 4-46　金属零件拍摄效果图

4.4.4　软件检测金属零件

微课
软件检测金属零件

可以分割各零件区域，根据各零件区域面积来判断其是否损坏。以实际采集的图片为例，进行软件图像处理，具体操作步骤如下。

① 从本地计算机导入图片。

② 双击指令栏中的“阈值提取”按钮，在弹出的对话框中双击“提取区域”按钮。单击“提取区域”属性栏中“输入图像”一行中的按钮，链接到模拟相机的输出图像(0001. outImage)。单击“提取区域”属性栏中“输入区域”一行中的按钮，在弹出的“图形编辑”窗口选择需要提取的区域。将控件栏中的“图形显示”控件拖动到主窗口，将“图形显示”属性栏中“背景图”中的“输入数据 1”标签与提取区域的输出区域(0002. outRegion)相连。单击“单次”按钮，其提取区域效果如图 4-47 所示。

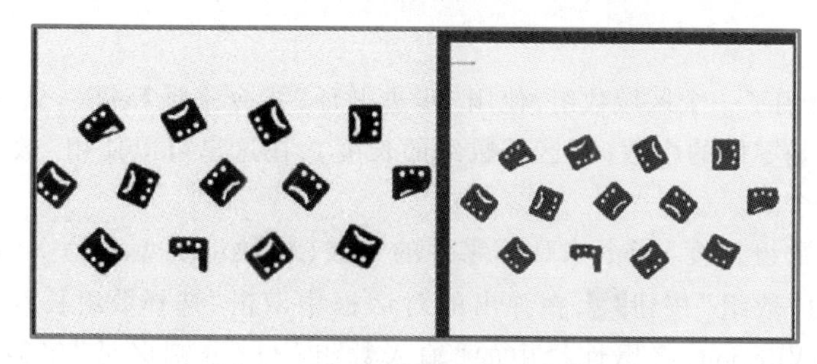

图 4-47　金属零件提取区域效果

③ 由于零件有孔洞，对于区域面积的计算可能造成误差，因此使用“区域填充”指令来填充孔洞。双击指令栏中的“形态处理”按钮，在弹出的对话框中双击“区域填充”按钮。单击“区域填充”属性栏中“区域输入”一行中的按钮，与提取指令的输出(0002. outRegion)相连。单击“单次”按钮，其填充效果如图 4-48 所示。

④ 使用“分割区域”指令，将区域划分为每个零件相对应的几个区域(将“提取区

图 4-48 金属零件区域填充效果图

域”指令与“分割区域”指令连接）。双击指令栏中的“区域特征”按钮，在弹出的对话框中双击“分割区域”按钮。单击“分割区域”属性栏中“输入区域”一行中的按钮，链接到“区域填充”指令的输出区域(0003. outRegion)。单击“单次”按钮，其分割区域效果如图 4-49 所示。

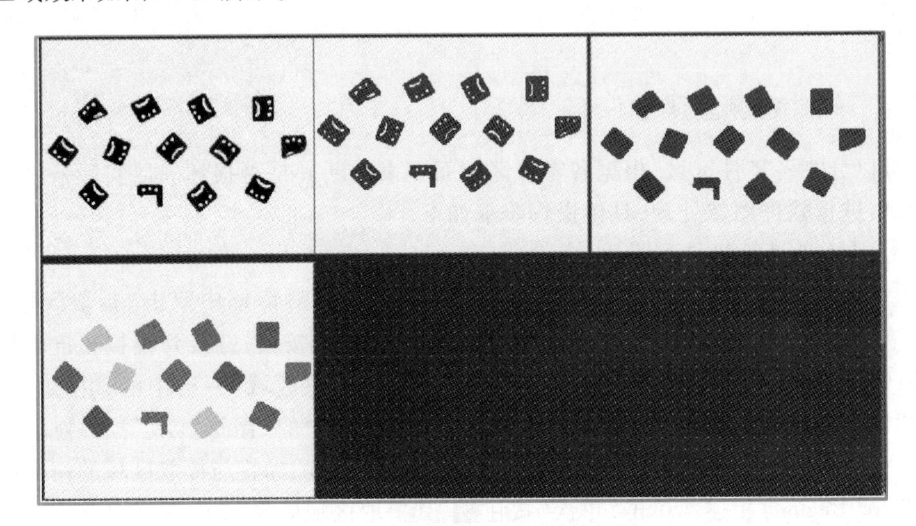

图 4-49 金属零件分割区域效果图

⑤ 现在得到了一个区域数组，使用“步进循环”指令来计算每一个零件的区域面积。循环次数是零件的个数（即区域数组的长度），在这里可以使用“数组长度”指令来获得零件的个数。

a. 使用“数组长度”指令来计算零件的个数（将数组类型改为 XVRegion）。双击指令栏中的“数组”按钮，在弹出的对话框中双击“选择数组长度”按钮。设置数组类型为 XVRegion，将属性栏中的“输入数组”与“分割区域”0004. out. outBlobs 相连。

b. 使用“步进循环”指令计算每一个零件的区域面积，“结束值”链接数组长度。在指令栏中双击“步进循环”按钮，在“步进循环”属性栏中选择相应的参数，其属性栏界面如图 4-50 所示。

⑥ 使用“获取数组项”指令（将数组类型改为 XVRegion）来获取区域数组中的一个区域，其中“数组序号”链接步进循环的值。双击指令栏中的“数组”按钮，在弹出

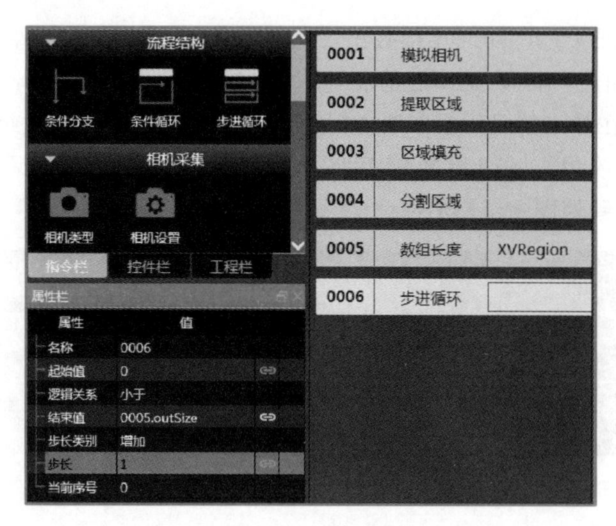

图 4-50　“步进循环”属性栏设置

的对话框中双击“获取数组项”按钮。设置数组类型为 XVRegion,将属性栏中的“输入数组”与“分割区域”(0004. out. outBlobs)相连,“数组序号”与“步进循环”(0006. outValue)相连,如图 4-51 所示。

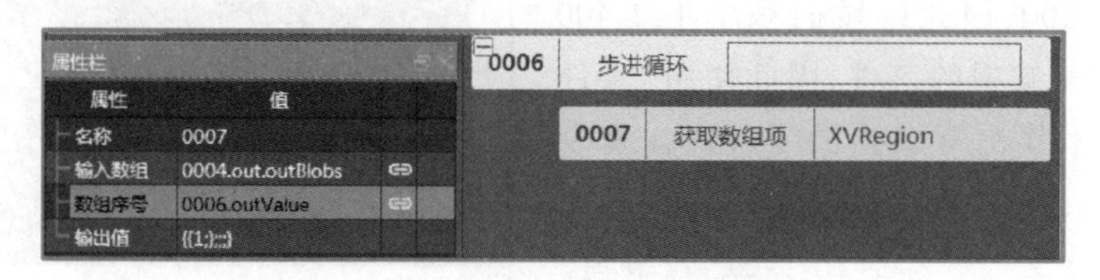

图 4-51　“获取数组项”属性栏设置

⑦ 使用“区域面积”指令来计算每一个零件的区域面积,将“输入区域”与“获取数组项”相连。双击指令栏中的“区域特征”按钮,在弹出的对话框中双击“区域面积”按钮。将“区域面积”属性栏中的“输入区域”与“获取数组项”的输出(0007. outValue)相连。单击“单次”按钮,其效果如图 4-52 所示。

图 4-52　区域面积输出

⑧ 将每个零件区域面积的值添加到数组中,并用表格控件显示出来。

a. 使用“创建数组”指令来创建数组。由于区域面积的值为 int 类型,所以将数组类型更改为 int。在“模拟相机”下一行双击指令栏中的“数组”按钮,在弹出的对话框中双击“创建数组”按钮。双击任务栏中的“创建数组”指令,在弹出的“数组类型选择”窗口中选择 int 类型。

b. 使用“添加数组项”指令（将数组类型更改为 int）将各个零件区域面积的值添加到数组中（添加值与区域面积的值相连）。在“区域面积”下一行双击指令栏中的“数组”按钮，在弹出的对话框中双击“添加数组项”按钮。设置数组类型为 int，将属性栏中的“输入数组”与创建数组 0002. outArray 相连，“添加值”与“区域面积”0009. outArea 相连，如图 4-53 所示。

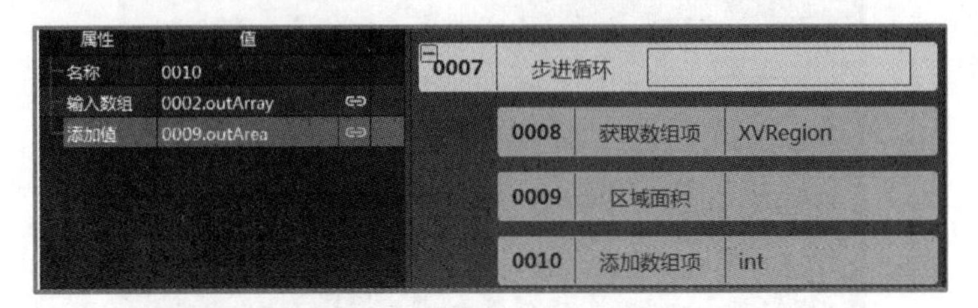

图 4-53 “添加数组项”设置

c. 用表格控件将数组显示出来。将控件栏中的“表格”控件拖动到主窗口，将“表格”属性栏中的“输入数据 1”标签与创建数组 0002. outArray 相连。单击“单次”按钮，表格如图 4-54 所示。

⑨ 从表格中可以看到正常零件的区域面积大于 2 400，因此区域面积小于 2 400 的零件属于有缺损的零件，因此使用“条件分支”指令来找出有缺损的零件。在指令栏中双击“条件分支”按钮，双击任务栏中的“条件分支”指令，弹出“表达式编辑”窗口。在“表达式编辑”窗口中添加变量及判断条件，如图 4-55 所示。

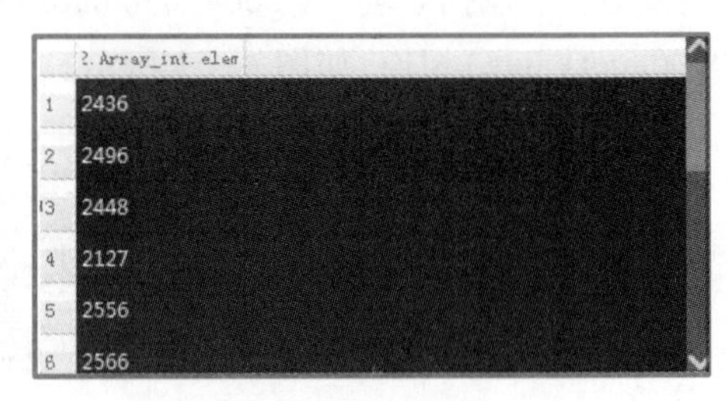

图 4-54 表格显示

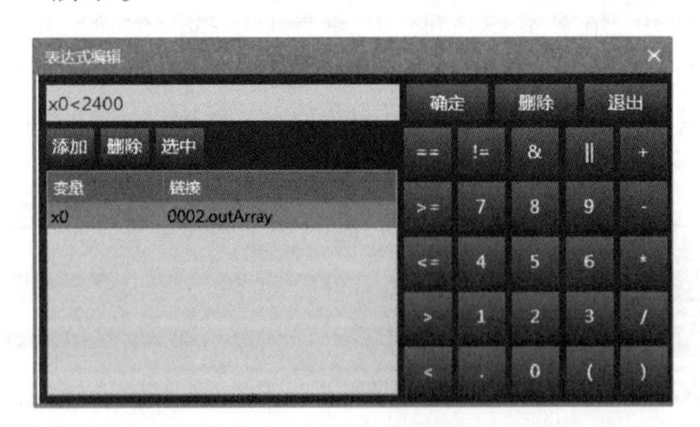

图 4-55 “表达式编辑”窗口设置

⑩ 使用“区域外接圆”指令将有缺损的零件圈出。双击指令栏中的“区域特征”按钮，在弹出的对话框中双击“区域外接圆”按钮。将“区域外接圆”属性栏中的“输入区域”与“获取数据项”0008. outValue 相连，其属性栏设置如图 4-56 所示。

⑪ 将区域外接圆添加到圆数组中，并且在图形显示中显示出来。

a. 使用“创建数组”指令创建圆数组（数组类型改为 XVCircle2D）。在“模拟相机”

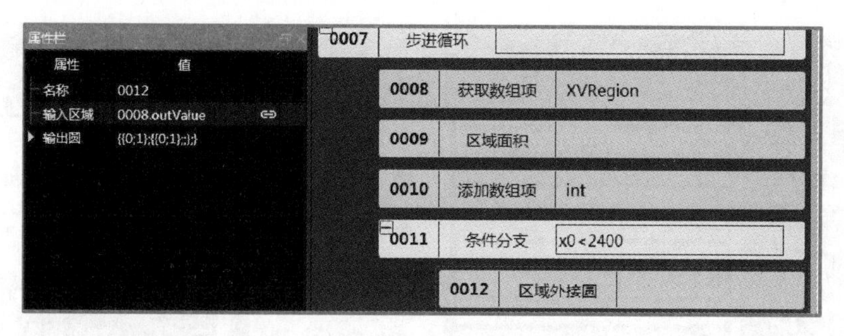

图 4-56 “区域外接圆”设置

下一行双击指令栏中的“数组”按钮，在弹出的对话框中双击“创建数组”按钮。双击任务栏中的“创建数组”指令，在弹出的“数组类型选择”窗口中选择 XVCircle2D 类型，如图 4-57 所示。

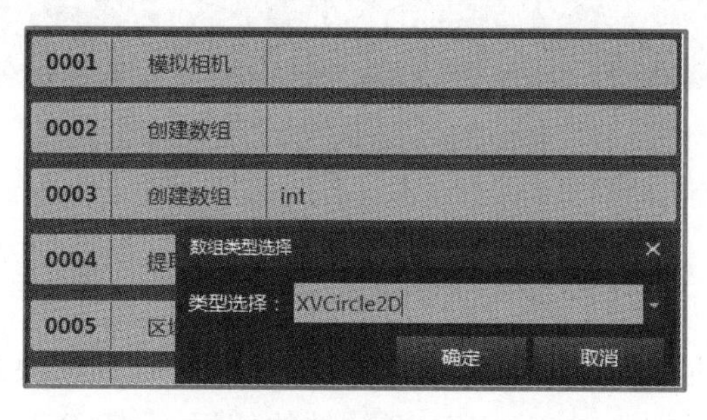

图 4-57 创建 XVCircle2D 类型数组

b. 使用“添加数组项”指令将区域外接圆添加到圆数组中，并将圆数组显示出来。双击指令栏中的“数组”按钮，在弹出的对话框中双击“添加数组项”按钮，设置数组类型为 XVCircle2D，将属性栏中的“输入数组”与“区域外接圆”00013. outBoundingCircle 相连，如图 4-58 所示。

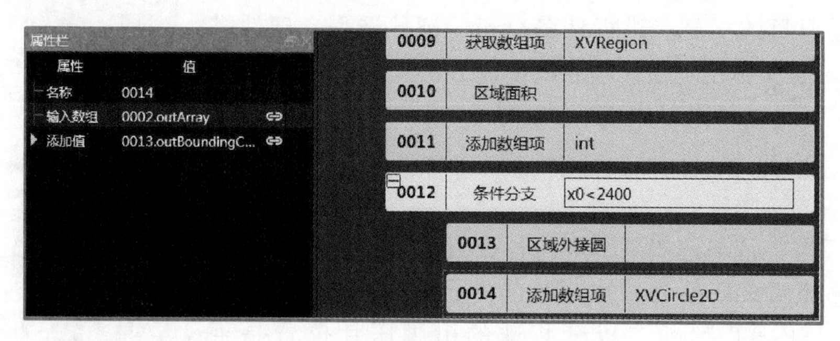

图 4-58 “添加数组项”属性栏设置

⑫ 单击“单次”按钮，金属零件缺陷检测操作流程及最终效果如图 4-59 所示。

微课
企业工程师——
区域形态处理

素材
企业工程师——
形态学处理 diode

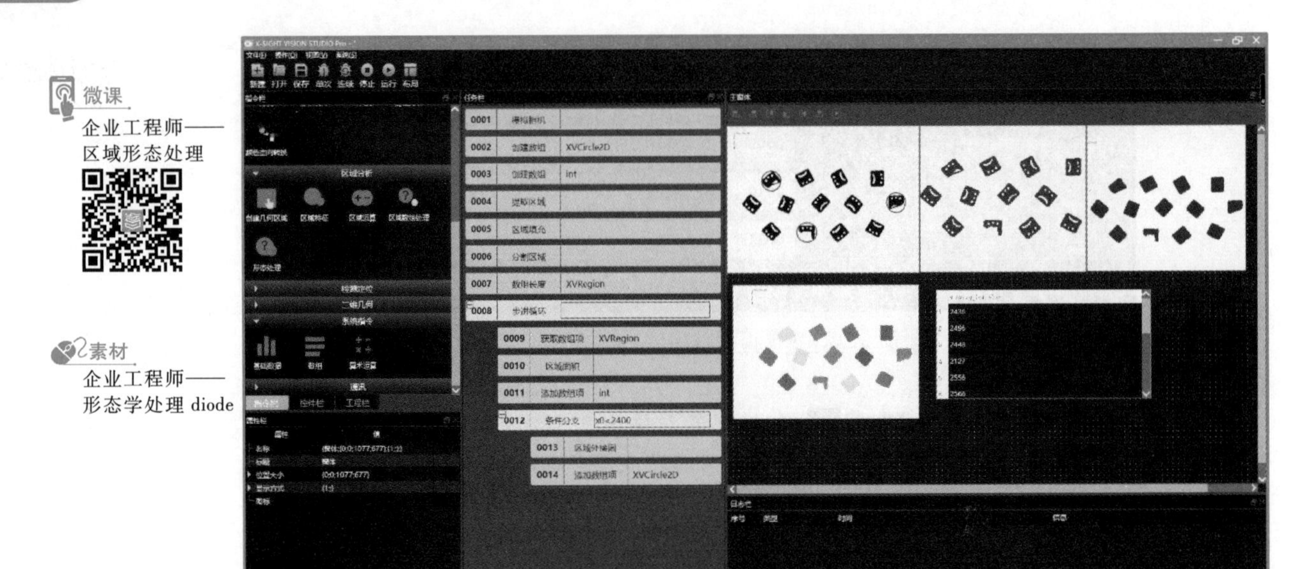

图 4-59 金属零件缺陷检测操作流程与最终效果

总结

本项目介绍视觉检测，主要包括检测金属垫片缺陷、零件分类、熔断器缺陷检测、金属零件缺陷检测。通过本项目的学习，可以加强对 X-SIGHT 软件的使用。任务 1 介绍了“获取像素”“获取区域像素”“像素值之和”“像素强度”4 种指令的使用。任务 2 介绍了区域数组处理，包括“区域分类”“最大特征区域”“最小特征区域”“区域数组排序”指令。通过任务 3 熔断器缺陷检测的学习，巩固了“区域分割”“流程控制”“数组”“提取区域”等综合指令的使用。通过任务 4 金属零件缺陷检测学习了形态学处理，包括“区域形态膨胀”“区域形态腐蚀”“区域形态关闭”“区域形态开口”“区域形态增宽”“区域形态收窄”“移除像素分支”“区域孔洞填充”指令。通过项目的实施，进行任务分析、硬件选型、硬件搭建、软件实施，系统学习了实际视觉检测项目的实施方法。

习题

如图 4-60 所示的二极管灯珠，如果引脚压片位置断裂会影响灯珠发光效果。通过视觉检测提高该产品一致性，难点在于瑕疵较小，且有表面字符干扰。利用 X-SIGHT 判断二极管灯珠的引脚压片位置是否断裂。

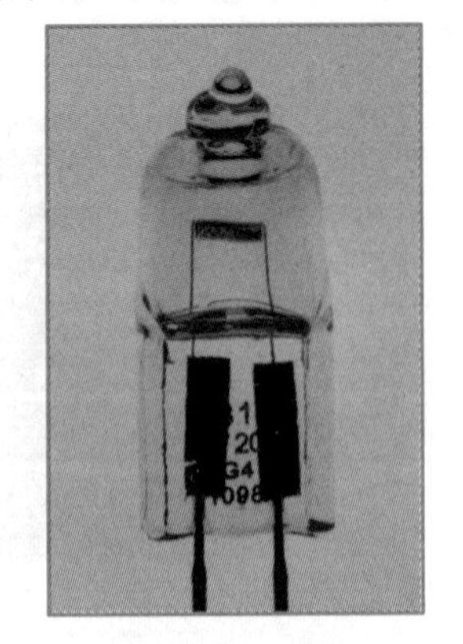

图 4-60 二极管灯珠引脚压片

项目 5

尺寸测量

视觉尺寸测量是将机器视觉应用于空间几何尺寸的精确测量，包括点到点距离、点到线段距离、点到圆距离、点到圆弧距离和直线夹角的测量。 本项目以几何测量、硬币距离测量、安装孔距测量、孔中心测量为例，系统讲解视觉尺寸测量的相关知识。

知识目标

（1）掌握几何运算，包括点到点距离、点到线段距离、点到圆距离、点到圆弧距离、直线夹角。

（2）了解标定的方法，包括传统相机标定法、主动视觉相机标定方法、相机自标定法。

（3）掌握算数运算。

（4）掌握创建形状、创建几何区域。

技能目标

（1）能够使用“点到点距离”“点到线段距离”“点到圆距离”“点到圆弧距离”“直线夹角”指令对目标进行几何尺寸测量。

（2）能够理解相机标定的目的，能够将实际距离和像素距离进行换算。

（3）能够创建形状和几何区域，能够实时测量实际安装孔距之间的距离。

（4）能够实时测量零件孔中心的距离。

技能树

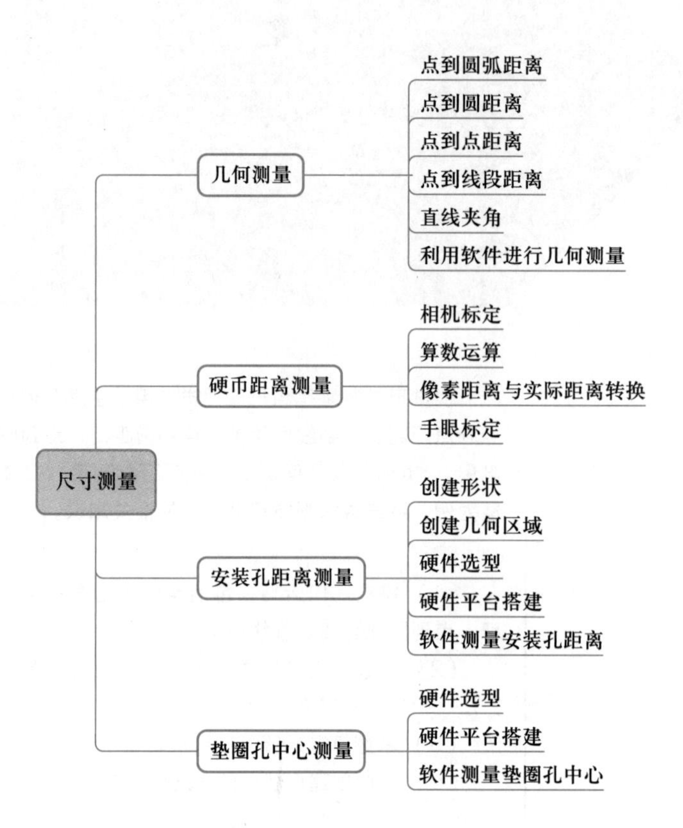

尺寸测量
几何测量
点到圆弧距离
点到圆距离
点到点距离
点到线段距离
直线夹角
利用软件进行几何测量
硬币距离测量
相机标定
算数运算
像素距离与实际距离转换
手眼标定
安装孔距离测量
创建形状
创建几何区域
硬件选型
硬件平台搭建
软件测量安装孔距离
垫圈孔中心测量
硬件选型
硬件平台搭建
软件测量垫圈孔中心

任务1 几何测量

任务分析

对已有几何测量示例图片（如图5-1所示）进行仿真训练，运用简单的点点、点线、点圆以及夹角几何测量工具，完成像素距离测量。

课件
几何测量

微课
几何测量

素材
几何测量

图5-1 几何测量示例图片

相关知识

5.1.1 点到圆弧距离

“点到圆弧距离”指令用来测量点到圆弧之间的像素距离，如图5-2所示。

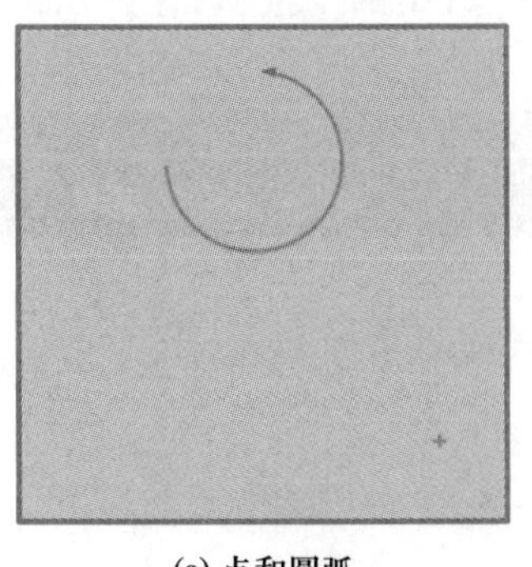

(a) 点和圆弧

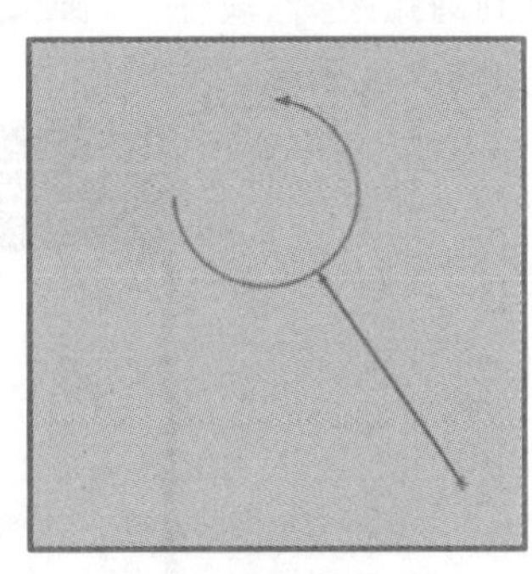

(b) 点到圆弧距离

图5-2 点到圆弧距离测量示意图

“点到圆弧距离”指令的具体操作步骤如下。

① 双击指令栏中的“几何测量”按钮，在弹出的对话框中双击“点到圆弧距离”图标。单击“点到圆弧距离”属性栏“点”一行中的按钮，在弹出的“图形编辑”窗口中设置点，如图5-3所示。

(a) “点到圆弧距离”指令

(b) “点到圆弧距离”属性栏输入点

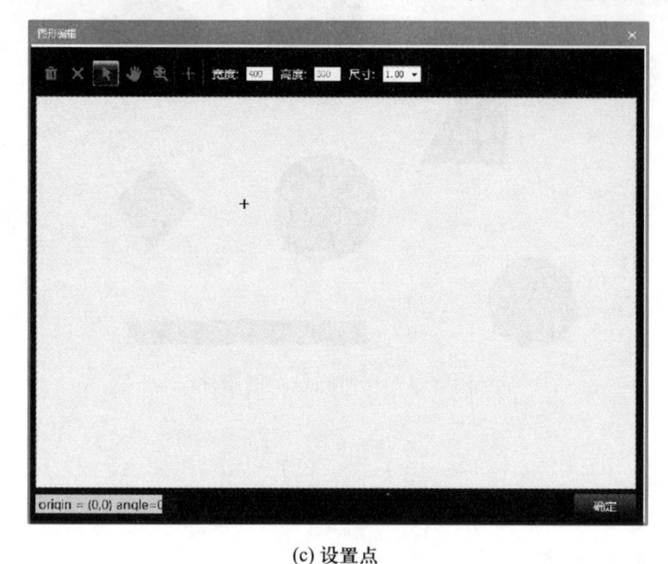

(c) 设置点

图 5-3 “点到圆弧距离”指令的设置

② 单击“点到圆弧距离”属性栏“圆弧”一行中的…按钮，在弹出的“图形编辑”窗口中设置圆弧，如图 5-4 所示。

(a) “点到圆弧距离”属性栏输入圆弧

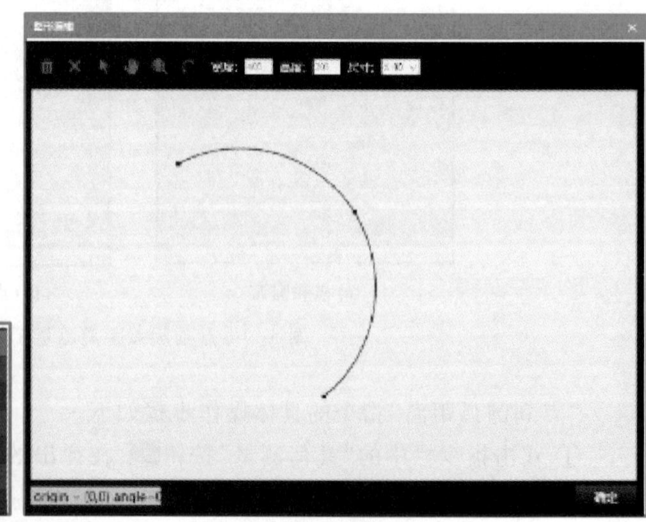

(b) 设置圆弧

图 5-4 “点到圆弧距离”指令圆弧的设置

③ 单击“单次”按钮，点到圆弧距离的实际结果如图 5-5 所示。

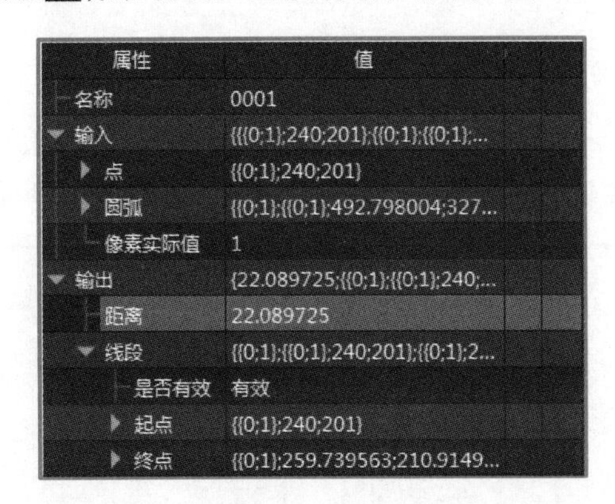

属性	值
名称	0001
输入	{{{0;1};240;201};{{0;1};{{0;1};...
点	{{0;1};240;201}
圆弧	{{0;1};{{0;1};492.798004;327...
像素实际值	1
输出	{22.089725;{{0;1};{{0;1};240;...
距离	22.089725
线段	{{0;1};{{0;1};240;201};{{0;1};2...
是否有效	有效
起点	{{0;1};240;201}
终点	{{0;1};259.739563;210.9149...

图 5-5　“点到圆弧距离”属性栏输出距离

5.1.2　点到圆距离

“点到圆距离”指令用来测量图像上点到圆的最短像素距离，如图 5-6 所示。

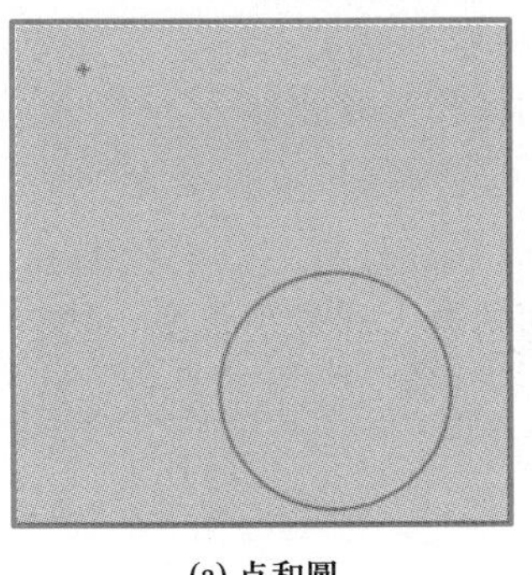

(a) 点和圆

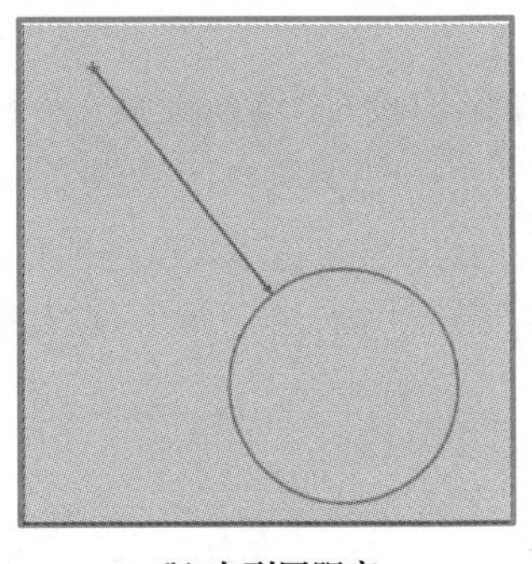

(b) 点到圆距离

图 5-6　点到圆距离测量示意图

该指令的操作步骤与“点到圆弧”指令的操作步骤相似。

5.1.3　点到点距离

“点到点距离”指令用来测量两点之间的像素距离，如图 5-7 所示。

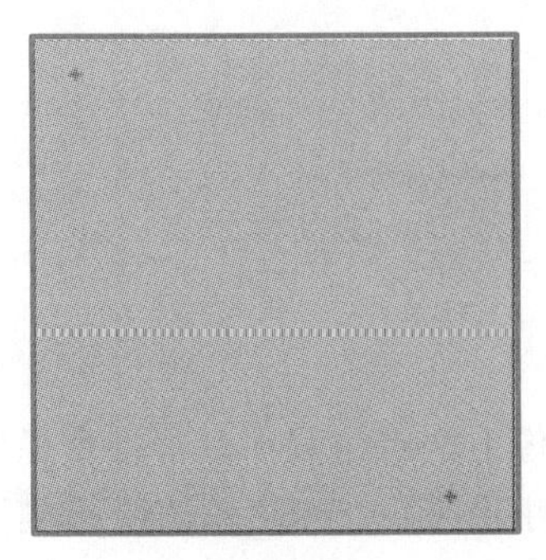

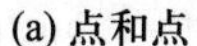

(a) 点和点

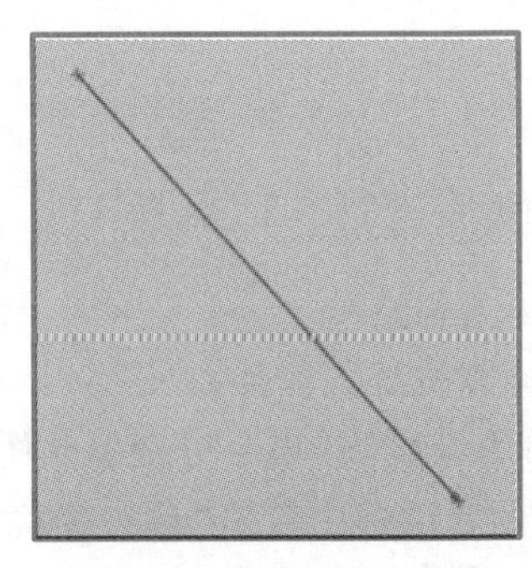

(b) 点到点距离

图 5-7　点到点距离测量示意图

该指令的操作步骤与“点到圆弧”指令的操作步骤相似。

5.1.4 点到线段距离

“点到线段距离”指令用来测量图像上点和线段之间的像素距离，这个距离是点到线段延长线的垂直距离，并非点到线段中点的距离，如图 5-8 所示。

(a) 点和线段

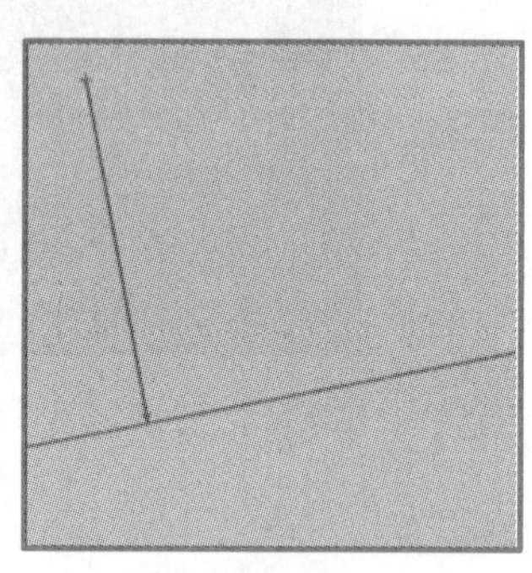

(b) 点到线段距离

图 5-8 点到线段距离测量示意图

该指令的操作步骤与“点到圆弧”指令的操作步骤相似。

5.1.5 直线夹角

“直线夹角”指令用来测量两条直线之间的最大和最小角度，如图 5-9 所示。

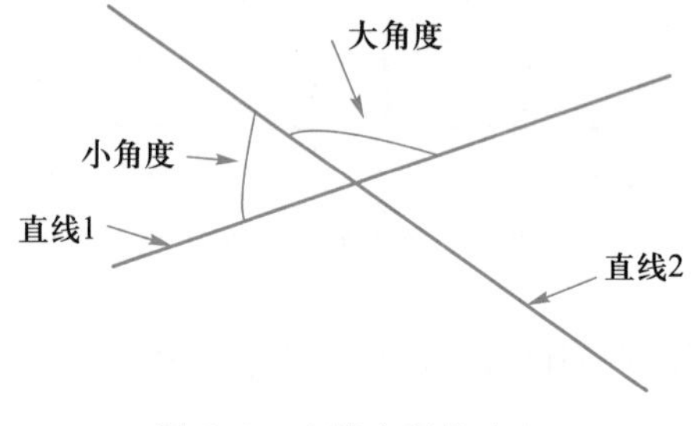

图 5-9 直线之间的夹角

该指令的操作步骤与“点到圆弧”指令的操作步骤相似。

任务实施

5.1.6 利用软件进行几何测量

1. 点到点距离测量

① 从本地计算机导入图片。

② 运用“单边缘检测”指令分别确认图像上两点位置。双击指令栏中“边缘检测”图标，在弹出的对话框中双击“单边缘检测”图标。单击“单边缘检测”属性栏中“输入图像”一行中的按钮，链接到相机的输出图像(0001. outImage)。单击“单边缘检测”属性栏中“扫描路径”一行中的按钮，在弹出的“图形编辑”窗口设置扫描路径。

绘制扫描路径穿过所需定位边缘点的线，单击确定第一个点。扫描路径为连续的折线，右击结束路径绘制。同理，利用“单边缘检测”指令定位第二个点。

③ 将“图形显示”属性栏中“输入数据 1”和“输入数据 2”标签分别链接单边缘检测路径 0002. out. outEdge. point 和 0003. out. outEdge. point，并单击“单次”按钮，调试图像，两个点定位的实际效果如图 5-10 所示。

④ 双击指令栏中的“几何测量”图标，在弹出的对话框中双击“点到点距离”图标。将“点到点距离”属性栏中“输入点 1”链接单边缘检测输出 0002. out. outEdge. point，将“输入点 2”链接另一个单边缘检测输出 0003. out. outEdge. point。单击“单次”按钮，调试图像，其点到点之间的像素距离如图 5-11 所示。

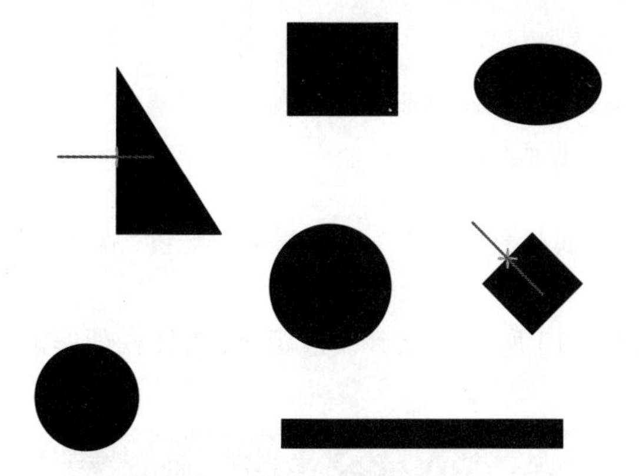

图 5-10　两点定位效果

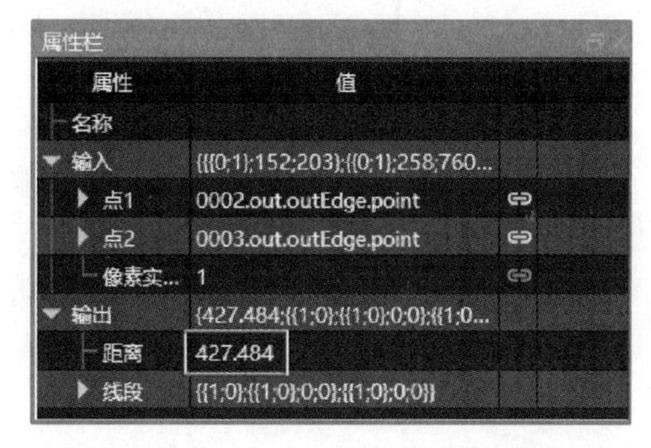

图 5-11　两点之间的像素距离

2. 点到线段距离测量

① 从本地计算机导入图片。

② 运用“单边缘检测”指令分别确认图像上两点位置。双击指令栏中的“边缘检测”图标，在弹出的对话框中双击“单边缘检测”图标。单击“单边缘检测”属性栏中“输入图像”一行中的按钮，链接到相机的输出图像（0001. outImage）。单击“单边缘检测”属性栏中“扫描路径”一行中的按钮，在弹出的“图形编辑”窗口设置扫描路径。绘制扫描路径穿过所需定位边缘点的线，单击确定第一个点。扫描路径为连续的折线，右击结束路径绘制。

③ 双击指令栏中的“形状拟合定位”图标，在弹出的对话框中双击“边缘段定位”图标。单击“边缘段定位”属性栏中“输入图像”一行中的按钮，链接到模拟相机的输出图像（0001. outImage）。单击“边缘段定位”属性栏中“区域”一行中的按钮，在弹出的“图形编辑”窗口，绘制需要定位线段的粗略区域。横向扫描区域的宽度需小于线段长度，按绘制扫描区域方向从左到右检测匹配的线段。

④ 将“图形显示”属性栏中“输入数据 1”和“输入数据 2”标签分别链接单边缘检测路径 0002. out. outEdge. point 和段定位路径 0003. out. outSegment。单击“单次”按钮，调试图像，如图 5-12 所示。

⑤ 双击指令栏中的“几何测量”图标，在弹出的对话框中双击“点到线段距离”图标。单击“点到线段距离”属性栏“点”一行中的按钮，链接到单边缘检测输出

图 5-12 点和线段的定位

0002. out. outEdge. point，单击“点到线段距离”属性栏“线段”一行中的按钮，链接到段定位输出 0003. out. outSegment。

⑥ 单击“单次”按钮，调试图像，如图 5-13 所示，“点到线段距离”属性栏的“输出”“距离”为像素距离。

3. 点到圆距离测量

① 从本地计算机导入图片。

② 使用“单边缘检测”指令进行点定位。

③ 使用“圆定位”指令进行圆定位。

④ 将“图形显示”属性框中“输入数据 1”“输入数据 2”“输入数据 3”标签，分别链接单边缘路径 0002. out. outEdge. point、圆定位路径 0003. out. outCircle 和 0003. out. outCircle，单击“单次”按钮，调试图像，如图 5-14 所示。

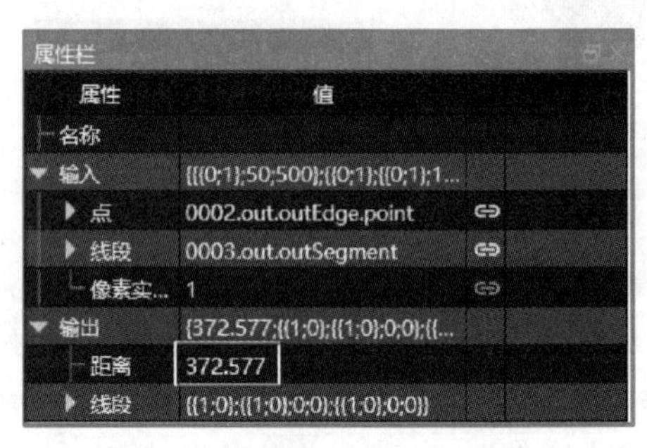

图 5-13 点和线段的像素距离

图 5-14 点定位和圆定位

⑤ 双击指令栏中的“几何运算”图标，在弹出的对话框中双击“点到圆距离”图标。单击“点到圆距离”属性栏“点”一行中的按钮，链接到单边缘检测输出0002. out. outEdge. point，单击“点到圆距离”属性栏“圆”一行中的按钮，链接到圆定位输出0003. out. outEdge. point。单击“单次”按钮，调试图像，如图5-15所示，“点到圆距离”属性栏的“输出”“距离”显示像素距离。

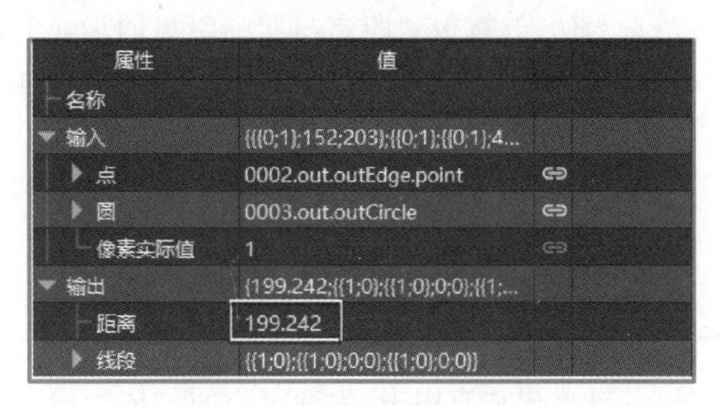

图5-15 点和圆的像素距离

4. 直线夹角测量

① 从本地计算机导入图片。

② 使用“边缘段定位”指令进行两次线段定位，确认图像上两条线段的位置。

③ 将“图形显示”属性框中“输入数据1”和“输入数据2”标签分别链接段定位路径0002. out. outEdge. point和段定位路径0003. out. outSegment，单击“单次”按钮，调试图像，如图5-16所示。

④ 双击指令栏中的“几何测量”图标，在弹出的对话框中双击“直线夹角”图标。将其属性栏“直线1”和“直线2”分别链接到段定位输出0002. out. outSegment和0003. out. outSegment。单击“单次”按钮，调试图像，如图5-17所示，“直线夹角”指令的输出结果为两线段之间的锐角角度与钝角角度。

图5-16 两个线段定位

图5-17 两线段之间的角度

任务2 硬币距离测量

任务分析

课件
硬币距离测量

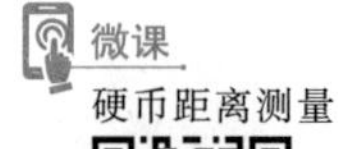

微课
硬币距离测量

以一元硬币距离测量为例，计算像素距离与实际距离的转换关系。通过完成此学习任务，可以了解相机标定、手眼标定，掌握“算数运算”指令的使用，掌握像素距离与实际距离的转换。

相关知识

5.2.1 相机标定

在图像测量过程以及机器视觉应用中，为确定空间物体表面某点的三维几何位置与其在图像中对应点之间的相互关系，必须建立相机成像的几何模型，这些几何模型参数就是相机参数。在大多数条件下，这些参数必须通过实验与计算才能得到，这个求解参数的过程就称为相机标定（或摄像机标定）。无论是在图像测量或者机器视觉应用中，相机参数的标定都是非常关键的环节，其标定结果的精度及算法的稳定性直接影响相机工作产生结果的准确性。因此，做好相机标定是做好后续工作的前提。相机标定方法有传统相机标定法、主动视觉相机标定法、相机自标定法。

传统相机标定法需要使用已知尺寸的标定物，通过建立标定物上坐标已知的点与其图像点之间的对应，利用一定的算法获得相机模型的内外参数。标定物可分为三维标定物和平面型标定物。三维标定物可由单幅图像进行标定，标定精度较高，但高精密三维标定物的加工和维护较困难。平面型标定物制作比三维标定物简单，精度易保证，但标定时必须采用两幅或两幅以上的图像。传统相机标定法在标定过程中始终需要标定物，且标定物的制作精度会影响标定结果。同时，有些场合不适合放置标定物，限制了传统相机标定法的应用。

目前出现的自标定算法中主要是利用相机运动的约束。相机的运动约束条件太强，因此使得其在实际中并不实用。利用场景约束主要是利用场景中的一些平行或者正交的信息。其中空间平行线在相机图像平面上的交点被称为消失点，它是射影几何中一个非常重要的特征，所以很多学者研究了基于消失点的相机自标定方法。自标定方法灵活性强，可对相机进行在线定标。但由于它是基于绝对二次曲线或曲面的方法，其算法鲁棒性差。

基于主动视觉的相机标定法是指已知相机的某些运动信息对相机进行标定。该方法不需要标定物，但需要控制相机做某些特殊运动，利用这种运动的特殊性可以计算出相机内部参数。基于主动视觉的相机标定法的优点是算法简单，往往能够获得线性解，故鲁棒性较高；缺点是系统的成本高、实验设备昂贵、实验条件要求高，而且不适用于运动参数未知或无法控制的场合。

在机器视觉、图像测量、摄影测量、三维重建等应用中，为校正镜头畸变，确定物理尺寸和像素间的换算关系，以及确定空间物体表面某点的三维几何位置与其在图像中对应点之间的相互关系，需要建立相机成像的几何模型。通过相机拍摄带有固定间距图案阵列平板、经过标定算法的计算，可以得出相机的几何模型，从而得到高精度的测量和重建结果。而带有固定间距图案阵列的平板就是标定模板。

模板分为两种：等间距实心圆阵列图案 Ti-times CG-100-D，和国际象棋盘图案 Ti-times CG-076-T。

5.2.2 算术运算

算术运算包括：整数绝对值、浮点数绝对值、整数相加、浮点相加、整数相减、浮点相减、整数相乘、浮点相乘、整数相除、浮点相除。

任务实施

5.2.3 像素距离与实际距离转换

① 从本地计算机导入图片。

② 以一元硬币为样品，将轮廓拍清楚后进行圆定位。双击指令栏中的“形状拟合定位”图标，在弹出的对话框中双击“圆定位”图标。单击“圆定位”属性栏中“输入图像”一行中的按钮，链接到模拟相机的输出图像(0001. outImage)。单击“圆定位”属性栏中“区域”一行中的按钮，在弹出的“图形编辑”窗口，绘制需要定位圆的粗略区域。将图形显示属性栏“背景图”中的“输入数据1”和“输入数据2”标签分别与检测到的圆(0002. out. outCircle)和圆心(0002. out. outCircle. Center)相连。单击“单次”按钮，调试图像，如图5-18所示。

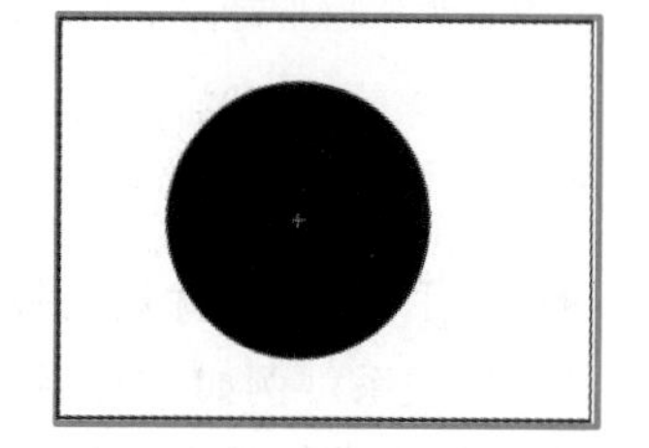

图5-18 硬币圆定位

这时“圆定位”属性栏输出数据中，圆的圆心坐标和像素半径都已存在，以本实验测得半径226.33为例。

③ 将直尺放到相机视野下，调节清晰，如图5-19所示。

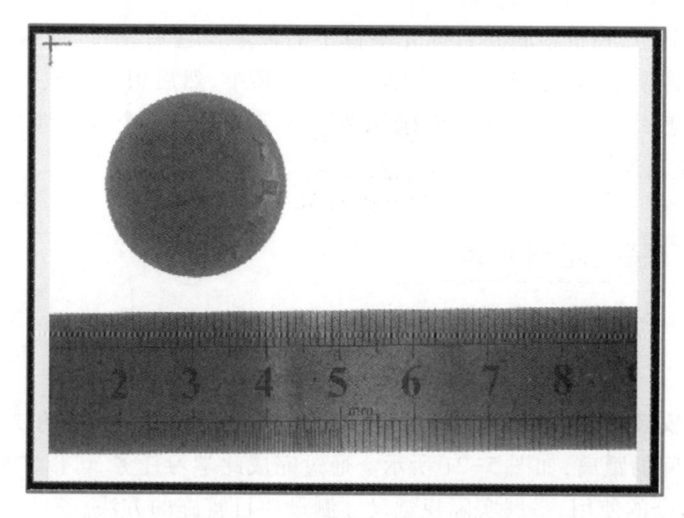

图5-19 一元硬币与直尺清晰图

相机分辨率为 1 440×1 088 像素，则

像素距离与实际半径距离转换系数 = (90-10)/1 440

即每一像素对应的实际尺寸，则

硬币的实际半径 = [(90-10)/1 440]×226.33 mm = 12.57 mm

对比实际一元硬币的半径参数 12.5 mm，误差为 0.07 mm，符合要求。

④ 双击指令栏中的“算术运算”图标，在弹出的对话框中双击“浮点相除”图标。将其属性栏中的“输入值 1”和“输入值 2”分别修改为 80.00 和 1 440.00。双击指令栏中的“算术运算”图标，在弹出的对话框中双击“浮点相乘”图标。将其属性栏中的“输入值 1”和“输入值 2”分别链接浮点相除的输出 0003.outValue 和圆定位的输出半径 0002.out.outCircle.radius。

⑤ 单击“单次”按钮，调试图像，“浮点相乘”指令的输出结果即样品实际半径如图 5-20 所示。

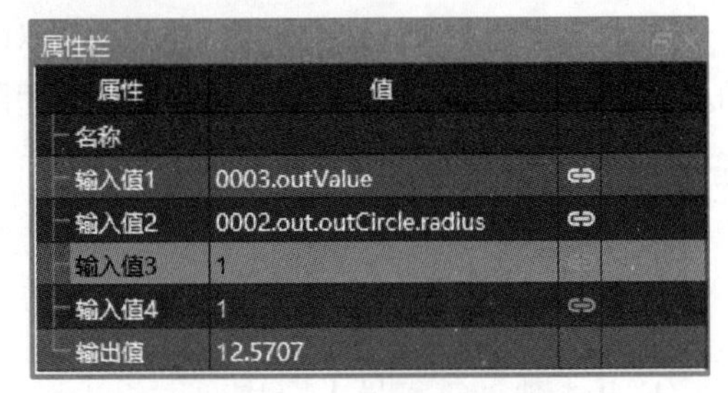

图 5-20　样品实际半径

当圆样品发生变化时，数据输出实时的实际半径值。

任务拓展

5.2.4　手眼标定

延伸阅读
简单标定方法

所谓手眼标定，就是人眼看到一件物品时要让手去抓取，就需要大脑判断眼睛和手的坐标关系。例如，把大脑比作 B，把眼睛比作 A，把手比作 C，如果 A 和 B 的关系已知道，B 和 C 的关系也已知道，那么 C 和 A 的关系就知道了，也就是手和眼的坐标关系也就知道了。

相机是像素坐标，机械手是空间坐标系，所以手眼标定就是得到像素坐标系和空间机械手坐标系的坐标转换关系。

在实际控制中，相机检测到目标在图像中的像素位置后，通过标定好的坐标转换矩阵将相机的像素坐标变换到机械手的空间坐标系中，然后根据机械手坐标系计算出各个电动机该怎么运动，从而控制机械手到达指定位置。这个过程涉及图像标定、图像处理、运动学正逆解、手眼标定等。

任务 3　安装孔距离测量

课件
安装孔距离测量

任务分析

素材
安装孔距离测量

测量两个安装孔中心之间的距离，其中输入图像中对象的位置和方向是可变的，输出安装孔之间的距离，如图 5-21 所示。通过完成此学习任务，可以掌握“创建形状”“创建区域”指令的使用，掌握实际视觉尺寸测量项目实施的方法。

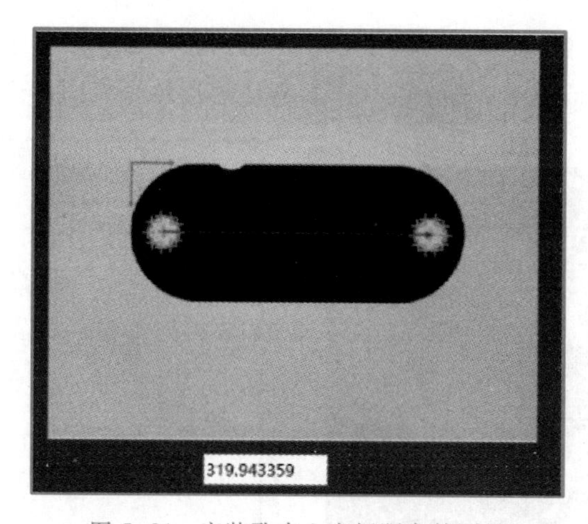

图 5-21　安装孔中心之间距离的测量

相关知识

5.3.1　创建形状

1. 矩形

创建形状与几何区域

创建矩形的具体操作步骤如下。

① 双击指令栏中的“创建形状”图标，在弹出的对话框中双击“矩形”图标。单击“矩形”属性栏“基点”一行中的按钮，在弹出的“图形编辑”窗口设置基点，如图5-22所示。

图 5-22　在“图形编辑”窗口设置基点

② 在“矩形”属性栏设置参考锚点、旋转角度、宽度、高度，如图 5-23 所示。将控件栏中的“图形显示”控件拖动到主窗口，选中新建的图形，在属性栏中单击“图形显

示”属性中的“输入数据 1”一行中的“链接”图标，链接到创建矩形输出 0001. out. outRectangle，单击“单次”按钮，创建矩形效果如图 5-24 所示。

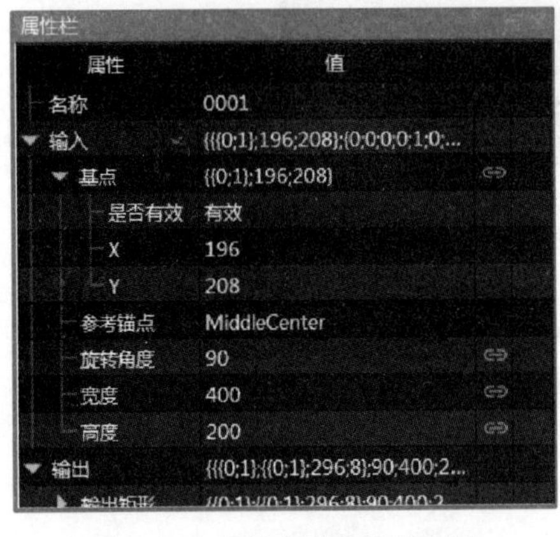

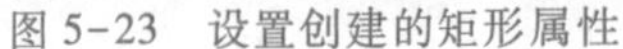
图 5-23 设置创建的矩形属性

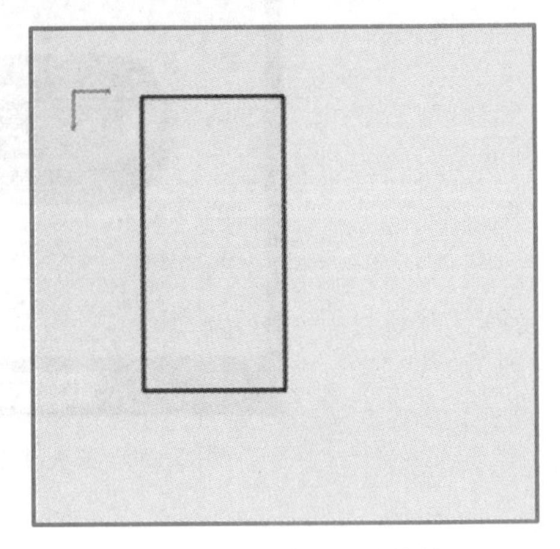

图 5-24 创建的矩形效果

2. 路径

创建路径的具体操作步骤如下。

① 双击指令栏中的“创建形状”图标，在弹出的对话框中双击“路径”图标。单击“路径”属性栏“输入”一行中的按钮，在弹出的“图形编辑”窗口设置路径，如图 5-25 所示。

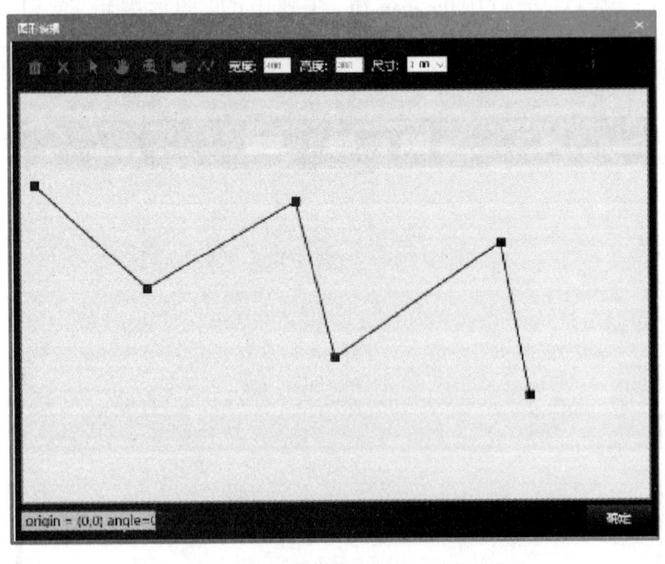

图 5-25 在“图形编辑”窗口设置路径

② 将控件栏中的“图形显示”控件拖动到主窗口，选中新建的图形，在属性栏中单击“图形显示”属性中“输入数据 1”一行中的“链接”按钮，链接到创建路径输出（0001. out），单击“单次”按钮，创建的路径效果如图 5-26 所示。

3. 圆

使用一个点和半径创建一个圆，该指令的操作步骤与“矩形”指令的操作步骤相似。

4. 线段

创建线段，该指令的操作步骤与“矩形”指令的操作步骤相似。

5. 网格点

创建网格点，其操作步骤如下。

① 双击指令栏中的“创建形状”图标，在弹出的对话框中双击“网格”图标。单击“网格”属性栏“起点”一行中的按钮，在弹出的“图形编辑”窗口设置起点，如图5-27所示。

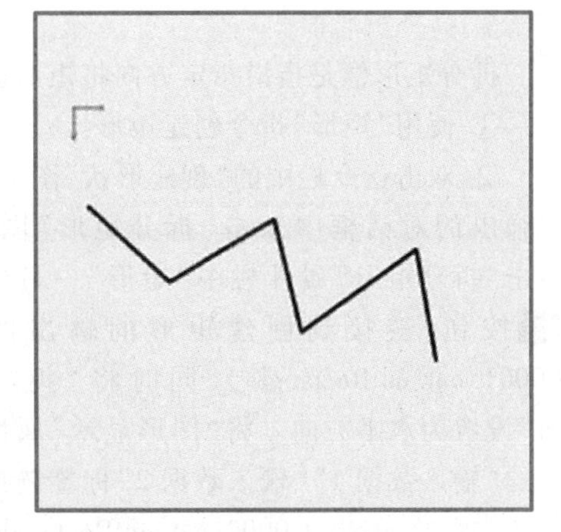

图5-26 创建的路径效果

图5-27 在“图形编辑”窗口设置起点

② 将控件栏中的“图形显示”控件拖动到主窗口，选中新建的图形，在属性栏中单击“图形显示”属性中“输入数据1”一行中的“链接”按钮，链接到创建网格输出(0001. out. outPointGrid)，单击“单次”按钮，创建的网格效果如图5-28所示。

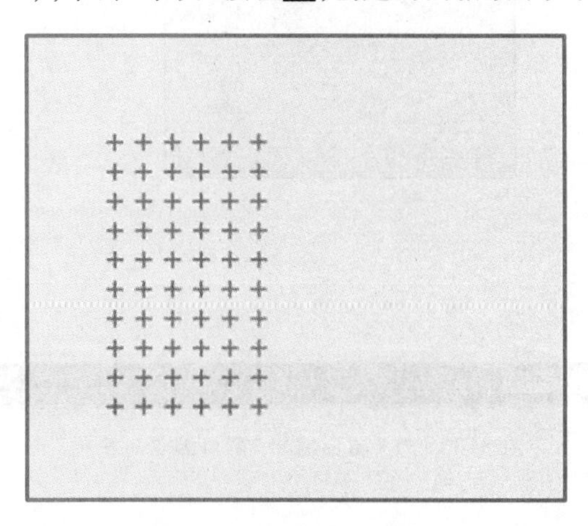

图5-28 创建的网格效果

6. 拆分矩形框

拆分矩形框是指沿指定方向将矩形拆分为两个，其操作步骤如下。

① 使用“矩形”指令创建矩形。

② 双击指令栏中的“创建形状”图标■，在弹出的对话框中双击“拆分矩形”图标。单击“拆分矩形”属性栏中“矩形”一行中的■按钮，链接到创建矩形的输出图像（0001. out. outRectangle），同时将“拆分方向”设置为水平方向。将“图形显示”属性栏中的“输入数据 1”“输入数据 2”标签链接到拆分矩形输出（0002. out. outRectangle1）（0002. out. outRectangle2），单击“单次”按钮

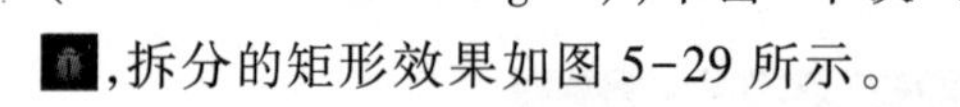

■，拆分的矩形效果如图 5-29 所示。

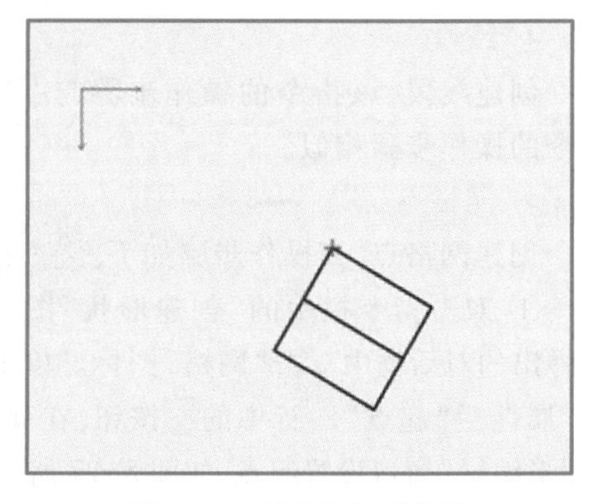

图 5-29 拆分的矩形效果

5.3.2 创建几何区域

1. 框区域

框区域是指创建与给定框对应的矩形区域。该操作创建一个包含输入框内像素的区域。“有效宽度”和“有效高度”参数通常设置为与该区域将使用的图像的尺寸相等。如果输入框超出这些尺寸，则将裁剪输出区域。

具体操作步骤如下。

① 双击指令栏中的“创建区域”图标■，在弹出的对话框中双击“框区域”图标。单击“框区域”属性栏“输入框”一行中的■按钮，在弹出的“图形编辑”窗口编辑一个框，如图 5-30 所示。

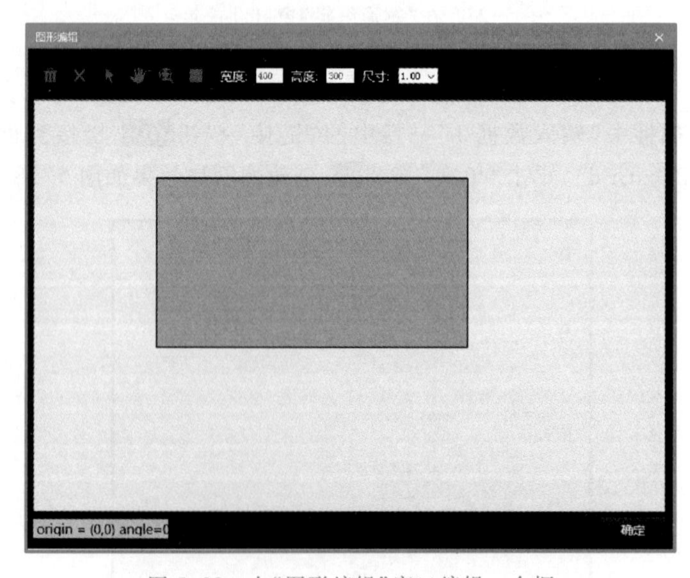

图 5-30 在“图形编辑”窗口编辑一个框

② 在“框区域”属性栏中设置“有效宽度”“有效高度”参数。(通常设置为与该区域将使用的图像的尺寸相等。如果输入框超出这些尺寸,则将裁剪输出区域。)

③ 将控件栏中的“图形显示”控件拖动到主窗口,选中新建的图形,在属性栏中单击“图形显示”属性中“输入数据 1”一行中的“链接”按钮,链接到框区域指令的输出区域(0001. out. outRegion),单击“单次”按钮,框区域效果如图 5-31 所示。

图 5-31 框区域效果

2. 矩形区域

“矩形区域”指令用来创建与给定矩形对应的区域。该指令创建一个包含指定矩形内像素的区域。“有效宽度”和“有效高度”参数通常设置为与该区域将使用的图像的尺寸相等。如果输入矩形超出这些尺寸,则将裁剪输出区域。此指令的操作步骤与“矩形区域”指令的操作步骤相似。

3. 圆区域

“圆区域”指令用来创建与给定圆对应的圆形区域,该指令创建一个包含给定圆内像素的区域。“有效宽度”和“有效高度”参数通常设置为与该区域将使用的图像的尺寸相等。如果输入框超出这些尺寸,则将裁剪输出区域。该指令的操作步骤与“矩形区域”指令的操作步骤相似。

4. 椭圆区域

“椭圆区域”指令用来创建给定边界矩形的椭圆区域。该指令创建一个包含椭圆内像素的区域,该椭圆由其边界矩形描述。“有效宽度”和“有效高度”参数通常设置为与该区域将使用的图像的尺寸相等。如果输入框超出这些尺寸,则将裁剪输出区域。此指令的操作步骤与“矩形区域”指令的操作步骤相似。

5. 转换区域

“转换区域”指令用来将感兴趣的区域转换为具有自动计算帧的区域。

任务实施

5.3.3 硬件选型

1. 相机选型

微课
安装孔距离测量

在实验室环境中,首先确定视野范围及测量精度等需求,通过计算公式反推出相机的分辨率选型范围。以拍摄视野 55 mm×40 mm,精度要求 0.1 mm 为例,代入公式

$$(55\div 分辨率长)\times n = 精度$$

则相机的分辨率在 550×400 像素以上就可达到要求。对于测量需求来说,分辨率越高,测量精度就越高,因此选择分辨率为 160 万(1 440×1 088)像素的智能相机。

2. 镜头选型

在物距有限的情况下,根据视野与焦距的运算公式,计算出焦距的大约取值范围。焦距越小,拍摄视野越大,畸变也越大。由于此实验对视野与物距的取值没有严格的要求,此处镜头选型为 8 mm 低畸变工业镜头。

3. 光源选型

本实验测量产品上两个孔的圆心距。定位圆时需要有清晰的轮廓,所有打光方式中,面光源打背光的方式得到的外轮廓效果最好,所以选择面光源,面光源尺寸只需略大于拍摄特征区域即可。

提示
注意确认样品厚度。

4. 选型清单

根据硬件选型确定项目硬件清单,见表 5-1。

表 5-1 安装孔距离测量硬件选型清单

序号	名称	规格	参考型号
1	相机	分辨率 1 440×1 088 像素 帧率 107 f/s 曝光方式 全局曝光 靶面 $\frac{1}{3}$ in	SV-RS160C-C
2	镜头	类型 普通定焦镜头 焦距 8 mm	SL-LF08-C
3	光源	类型 背光源 尺寸 160 mm×160 mm 颜色 白色 功率 20 W	SI-JB160160-W

5.3.4 硬件平台搭建

1. 架设高度

在视野与焦距确定的情况下,根据运算公式,可计算出物距的大约取值范围,

三者相互影响。实际工业现场可根据架设高度及定位精度等要求选择适合的硬件。

2. 硬件连接

硬件连接如图 5-32 所示,其视野范围为 55 mm×40 mm,工作距离为 100 mm。

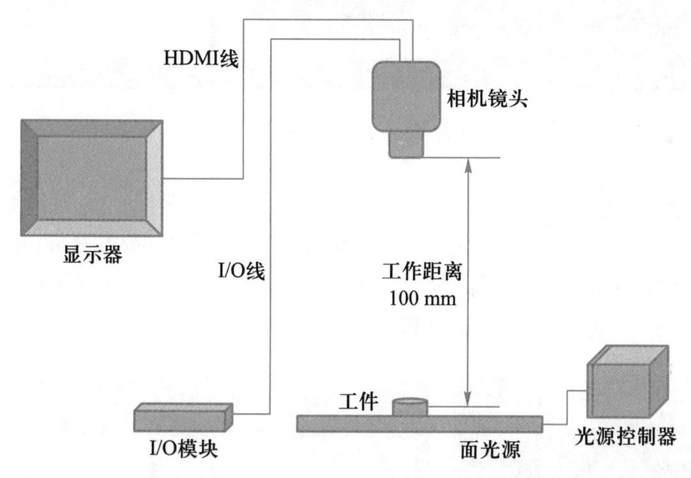

图 5-32 安装孔距离测量硬件连接示意图

3. 图像显示

将“WP 相机”指令拖动至任务栏,将控件栏中的“图形显示”控件拖动到主窗口,大小可根据需求任意调整。将“图形显示”属性栏中的“背景图”链接到 WP 相机路径(0001. outImage),单击“运行”按钮,相机将连续拍照。单击“单次”按钮,可单张拍照。修改“WP 相机”指令的属性曝光时间,可调节相机进光亮,通过调节镜头光圈及焦距、光源亮度等参数,将视野画面调节清楚,拍摄效果如图 5-33 所示。

图 5-33 安装孔距测量实际拍摄效果图

5.3.5 软件测量安装孔距离

本例以实际采集的图片为例,进行软件图像处理,具体操作步骤如下。

① 从本地计算机导入图片。

② 双击指令栏中的“阈值提取”图标,在弹出的对话框中双击“提取区域”图标。单击“提取区域”属性栏中“输入图像”一行中的按钮,链接到模拟相机的输出图像(0001. outImage)。单击“提取区域”属性栏中“输入区域”一行中的按钮,在弹出的“图形编辑”窗口选择需要提取的区域。将“提取区域”属性栏中的“最小像素值”设置为 0,“最大像素值”设置为 115。将控件栏中的“图形显示”控件拖动到主窗口,将“图形显示”属性栏中“背景图”中的“输入数据 1”标签,与提取区域的输出区域(0002. outRegion)相连。单击“单次”按钮,其设置与效果如图 5-34 所示。

③ 使用“区域外接矩形”指令求每个对象的区域外接矩形。双击指令栏中的“区

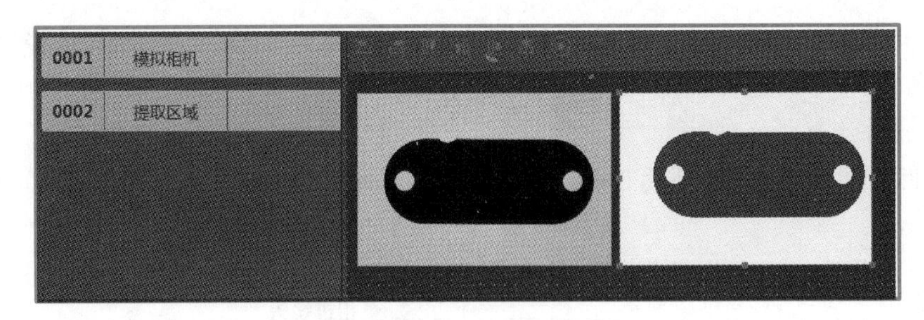

图 5-34 提取区域效果图

域特征"图标，在弹出的对话框中双击"区域外接矩形"图标。将"区域外接矩形"属性栏中的"输入区域"与"提取区域"指令的输出区域(0002. outRegion)相连。将"图形显示"属性栏中的"输入数据 1"标签与区域外接矩形的输出矩形(0003. out.outBoundingRectangle)相连。单击"单次"按钮，其效果如图 5-35 所示。

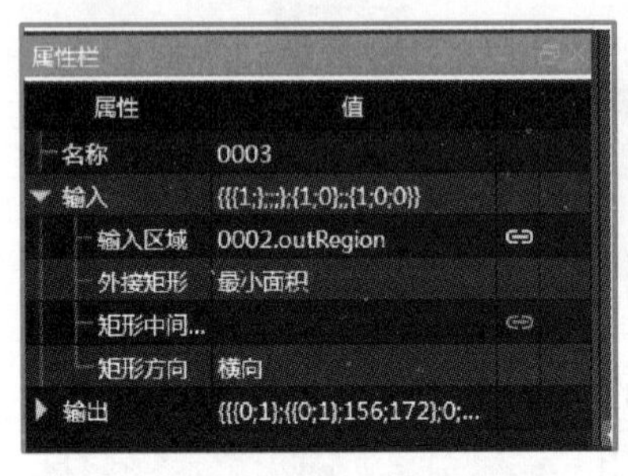

(a) "区域外接矩形"属性栏设置

(b) 区域外接矩形效果

图 5-35 区域外接矩形设置与效果图

④ 使用"基于矩形"指令创建对象的相对坐标系，将矩形输入与区域外接矩形相连。双击指令栏中的"创建坐标系"图标，在弹出的对话框中双击"基于矩形"。将"基于矩形"属性栏中的"矩形输入"与区域外接矩形输出(0003. out.outBoundingRectangle)相连，其设置及运行效果如图 5-36 所示。

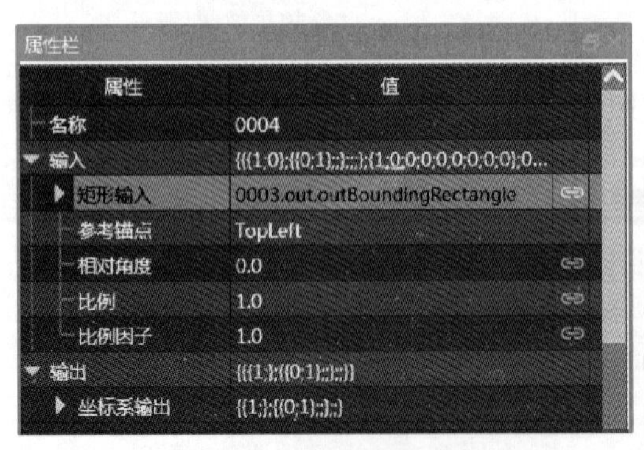

(a) "基于矩形"属性栏设置

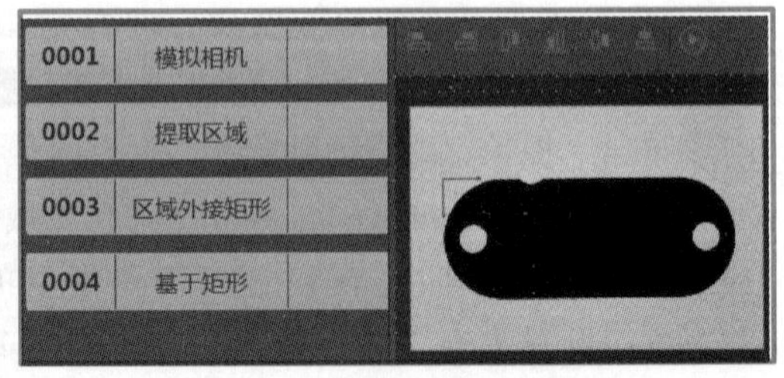

(b) 基于矩形坐标系创建效果

图 5-36 "基于矩形"指令创建坐标系设置与效果

⑤ 定位两个安装的圆孔。双击指令栏中的"形状拟合定位"图标，在弹出的对

话框中双击"圆定位"图标。单击"圆定位"属性栏中"输入图像"一行中的按钮，链接到模拟相机的输出(0001. outImage)。单击"圆定位"属性栏中"区域"一行中的按钮，在弹出的"图形编辑"窗口绘制需要定位圆的粗略区域。"圆定位"属性栏中"参考坐标系"与基于矩形创建的相对坐标系(0004. out. outCoordinatesSysterm)相连，"边缘扫描参数"中"边缘类型"设置为由白到黑。同理，第二个圆的定位方法与此类似。单击"单次"按钮，两个圆的定位效果如图 5-37 所示。

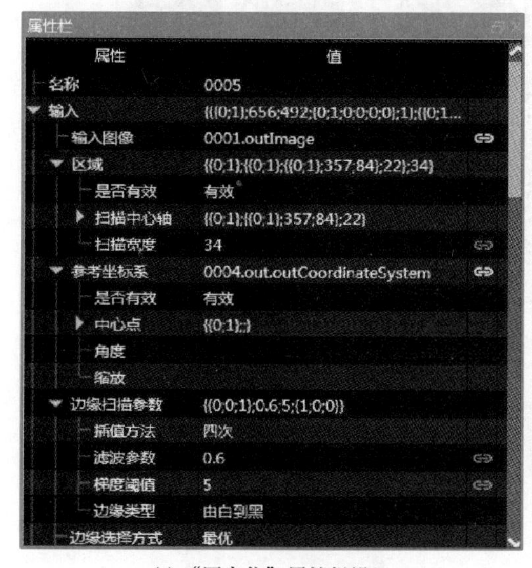

(a) "圆定位" 属性栏设置

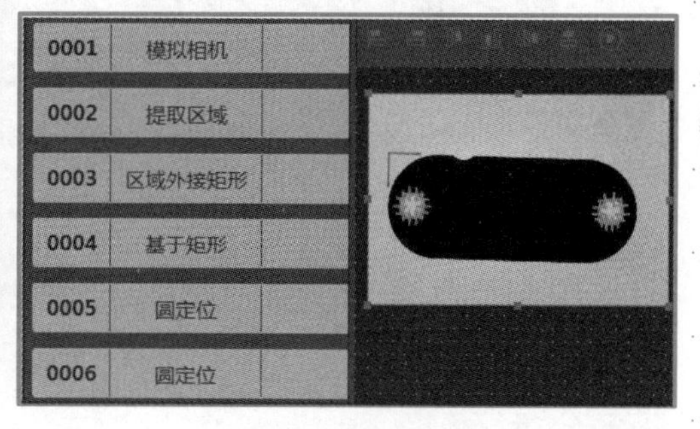

(b) 两个圆的定位效果

图 5-37　两个圆的定位设置与效果图

⑥ 使用"点到点距离"指令计算，找到两个圆的圆心之间的距离。双击指令栏中的"几何测量"图标，在弹出的对话框中双击"点到点距离"按钮。将"点到点距离"属性栏中的"输入点 1"链接圆定位输出(0005. out. outCircle. center)，将"输入点 2"链接圆定位输出(0005. out. outCircle. center)。单击"单次"按钮，调试图像，其两圆心间的距离如图 5-38 所示。

图 5-38　两圆心间距离

⑦ 为了在界面直观地显示安装孔之间的距离，从控件栏中拖动"编辑框"控件到主窗口，将"编辑框"属性栏中"描述"一行中的按钮，链接到点到点距离测量输出

区域（0007. out. outDistance）。单击“单次”按钮或“连续”按钮，实际显示效果如图 5-39 所示。

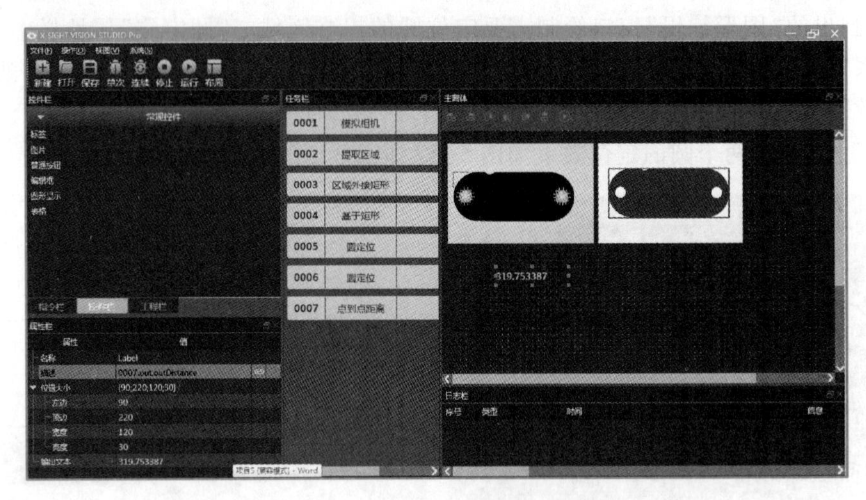

图 5-39 安装孔距测量的实际效果

任务 4 垫圈孔中心测量

任务分析

课件 垫圈孔中心测量

素材 垫圈孔中心测量

微课 垫圈孔中心测量

测量垫圈孔中心之间的距离，其中输入图像中对象的位置和方向是可变的，如图 5-40所示，计算两对孔之间的距离。通过任务分析、硬件选型、硬件搭建、软件实施，可以系统掌握实际机器视觉几何测量项目实施的方法。

图 5-40 垫圈孔中心距离的测量

任务实施

5.4.1 硬件选型

1. 相机选型

在实验室环境中，首先确定视野范围和测量精度等需求，通过计算公式反推出相

机的分辨率范围。以拍摄视野 160 mm×120 mm，精度要求 0.2 mm 为例，代入公式

$$(160\div\text{分辨率长})\times n=\text{精度}$$

则相机的分辨率在 800×600 像素以上，就可达到要求。对于测量需求来说，分辨率越高，测量精度越高。因此，选择分辨率为 160 万(1 440×1 088)像素的智能相机。

2. 镜头选型

在物距有限的情况下，根据视野与焦距的运算公式，计算出焦距的取值范围。焦距越小，拍摄视野越大，畸变也越大。由于此实验对视野与物距的取值没有严格的要求，此处镜头选型为 8 mm 低畸变工业镜头。

3. 光源选型

本实验需要首先定位到产品位置，考虑使用模板匹配定位产品，然后定位圆以及圆弧的位置，最终测得圆心距。所有打光方式中，面光源打背光的方式得到的外轮廓效果最好，便于模板匹配以及圆定位、圆弧定位，所以选择面光源(注意确认样品厚度)，面光源尺寸只需略大于拍摄特征区域即可。

4. 选型清单

根据硬件选型确定项目硬件清单，见表 5-2。

表 5-2 垫圈孔中心距离测量硬件选型清单

序号	名称	规格	参考型号
1	相机	分辨率 1 440×1 088 像素 帧率 107 f/s 曝光方式 全局曝光 靶面 $\frac{1}{3}$ in	SV-RS160C-C
2	镜头	类型 普通定焦镜头 焦距 8 mm	SL-LF08-C
3	光源	类型 背光源 尺寸 160 mm×160 mm 颜色 白色 功率 20 W	SI-JB160160-W

5.4.2 硬件平台搭建

1. 架设高度

在视野与焦距确定的情况下，根据运算公式，可计算出物距的取值范围，三者相互影响。实际工业现场可根据架设高度及定位精度等需求选择适合的硬件。

2. 硬件连接

硬件连接如图 5-41 所示，其视野范围为 160 mm×120 mm，工作距离为 260 mm。

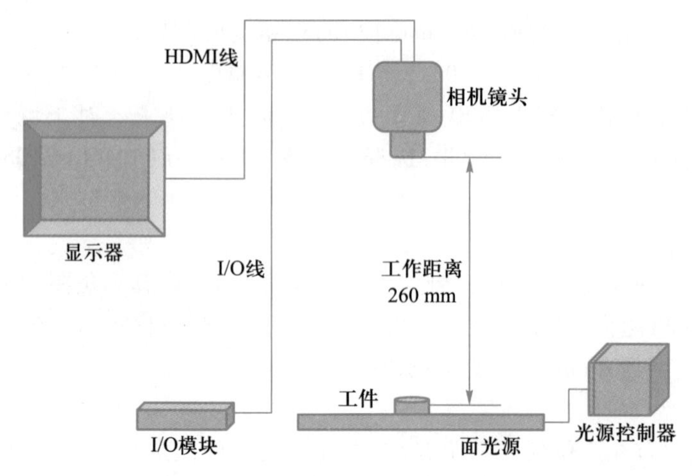

图 5-41 垫圈孔中心测量硬件连接示意图

3. 图像显示

将“WP 相机”指令拖动至任务栏，将控件栏中的“图形显示”控件拖动到主窗口，大小可根据需求任意调整。将图形显示属性中的“背景图”链接到 WP 相机路径(0001. outImage)，单击“运行”按钮，相机将连续拍照。单击“单次”按钮，可单张拍照。修改“WP 相机”指令的“曝光时间”参数，可调节相机进光亮。通过调节镜头光圈及焦距、光源亮度等参数，将视野画面调节清楚，拍摄效果如图 5-42 所示。

图 5-42 垫圈孔中心实际拍摄效果图

5.4.3 软件测量垫圈孔中心

由于对象位置是可变的，因此首先使用“单目标定位”指令得到对象的相对坐标系。然后使用圆定位、圆弧定位指令分别得到圆形孔和圆弧孔的中心。

本例以实际采集的图片为例，进行软件图像处理，具体操作步骤如下。

① 从本地计算机导入图片。

② 使用“单目标定位”指令找到对象的位置。

a. 双击指令栏中的“模板匹配”图标，在弹出的对话框中双击“单目标定位”按钮。单击“单目标定位”属性栏中“输入图像”一行中的按钮，链接到模拟相机的输出图像(0001. outImage)。单击“单目标定位”属性栏“搜索区域”一行中的按钮，在弹出的“图形编辑”窗口设置搜索区域。

b. 单击“单目标定位”属性栏“轮廓模板”一行中的按钮，在弹出的“定义边缘模型”窗口设置轮廓模板。单击属性栏中“轮廓模板”一行中的“”按钮，弹出“定义边缘模型”窗口，在该窗口画出轮廓模板作为特征，如图 5-43 所示，单击画面空白处确认。

③ 双击指令栏中的“形状拟合定位”图标，在弹出的对话框中双击“圆定位”图

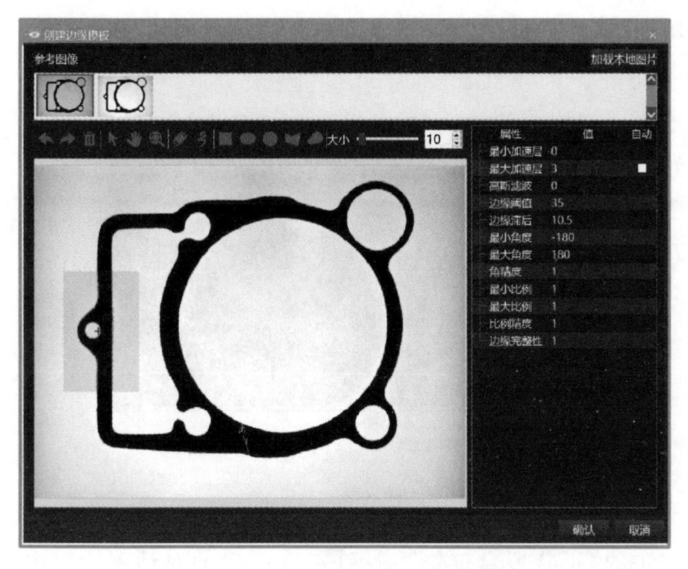

图 5-43　轮廓模板设置

标。单击“圆定位”属性栏中“输入图像”一行中的按钮，链接到模拟相机的输出(0001. outImage)。单击“圆定位”属性栏中“区域”一行中的按钮，在弹出的“图形编辑”窗口，绘制需要定位圆的粗略区域。将“圆定位”属性栏中的“参考坐标系”与单轮廓定位得到的相对坐标系(0002. outObject. alignment)相连，将“边缘扫描参数”中的“边缘类型”项设置为由白到黑。

④ 再次使用“圆定位”指令，得出下圆形孔的中心，操作方法同前。

⑤ 使用“点到点距离”指令计算找到的两个圆的圆心之间的距离。双击指令栏中的“几何测量”图标，在弹出的对话框中双击“点到点距离”图标。将“点到点距离”属性栏中的“输入点 1”链接圆定位输出(0003. out. outCircle. center)，将“输入点 2”链接圆定位输出(0004. out. outCircle. center)。单击“单次”按钮，调试图像，其点到点距离如图 5-44 所示。

⑥ 为了可以直观地看到两个圆心之间的距离，可以从控件栏拖动“标签”控件和“编辑框”控件到主窗体。

a. 将“标签”属性栏中的“描述”参数设置为“圆心到圆心的距离”，如图 5-45 所示。

图 5-44　两圆心之间的距离

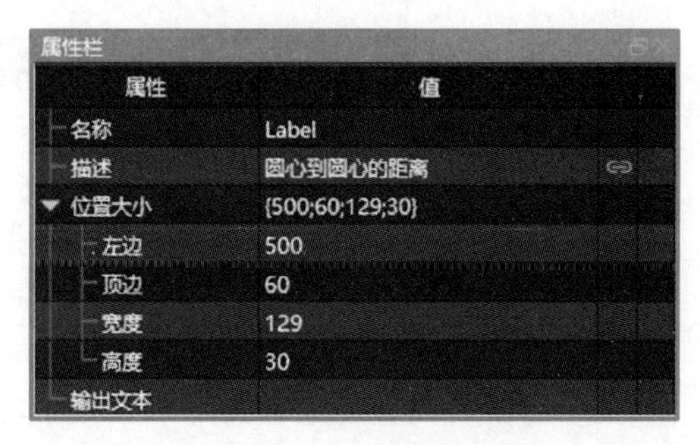

图 5-45　标签的描述设置

b. 将“编辑框”属性栏中“文本”与点到点距离测量的值(0005. out. outDistance)相连,如图 5-46 所示。

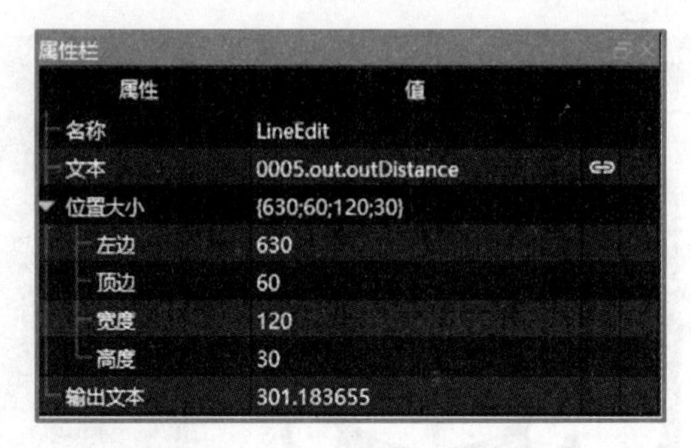

图 5-46 编辑框的“文本”设置

⑦ 使用“圆弧定位”指令计算上圆弧孔的中心。

双击指令栏中的“形状拟合定位”图标,在弹出的对话框中双击“圆弧定位”图标。单击“圆弧定位”属性栏中“输入图像”一行中的按钮,链接到模拟相机的输出(0001. outImage)。单击“圆定位”属性栏中“区域”一行中的按钮,在弹出的“图形编辑”窗口绘制需要定位的扇形区域,如图 5-47 所示。将“圆弧定位”属性栏中“参考坐标系”与单轮廓定位得到的相对坐标系(0002. outObject. alignment)相连,将“边缘扫描参数”中的“边缘类型”项设置为由白到黑。

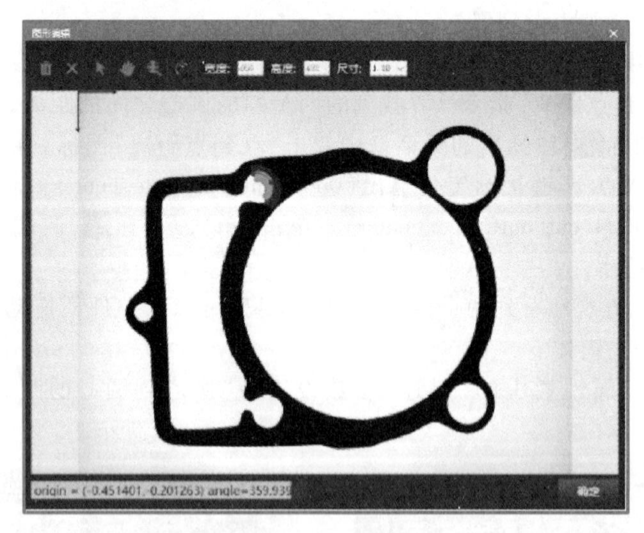

图 5-47 圆弧定位

⑧ 再次使用“圆弧定位”指令得出下圆弧孔的中心,操作方法与上一步相似。

⑨ 再次使用“点到点距离”指令计算两个圆弧孔中心之间的距离。操作方法与步骤⑤ 相似。

⑩ 为了可以直观地看到两个圆弧中心之间的距离,可以从控件栏拖动“标签”控件和“编辑框”控件到主窗口,操作方法与步骤⑥ 相似。单击“单次”按钮或者“连续”按钮,实际显示效果如图 5-48 所示。

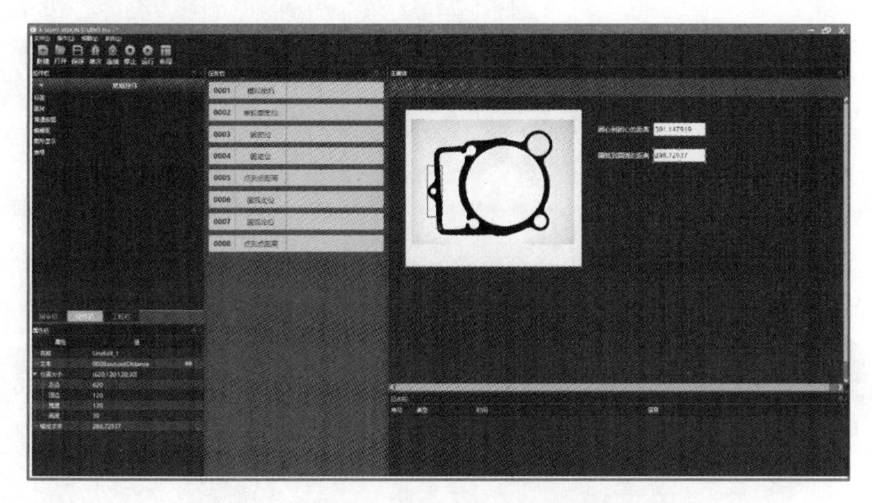

图 5-48 垫圈圆和圆弧孔中心距离测量实际效果

总结

本项目主要介绍尺寸测量，主要包括几何测量、硬币距离测量、安装孔距离测量、垫圈孔中心测量。 任务1讲解了点到点距离、点到线段距离、点到圆距离、点到圆弧距离、直线夹角；任务2讲解了相机标定的目的与方法，以及实际距离和像素距离之间的换算；任务3讲解了创建形状、创建几何区域，以及综合使用各种指令实现实时测量安装孔之间的距离；任务4讲解了从任务分析、硬件选型、硬件搭建到软件实施，实际机器视觉尺寸测量项目的实施方法。

习题

如图5-49所示，输入图像中对象的位置和方向是可变的。 利用X-SIGHT软件定位垫圈，并测量上下两条横线与中间一条竖线之间的角度，角度要求为90°，误差范围为±1°。 如果符合要求则输出合格，如果不符合要求则输出不合格。

图 5-49 垫圈角度测量

项目 6

视觉识别

视觉识别一般包括颜色识别、读码以及字符识别等。 视觉识别在现代生产中的应用越来越广泛，在材料分拣识别、产品质检、颜色识别、条码、二维码、字符等领域都有广泛的应用。 可快速识别图案LOGO、条码、字符、物体的形状、颜色。 本项目以颜色识别和读码识别系统讲解视觉识别相关知识。

知识目标

（1） 掌握分离通道、颜色空间转换工具的使用，掌握颜色识别的方法。

（2） 掌握条形码、二维码、Data Matrix 工具的使用，了解 OCR文字识别技术，掌握读码的方法。

技能目标

（1） 能够使用分离通道、颜色空间转换工具对目标进行颜色识别，掌握实际颜色识别项目的实施步骤与方法。

（2） 能够使用条形码、二维码、Data Matrix 工具对目标进行读码识别。 掌握实际读码项目的实施步骤与方法。

技能树

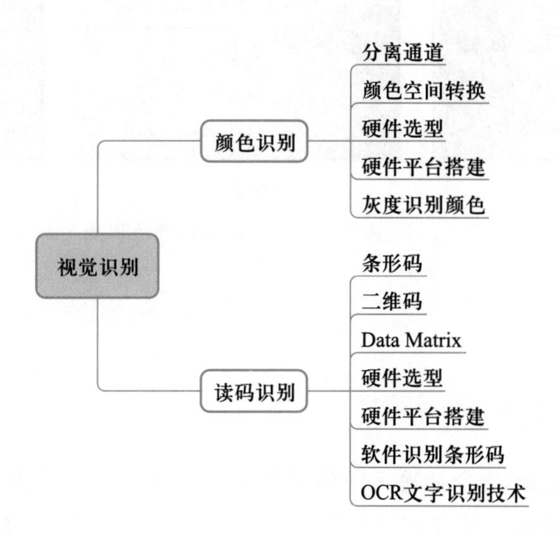

视觉识别
颜色识别
分离通道
颜色空间转换
硬件选型
硬件平台搭建
灰度识别颜色
读码识别
条形码
二维码
Data Matrix
硬件选型
硬件平台搭建
软件识别条形码
OCR文字识别技术

任务 1 颜色识别

任务分析

课件 颜色识别

理解色彩工件及图像格式的基本知识，对如图 6-1 所示的颜色进行识别，判断其颜色并输出。通过完成此学习任务，可以掌握分离通道、颜色空间转换工具的使用。

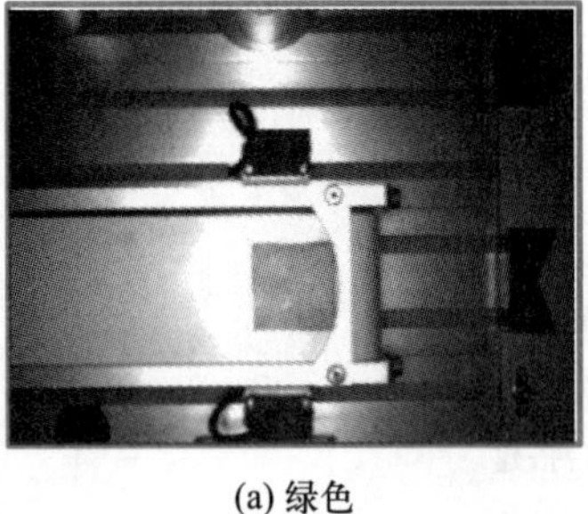

(a) 绿色

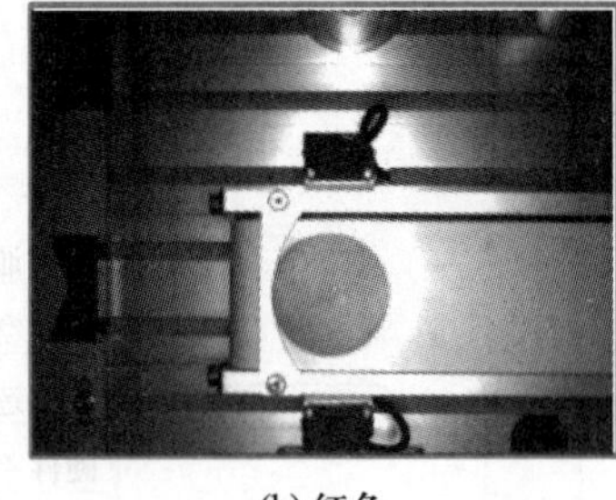

(b) 红色

(c) 蓝色

图 6-1 对工件进行颜色识别

相关知识

6.1.1 分离通道

“分离通道”指令从输入图像的各个通道创建几个单色图像。该指令将输入图像的颜色通道提取为单独的单色图像。对应于图像不存在通道的输出被设置为零。

“分离通道”指令具体操作步骤如下。

① 从本地计算机导入图片。

② 双击指令栏中“转灰度”按钮，在弹出的对话框里双击“分离通道”按钮。将“分离通道”属性栏中的“输入图像”与模拟相机的输出图像 0001. outImage 相连。

③ 从控件栏拖动 4 个“图形显示”控件到主窗口，将这 4 个图形显示”控件属性栏中的“背景图”分别与 0002. outMonoImage1、0002. outMonoImage2、0002. outMonoImage3、0002. outMonoImage4。单击“单次”按钮，分离通道实际效果如图 6-2 所示。

6.1.2 颜色空间转换

“RgbToHsi”指令将颜色空间从 Rgb 转换为 Hsi。HSI 颜色空间中的颜色分析比 RGB 中更容易。需要注意的是输入图像仅支持以下像素格式:3xuint8。

具体操作步骤如下。

① 从本地计算机导入图片。

② 双击指令栏中“灰度转换”按钮，在弹出的对话框里双击“RgbToHsi”按钮。将“RgbToHsi”属性栏中的“输入图像”中的按钮，链接到模拟相机的输出图像 0001. outImage。

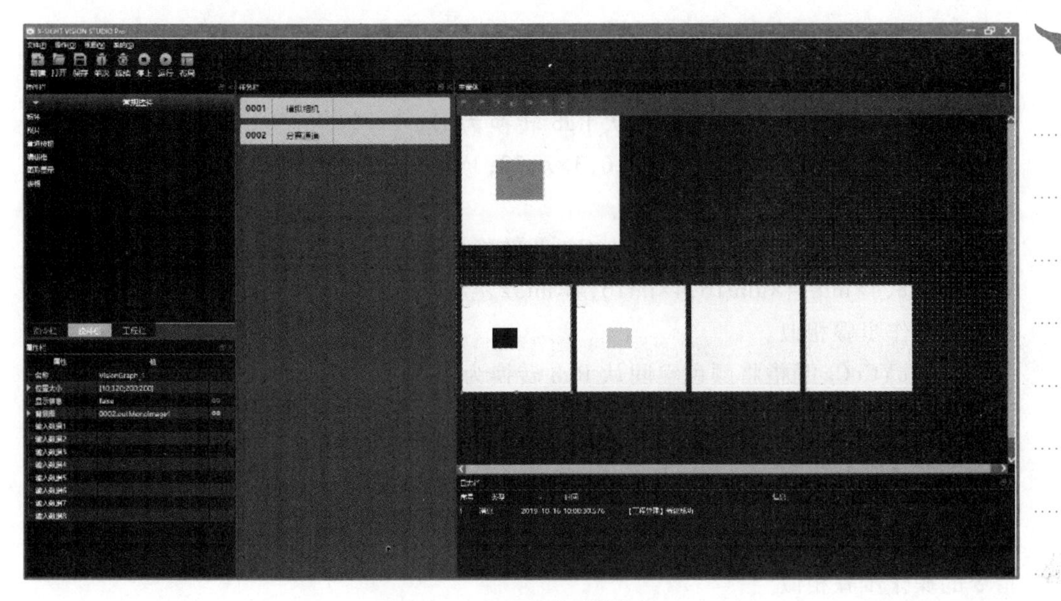

图 6-2　分离通道实际效果

③ 从控件栏拖动“图形显示”控件到主窗口,将“图形显示”属性栏中“背景图”与 RgbToHsi 的输出图像 0002. outHsiImage 相连。单击“单次”按钮,RgbToHsi 实际效果如图 6-3 所示。

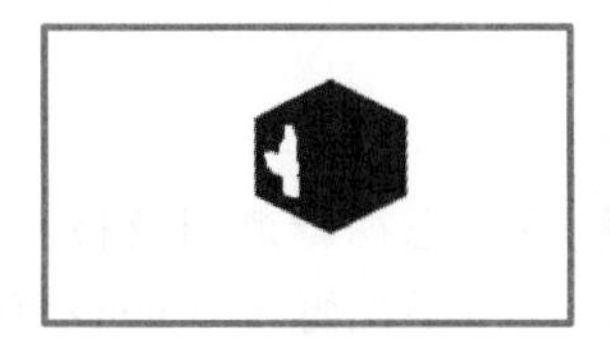

图 6-3　RgbToHsi 输出效果

HsiToRgb 是指将颜色空间从 Hsi 转换为 Rgb。输入图像仅支持以下像素格式:3xuint8。此指令的操作步骤与 RgbToHsi 指令的操作步骤相似。

HslToRgb 是指将颜色空间从 Hsl 转换为 Rgb。输入图像仅支持以下像素格式:3xuint8。此指令的操作步骤与 RgbToHsi 指令的操作步骤相似。

RgbToHsl 是指将颜色空间从 Rgb 转换为 Hsl。HSL 颜色空间中的颜色分析比 RGB 中更容易。输入图像仅支持以下像素格式:3xuint8。此指令的操作步骤与 RgbToHsi 指令的操作步骤相似。

RgbToHsv 是指将颜色空间从 Rgb 转换为 Hsv。HSV 颜色空间中的颜色分析比 RGB 中更容易。输入图像仅支持以下像素格式:3xuint8。此指令的操作步骤与 RgbToHsi 指令的操作步骤相似。

HsvToRgb 是指将颜色空间从 Hsv 转换为 Rgb。输入图像仅支持以下像素格式:3xuint8。此指令的操作步骤与 RgbToHsi 指令的操作步骤相似。

RgbToYuv 是指将颜色空间从 Rgb 转换为 Yuv。输入图像仅支持以下像素格式:3xuint8。此指令的操作步骤与 RgbToHsi 指令的操作步骤相似。

延伸阅读

为何要进行 RGB 与 YUV 之间的转换

YuvToRgb 是指将颜色空间从 Yuv 转换为 Rgb。输入图像仅支持以下像素格式:3xuint8。此指令的操作步骤与 RgbToHsi 指令的操作步骤相似。

RgbToCmyk 是指将颜色空间从 Rgb 转换为 Cmyk。输入图像仅支持以下像素格式:3×uint8,3×int8,3×uint16,3×int16,3×int32,3×real。此指令的操作步骤与 RgbToHsi 指令的操作步骤相似。

CmykToRgb 是指将颜色空间从 Cmyk 转换为 Rgb。输入图像仅支持以下像素格式:4×uint8,4×int8,4×uint16,4×int16,4×int32,4×real。此指令的操作步骤与 RgbToHsi 指令的操作步骤相似。

RgbToYCoCg 是指将颜色空间从 Rgb 转换为 YCoCg。输入图像仅支持以下像素格式:3×uint8,3×int8,3×uint16,3×int16,3×int32,3×real。此指令的操作步骤与 RgbToHsi 指令的操作步骤相似。

YCoCgToRgb 是指将颜色空间从 YCoCg 转换为 Rgb。输入图像仅支持以下像素格式:3×uint8,3×int8,3×uint16,3×int16,3×int32,3×real。此指令的操作步骤与 RgbToHsi 指令的操作步骤相似。

Yuv442ToRgb 是指将颜色空间从 Yuv442 转换为 Rgb。输入图像仅支持以下像素格式:3xuint8。此指令的操作步骤与 RgbToHsi 指令的操作步骤相似。

任务实施

6.1.3 硬件选型

1. 相机选型

要区分颜色首先确认使用彩色相机,然后考虑视野范围及检测精度等需求,通过计算公式反推出相机的分辨率选型范围。以拍摄视野 120 mm×90 mm,精度要求为 0.1 mm 为例,代入公式 120/分辨率长×n=精度,则相机的分辨率在 1 200×900 以上就可达到要求。因此选择分辨率 160 万(1 440×1 088)的智能相机。

2. 镜头选型

在物距为有限的情况下,根据视野与焦距的运算公式,计算出焦距的大约取值范围,焦距越小,拍摄视野越大,畸变也越大。由于此实验对视野与物距的取值没有严格的要求,此处镜头选型为 8 mm 低畸变工业镜头。

3. 光源选型

本实验为颜色识别,若使用面光源打背光得到的将会时黑白分明的图片,所以必须使用正面打光的方式,因为产品是塑料制品,表面光滑反光较强且不均匀,为得到亮度均匀的图片效果,建议使用球积分光源效果最好,为实验方便,实验时选择带漫射板的环形光源以期达到较均匀的效果,环形光源尺寸可基本打亮视野区域即可。

4. 选型清单

根据硬件选型,确定项目硬件清单见表 6-1。

表 6-1 颜色识别硬件选型清单

序号	名称	规格	参考型号
1	相机	分辨率 1 440×1 088 帧率 107 f/s 曝光方式 全局曝光 靶面 $\frac{1}{3}$ in	SV-RS160C-C
2	镜头	类型 普通定焦镜头 焦距 8 mm	SL-LF08-C
3	光源	类型 环形光源 尺寸 外径 120 mm 颜色 白色 功率 20 W	SI-JD120A00-WN

6.1.4 硬件平台搭建

1. 架设高度

在视野与焦距确定的的情况下,根据运算公式,可计算出物距的大约取值范围,三者相互影响,实际工业现场可根据架设高度及定位精度等需求选择适合的硬件选型。

2. 硬件连接

硬件连接示意图如图 6-4 所示,其视野范围为 120 mm×90 mm,工作距离为 200 mm。

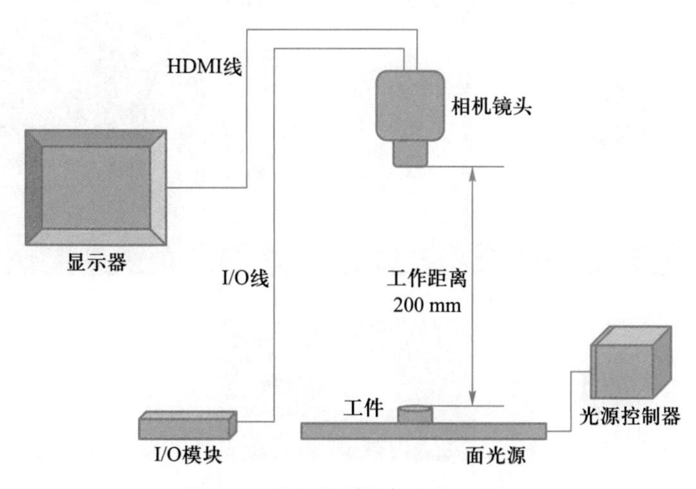

图 6-4 颜色识别硬件连接示意图

3. 图像显示

将“WP 相机”指令拖动至任务栏,将控件栏中“图形显示”控件,拖动到主窗口,大小可根据需求任意调整。将图形显示属性中“背景图”链接到 WP 相机路径 0001. outImage,单击“运行”按钮,相机将连续拍照,单击“单次”按钮,可单张拍照。修改“WP 相机”指令的属性曝光时间可调节相机进光亮，通过调节镜头光圈及焦距、光源亮度等参数，将视野画面调节清楚。

6.1.5 灰度识别颜色

将彩色图像转化为灰度图像，根据其灰度值来判断对象颜色。本例以实际采集的图片为例，进行软件图像处理，具体操作步骤如下。

① 从本地计算机导入图片。

② 双击指令栏中“颜色空间转换”按钮，在弹出的对话框中双击“RgbToYuv”按钮。将“RgbToYuv”属性栏中的“输入图像”中的按钮，链接到模拟相机的输出图像 0001. outImage。从控件栏拖动“图形显示”控件到主窗体，将“图形显示”属性栏中“背景图”与 RgbToHsi 的输出图像 0002. outYuvImage 相连。单击“单次”按钮，RgbToYuv 实际效果如图 6-5 所示。

图 6-5 RgbToYuv 实际转换效果

③ 双击指令栏中“转灰度”按钮，在弹出的对话框里双击“分离通道”按钮。将“分离通道”属性栏中的“输入图像”与 Yuv 图像 0002. outYuvImage 相连。从控件栏拖动 3 个“图形显示”控件到主窗体，将这 3 个图形显示”控件属性栏中的“背景图”分别与 0003. outMonoImage1、0003. outMonoImage2、0003. outMonoImage3。单击“单次”按钮，分离通道实际效果如图 6-6 所示。

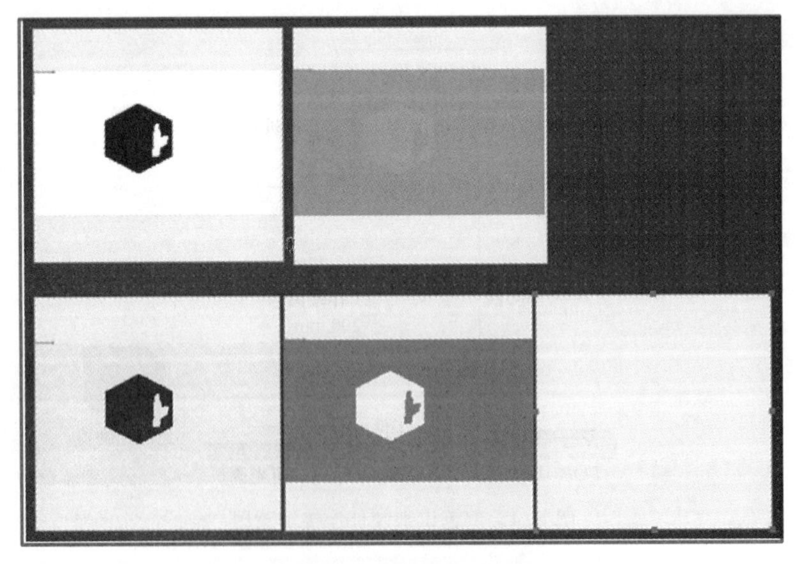

图 6-6 分离通道实际效果

④ 在得到灰度图像后，可以根据对象灰度值判断属于那种颜色，可以使用像素强度指令来判断。双击指令栏中“验证对象存在”按钮，在弹出的对话框里双击“像素

强度”按钮。因为从分离通道后的图像可以看出，不同颜色的各通道灰度图像中，第一幅图像之间差异明显。所以单击“像素强度”属性栏中“输入图像”中的按钮，链接到分离通道的输出图像 0003. outMonoImage1，其设置如图 6-7 所示。单击“像素强度”属性栏中“输入形状”后面的按钮，在弹出的“图形编辑”窗口中选择区域，如图 6-8 所示。

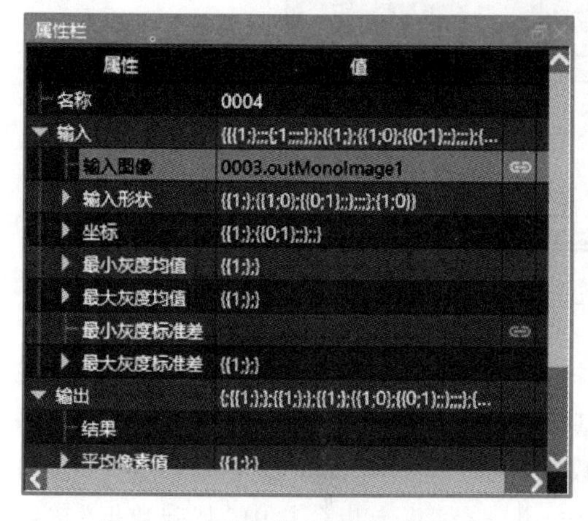

图 6-7　“像素强度”属性栏设置图

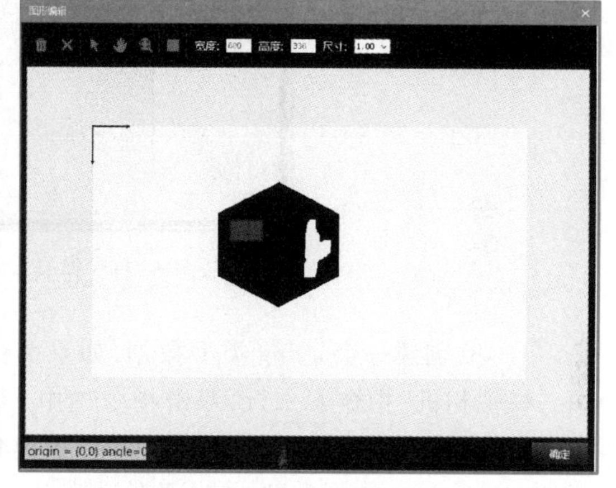

图 6-8　在“图形编辑”窗口中框选检测区域

⑤ 选中 0003. outMonoImage1 所对应的“图形显示”控件，将其属性栏中“显示信息”改为 true，双击“图形显示”控件，并将鼠标移动到对象上，可以得到蓝色灰度值为 40，绿色灰度值为 121，红色灰度值为 94，如图 6-9 所示为蓝色灰度值。

⑥ 首先以检测蓝色为例。将“像素强度”指令属性栏中“最小灰度均值”设置为 35，“最大灰度均值”设置为 45，如图 6-10 所示。

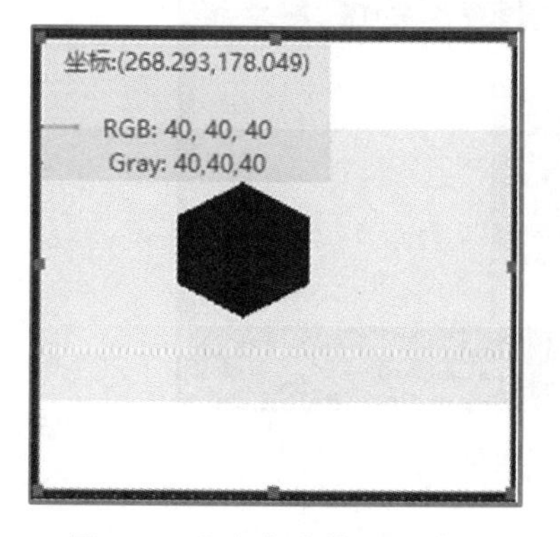

图 6-9　蓝色灰度值显示效果

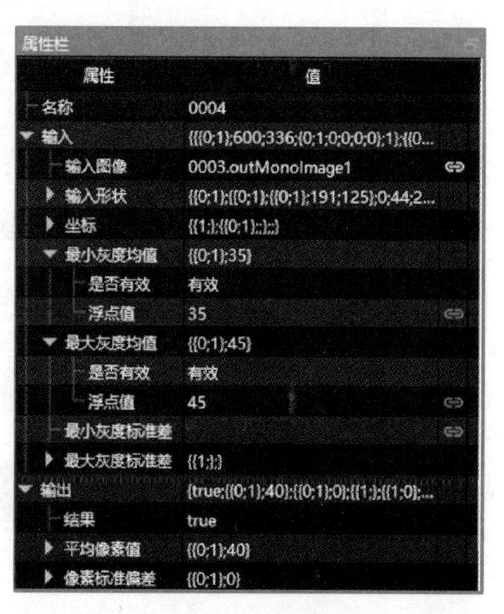

图 6-10　以检测蓝色为例像素强度属性栏设置

⑦ 如果像素强度指令结果显示为 true 则为蓝色,反之为其他颜色。在指令栏中,双击“条件分支 if”按钮。双击任务栏中的“条件分支 if”指令,弹出“表达式编辑”窗口,其设置如图 6-11 所示。

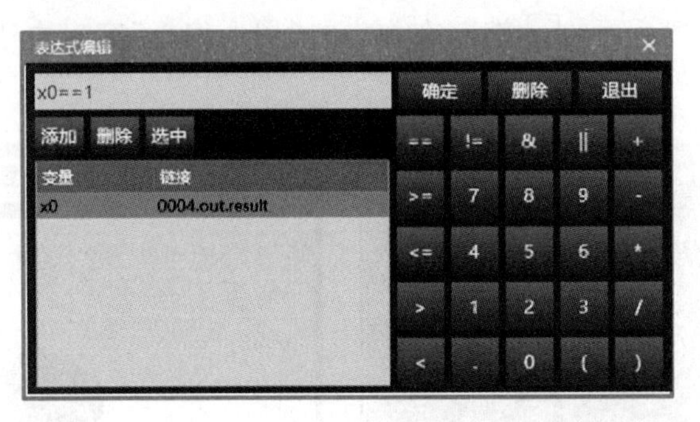

图 6-11 检测蓝色时条件分支设置

⑧ 创建一个 string 类型数据,如果条件分支为 true,则将该数据赋值为蓝色。在“模拟相机”指令下一行,双击指令栏中“基础数据”按钮,在弹出的对话框里双击“创建数据”按钮。双击任务栏中的“创建数据”指令,在弹出的“数组类型选择”窗口中选择 string 数据类型。在“条件分支 if”指令下一行,双击指令栏中“基础数据”按钮,在弹出的对话框里双击“变量赋值”按钮。双击任务栏中的“变量赋值”指令,在弹出的“数组类型选择”窗口中选择 string 类型。将属性栏“链接变量”与创建数据 0002. outValue 相连,在属性栏“值”中输入 string 类型的值“蓝色”。

⑨ 从控件栏拖动“编辑框”控件到主窗体,将其属性栏中“文本”与创建数据指令 0002. outValue 相连,单击“单次”按钮,其设置与效果如图 6-12 所示。

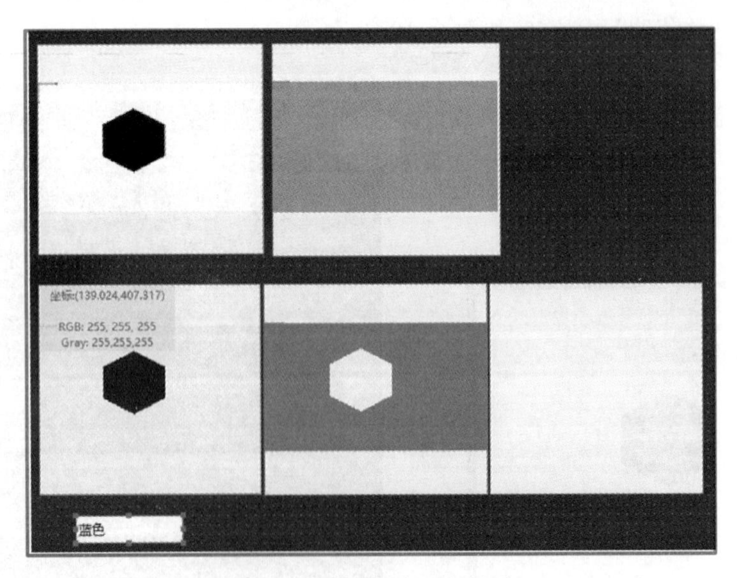

图 6-12 检测蓝色运行效果

⑩ 重复④ ~⑨ 操作,判断其他对象颜色,检测红色如图 6-13 所示。

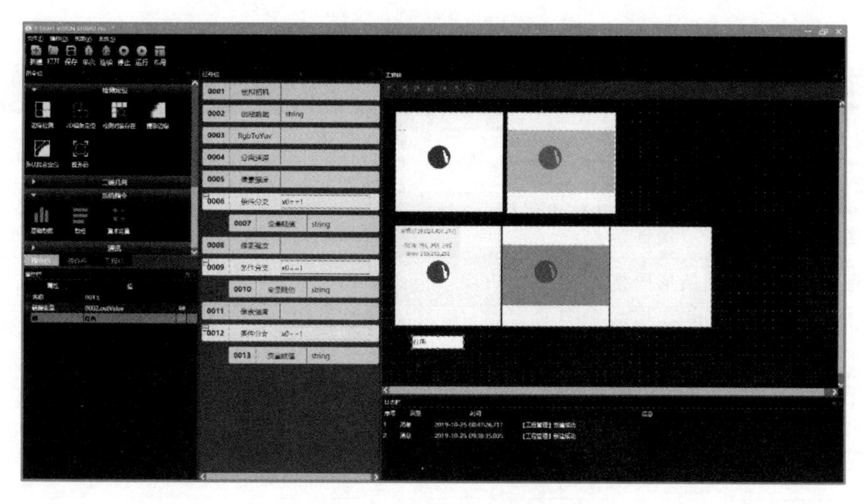

图 6-13 检测红色运行效果

任务2 读码识别

课件
读码识别

素材
读码识别

微课
读码识别

任务分析

认识工业常用码制类别，懂得码制识别原理，搭建视觉硬件平台，运用条形码、二维码、Data Matrix 识别工具识别如图 6-14 所示的三种码制。通过完成此学习任务，可以掌握条形码、二维码、Data Matrix 工具的使用，了解 OCR 文字识别技术，掌握读码的方法。

(a) 条形码

(b) 二维码

(c) Data Matrix

图 6-14 需要识别的三种码制

相关知识

6.2.1 条形码

“单个条形码”指令在输入图像中检测和识别单个条形码，其属性见表 6-2，该指令包括检测条形码和识别条形码操作。

表 6-2 “单个条形码”指令属性

属性	类型	取值范围	描述
输入图像	图像	—	输入图像
输入范围	2D 矩形	—	感兴趣的区域
坐标系	坐标系	—	将感兴趣的区域调整到被检测对象的位置
条形码格式	条形码格式	—	条形码格式
最小梯度长	浮点型	0.0~∞	用于检测条形码边缘像素的最小梯度长度
最细条宽	整型	1~∞	最细条的估计宽度
扫描线数	整型	1~∞	用于检测条形码的扫描线数
扫描次数	整型	1~∞	第一次成功读取所执行的扫描次数
扫描宽度	整型	1~∞	单次扫描宽度
边缘最小强度	浮点型	0.0~∞	提取边缘的最小强度
高斯平滑标准偏差	浮点型	0.0~∞	每次扫描提取轮廓的高斯平滑的标准偏差
条形码位置	2D 矩形	—	找到条形码的位置
文本	字符型	—	解码条形码的内容，如果所有扫描失败，则不执行任何操作
条形码格式	条形码格式	—	解码条形码的格式，如果所有扫描失败，则不执行任何操作
变换后的相对位置	2D 矩形	—	转换后输入 ROI(在图像坐标系中)
梯度方向图像	图像	—	梯度方向的图像
高梯度值的地方	2D 矩形数组	—	具有高梯度值的地方将进一步调查
预计扫描段	2D 线段数组	—	预计扫描段

“单个条形码”指令需要注意：

① 将输入图像与相机采集指令的输出图像连接。

② 根据所要读取的条形码类型选择“条形码格式”。如果选择错误的格式，则无法识别条形码。如果不设置条形码类型，则将明显增加计算时间，而且会将 UPC-A 条形码检测为 EAN-13 条形码。

③ 如果图片质量较低，增加“最小梯度长”或者增加“高斯平滑标准偏差”。“梯度方向图像”输出显示了它怎么影响中间图像。

④ 如果图像分辨率较高，增加“最细条宽”或者调整图像的大小。

“单个条形码”指令具体操作步骤如下。

① 从本地计算机导入图片，操作步骤如模拟相机的操作步骤所示。

② 双击指令栏中“读码”按钮，在弹出的对话框里双击“单个条形码”按钮。单击“单个条形码”属性栏中“输入图像”中的按钮，链接到模拟相机的输出图像(0001. outImage)。

③ 单击“单个条形码”属性栏“输入范围”后面的□按钮，在弹出的“图形编辑”窗口中绘制条形码的粗略区域。

④ 将“单个条形码”属性栏中“条形码格式”设置为 CODE128，“扫描次数”设置为10，如图 6-15 所示。单击“单次”按钮■，识别效果如图 6-16 所示。

图 6-15　条形码属性设置

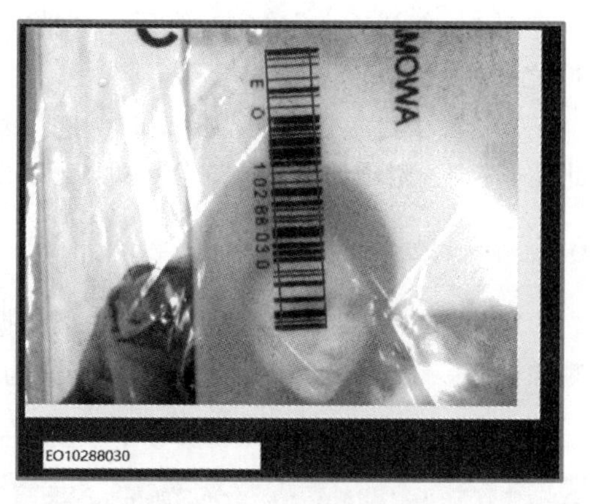

图 6-16　条形码识别效果

6.2.2　二维码

“单个二维码”指令在输入图像中识别和检测单个二维码，其属性见表 6-3。该指令在输入图像上给定区域内（输入范围）定位和识别二维码。

表 6-3　“单个二维码”指令属性

属性	类型	取值范围	描述
输入图像	图像	—	输入图像
输入范围	2D 矩形	—	要处理的像素范围
坐标	坐标系	—	将感兴趣的区域调整到被检测对象的位置
单位格大小	浮点型	1.5~100.0	估计单位格的大小（以像素为单位）
明暗像素差	浮点型	1.0~255.0	二维码中最亮的像素和最暗的像素之间的差异
图案质量	整型	1~3	二维码的质量从 1（极度变形）到 3（完美）
二维码方向	浮点型	0.0~89.9	二维码轴之一的方向
最小边缘强度	浮点型	1.0~255.0	二维码中边缘的强度；默认值取决于参数
输出二维码信息	二维码	—	
相对位置	2D 矩形	—	转换后输入 ROI（在图像坐标系中）

使用“单个二维码”指令时需要注意：

① 编码文本长度必须大于 2。

② “单位格大小”是二维码的最小单位。

③ “明暗像素差”参数描述了二维码的对比度，即表示二维码亮模块和暗模块之间的亮度差异。如果没有给出，该算法使用图像的标准化来增强二维码并自动计算该值。

④ “图案质量”是 1~3 范围内的整数，用于描述二维码的模糊程度或者位置模式变形的程度。例如，值 3 表示完美质量的二维码，而值 1 表示极其模糊的二维码。标准情况下，建议使用值 2 或者保存默认值。

⑤ “二维码方向”确定二维码一个轴的方向为了使其不那么模糊，其值应该在 0~90 之间（不包括）。

⑥ “最小边缘强度”描述二维码中边缘的强度。自动确定该值通常是正确的，因此在非标准、困难的情况下，这个参数可以作为算法的提示。

6.2.3 Data Matrix

“Data Matrix”指令检测和识别一个数据码，其属性见表 6-4。此指令在图像中检测和识别一个数据码，支持的数据码格式为 Ecc 200 和 Ecc 000-1400。

表 6-4 “Data Matrix”指令属性

属性	类型	描述
输入图像	图像	输入图像
输入范围	2D 矩形	感兴趣的区域
坐标	坐标系	感兴趣区域的坐标系
矩阵码规范	数据码参数	可被检测的矩阵码格式
检测参数	数据码检测参数	数据码检测方式的说明
输出数据码信息	数据码	
检测结果	路径数组	检测结果的诊断信息
相对位置	2D 矩形	转换后输入 ROI（在图像坐标系中）

“Data Matrix”指令需要注意：

① 将输入图像与图像采集指令的输出图像连接。

② 通过设置“矩阵码规范”来指定图像上可能的数据码范围。规格越窄，该指令的工作速度就越快。

③ 设置“矩阵码规范”中相对背景色亮或暗指定是否读取亮暗或暗亮数据码。

④ 使用“矩阵码规范”中“最小行数”“最大行数”“最小列数”“最大列数”指定可能的数据码大小的范围。

⑤ 使用“矩阵码规范”中“最小尺寸”和“最大尺寸”指定可能的模块大小的范围（以像素为单位）。

⑥ 根据以下规则设置“矩阵码规范”中“最大间隙距离”。

零——完全没有空隙(模块完全填满)。

小——间隙高达模块尺寸的25%。

中——间隙高达模块尺寸的50%;它可能需要更大的空白区。

大——间隙高达75%;没有保证。

如果希望同时使用非方形数据码,修改“矩阵码规范”中“长短边比率”。该值指定较长边的长度与较短边的长度之间的最大比率。

⑦ 如果没有检测到数据码,试图修改检测参数。

a. 如果噪声很强,增大“检测参数”中“亮暗灰度差”。如果噪声很低并且亮模块和暗模块之间的差异很小,减小“检测参数”中“亮暗灰度差”。

b. 如果空白区附近存在非均匀光照或者背景污染,使用“检测参数”中“动态信噪比”。

c. 如果靠近空白区有非常暗或非常亮的像素,打开“检测参数”中“非二元分割”。

d. 如果空白区可能失真或者被污染,在“检测参数”中“检测方法”选择“定位模式”。

e. 如果要以更高的执行时间为代价来提高可靠性,将“检测参数”中“采样精度”设置为“严格匹配”。

⑧ 如果从低质量图像中读取数据码时遇到问题,考虑添加图像形态或平滑。

“Data Matrix”指令需要具体操作步骤如下。

从本地计算机导入图片。

双击指令栏中“图形码”按钮,在弹出的对话框里双击“Data Matrix”按钮。单击“Data Matrix”属性栏中“输入图像”中的按钮,链接到模拟相机的输出图像0001. outImage。

单击“Data Matrix”属性栏“输入范围”后面的按钮,在弹出的“图形编辑”窗口中绘制Data Matrix的粗略区域。

根据需要设置属性栏其他参数。单击“单次”按钮,识别效果如图6-17所示。

图6-17 Data Matrix识别效果

任务实施

6.2.4 硬件选型

1. 相机选型

在实验室环境下,首先确认视野范围及定位精度等需求,通过计算公式反推出相机的分辨率选型范围。以拍摄视野120 mm×90 mm,精度要求为1 mm为例,代入公式120/分辨率长×n=精度,则相机的分辨率在120×90以上就可达到要求,工业现场对精度的要求一般以丝级为单位,此实验选择最分辨率160万(1 440×1 088)的智能相机。

2. 镜头选型

在物距为有限的情况下，根据视野与焦距的运算公式，计算出焦距的大约取值范围，焦距越小，拍摄视野越大，畸变也越大。由于此实验对视野与物距的取值没有严格的要求，此处镜头选型为 8 mm 低畸变工业镜头。

3. 光源选型

条形码、二维码检测主要是对图形码信息的识别，此处选用环形光源能突出物体的三维信息，选配漫射板导光，光线更均匀扩散。

4. 选型清单

根据硬件选型，确定项目硬件清单见表 6-5。

表 6-5 颜色识别硬件选型清单

序号	名称	规格	参考型号
1	相机	分辨率 1 440×1 088 帧率 107 f/s 曝光方式 全局曝光 靶面 $\frac{1}{3}$ in	SV-RS160C-C
2	镜头	类型 普通定焦镜头 焦距 8 mm	SL-LF08-C
3	光源	类型 环形光源 尺寸 外径 120 mm 颜色 白色 功率 20 W	SI-JD120A00-WN

6.2.5 硬件平台搭建

1. 架设高度

在视野与焦距确定的的情况下，根据运算公式，可计算出物距的大约取值范围，三者相互影响，实际工业现场可根据架设高度及定位精度等需求选择适合的硬件。

2. 硬件连接

硬件连接示意图如图 6-18 所示，其视野范围为 120 mm×90 mm，工作距离为 200 mm，光源距离为 170 mm。

3. 图像显示

将指令“WP 相机”拖动至任务栏，将控件栏中“图形显示”控件拖动到主窗口，大小可根据需求任意调整。将图形显示属性中“背景图”链接到 WP 相机路径 0001. outImage，单击“运行”按钮，相机将连续拍照，单击“单次”按钮，可单张拍照。修改指令“WP 相机”的属性“曝光时间”可调节相机进光亮，通过调节镜头光圈及焦距、光源亮度等参数将视野画面调节清楚。

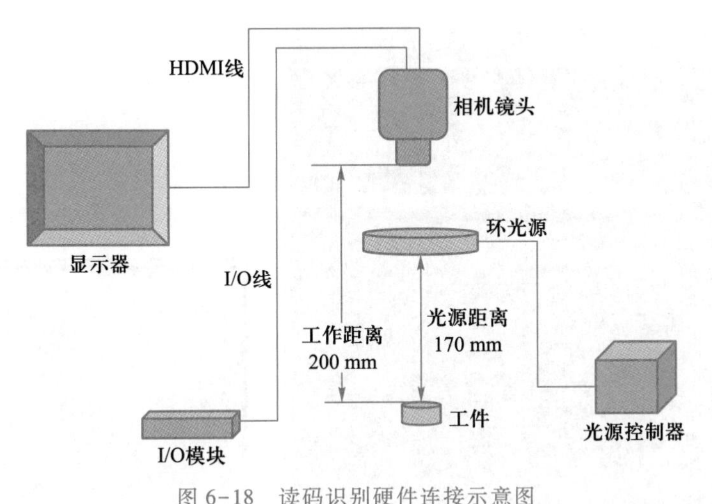

图 6-18 读码识别硬件连接示意图

6.2.6 软件识别条形码

1. 单个条形码

"单个条形码"即单个一维码识别的指令。一维码的格式有很多种,包含 EAN-13、CODE 39、CODE 128、UPC-A、Codabar、ITF-14、SSCC-18、EAN-128 等。软件指令包含多数一维条形码类型识别,在识别过程中可自动判别,也可通过调节条形码格式减少识别难度。

具体操作方法如下。

① 从本地计算机导入图片,操作步骤如模拟相机的操作步骤所示。

② 双击指令栏中"图形码"按钮,在弹出的对话框里双击"单个条形码"按钮。单击"单个条形码"属性栏中"输入图像"中的按钮,链接到模拟相机的输出图像(0001. outImage)。

③ 单击"单个条形码"属性栏"输入范围"后面的按钮,在弹出的"图形编辑"窗口中绘制条形码的粗略区域。

④ 将"图形显示"属性栏中"输入数据 1",与单个条形码的输出路径 0002. out. outBarcodePosition 相连。

⑤ 单击"单次"按钮,调试图像,其效果如图 6-19 所示。若系统在图像中检测出一维码,则"单个条形码"属性栏输出结果的文本中显示中显示一维码代表的序列。

2. 单个二维码

"单个二维码"即单个二维码识别的指令,最常见的二维码形式是 QR Code。

具体操作方法如下。

① 从本地计算机导入图片,操作步骤如模拟相机的操作步骤所示。

② 双击指令栏中"图形码"按钮,在弹出的对话框里双击"单个二维码"按钮。单击"单个二维码"属性栏中"输入图像"中的按钮,链接到模拟相机的输出图像(0001. outImage)。

属性栏

属性	值
名称	0002
▼ 输入	{{{0;1};656;492;{0;1;0;0;0;0};1};{{0;1};{{0;...
▶ 输入图像	0001.outImage
▶ 输入范围	{{0;1};{{0;1};101.999985;84.000031};0;...
▶ 坐标系	{{1;};{{0;1};;};;}
▶ 条形码格式	{{1;};{1;0;0;0;0;0;0;0;0;0;0;0;0;0;0;0;0;0}}
最小梯度长	8.0
最细条宽	3
扫描线数	5
扫描次数	5
扫描宽度	5
边缘最小强度	5.0
高斯平滑标准偏差	0.25
▼ 输出	{true;{{0;1};{{0;1};412.377502;219.2121...
结果	true
▶ 条形码位置	{{0;1};{{0;1};412.377502;219.212112};1...
▶ 文本	{{0;1};Q5763-90179}
▶ 条形码格式	{{0;1};{0;0;0;0;0;0;0;0;0;0;0;0;0;0;1;0;0;0;0}}

(a) “单个条形码”属性栏显示输出

(b) 图像识别效果

图 6-19 单个一维条码属性栏显示输出及图像识别效果

③ 单击“单个二维码”属性栏“输入范围”后面的按钮，在弹出的“图形编辑”窗口中绘制条形码的粗略区域。

④ 将“图形显示”属性栏中“输入数据 1”，与单个二维码的输出路径 0002. out. outQRCode. position 相连。

⑤ 单击“单次”按钮，调试图像，其效果如图 6-20 所示。

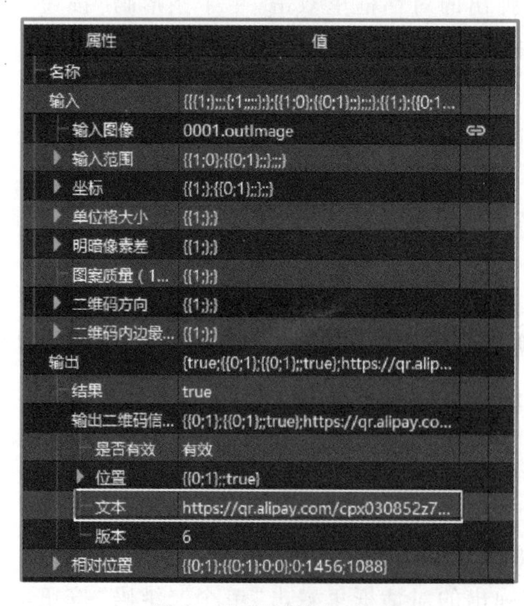

属性	值
名称	
输入	{{{1;};;;{;1;;;;};};{{1;0};{{0;1};;};;};{{1;};{{0;1...
输入图像	0001.outImage
▶ 输入范围	{{1;0};{{0;1};;};;}
▶ 坐标	{{1;};{{0;1};;};;}
▶ 单位格大小	{{1;};}
▶ 明暗像素差	{{1;};}
图案质量（1...	{{1;};}
▶ 二维码方向	{{1;};}
▶ 二维码内边最...	{{1;};}
输出	{true;{{0;1};{{0;1};;true};https://qr.alip...
结果	true
输出二维码信...	{{0;1};{{0;1};;true};https://qr.alipay.co...
是否有效	有效
▶ 位置	{{0;1};;true}
文本	https://qr.alipay.com/cpx030852z7...
版本	6
▶ 相对位置	{{0;1};{{0;1};0;0};0;1456;1088}

(a) “单个二维码”属性栏显示输出

(b) 图像识别效果

图 6-20 单个二维条码属性栏显示输出及图像识别效果

3. 单个数据码检测

“单个数据码”即单个数据码识别的指令。数据码严格来说也是二维码的一种类型，常见于工业芯片或电路板印刷上。

具体操作方法如下。

① 从本地计算机导入图片。

② 双击指令栏中“图形码”按钮，在弹出的对话框里双击“Data Matrix”按钮。单击“Data Matrix”属性栏中“输入图像”中的按钮，链接到模拟相机的输出图像(0001. outImage)。

③ 单击“Data Matrix”属性栏“输入范围”后面的按钮，在弹出的“图形编辑”窗口中绘制粗略区域。

④ 将“图形显示”属性栏中“输入数据 1”，与 Data Matrix 的输出路径 0002. out.outDataMatrixCode. outline 相连。

⑤ 单击“单次”按钮，调试图像，其效果如图 6-21 所示。

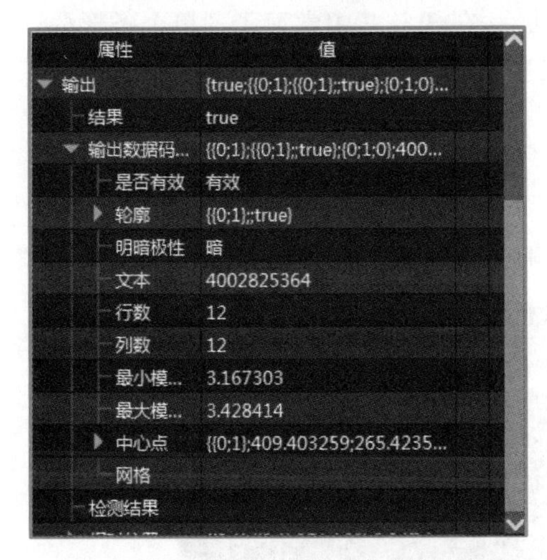

(a) “Data Matrix” 属性栏输出显示

(b) 图像识别效果

图 6-21　Data Matrix 属性栏输出显示及图像识别效果

任务拓展

6. 2. 7　OCR 文字识别技术

微课

企业工程师——OCR

素材

企业工程师——BarCode、OCR

光学字符识别(Optical Character Recognition，OCR)是利用光学技术和计算机技术，把印刷或书写的文字提取出来，并转换成一种计算机能够识别，人可以理解的格式。

(1) OCR 字符识别技术的应用场景

OCR 字符识别技术广泛应用于银行票据、文献资料录入和处理领域。适用于银行、税务等行业大量票据表格的自动扫描识别及长期存储。在机器视觉领域，OCR 同样具有多方面的应用，通过工业相机、工业镜头拍摄文字图像，运用机器视觉软件进行相应处理以获取需要的信息，常见的应用如下。

① 仪器仪表上的数据读取，如居民生活中得到水表、气表、电表的数值读取。

② 产品的日期、批号读取，获得产品的过期信息及可追溯信息。

③ 智能交通的车牌识别，获取违章车辆的信息。

（2）机器视觉方面的 OCR 应用

延伸阅读
视觉识别

① 检测条码/字符印刷缺陷、完整度。

② 检测条码/字符的对错、是否漏印。

③ 检测物体的方向是否正确。

④ 静态或动态检测。

⑤ OK/NG 产品系统输出相应控制信号。

总结

本项目主要介绍视觉识别，主要包括颜色识别、图形码识别。在任务 1 中学习了离通道、颜色空间转换、像素强度工具的使用，掌握了颜色识别的方法。在任务 2 中学习了“单个条形码”“单个二维码”“Data Matrix”指令的使用，了解了 OCR 文字识别技术，掌握了读码方法。

习题

利用软件 X-SIGHT 识别图 6-22 所示码制，并输出结果。

(a) 识别码制1

(b) 识别码制2

图 6-22　识别码制

附录

附 1 拓展学习资料（附表 1）

附表 1 拓展学习资料

序号	名称	链接
1	视觉定位拓展学习	
2	视觉检测拓展学习	
3	尺寸测量拓展学习	
4	视觉识别拓展学习	

附 2 3D 视觉简介

2017 年，移动端 3D 人脸识别技术应用在手机中，成为一大技术亮点。相较传统的指纹识别、语音识别、手势识别等技术，3D 人脸识别技术带来了更加安全、便捷的人机交互体验。它的广泛应用标志着 3D 视觉技术正式进入大众视野，成为人们日常生活的重要部分。早在之前，3D 视觉技术已经广泛应用于制造业、航空航天、军事、医疗、游戏等领域。

3D 视觉又称为立体视觉，是计算机视觉领域的一个重要课题，其目的在于重建场景的三维几何信息，并对得到的 3D 模型进行理解和使用。详见附表 2。

附表 2 3D 视觉简介

序号	名称	链接
1	3D 视觉模型	

续表

序号	名称	链接
2	3D视觉重建方法	
3	3D视觉典型应用	

附3 深度学习简介

深度神经网络是一种能适应新环境的系统，它针对过去经验(信息)的重复学习，而具有分析、预测、推理、分类等能力，是旨在模拟人类思维去解决复杂问题的系统。

和常规的系统(使用统计方法、模式识别、分类、线性或非线性方法)相比，以深度神经网络为基础的深度学习系统的功能更强，可以用来解决信号处理、仿真预测、分析决策等复杂问题。详见附表3。

附表3 深度学习简介

序号	名称	链接
1	神经网络	
2	深度学习典型模型	
3	深度学习典型应用	
4	深度学习发展趋势	

参考文献

[1] 刘国华.HALCON 数字图像处理[M].西安:西安电子科技大学出版社,2018.
[2] 刘韬,葛大伟.机器视觉及其应用技术[M].北京:机械工业出版社,2019.
[3] 韩九强.机器视觉技术及应用[M].北京:高等教育出版社,2009.
[4] 程光.机器视觉技术[M].北京:机械工业出版社,2019.
[5] 杨高科.图像处理、分析与机器视觉(基于 LabVIEW)[M].北京:清华大学出版社,2018.
[6] 蒋正炎,许妍妩,莫剑中.工业机器人视觉技术及行业应用[M].北京:高等教育出版社,2018.

反盗版举报电话　(010)58581999　58582371　58582488
反盗版举报传真　(010)82086060
反盗版举报邮箱　dd@hep.com.cn
通信地址　北京市西城区德外大街4号
　　　　　高等教育出版社法律事务与版权管理部
邮政编码　100120